国家出版基金项目
NATIONAL PUBLICATION FOUNDATION

"十三五"国家重点出版物出版规划项目
航天医学与生命科学研究及应用丛书
丛书主编：李莹辉

航天环境毒理学

SPACE ENVIRONMENTAL TOXICOLOGY

何新星◎编著

北京理工大学出版社
BEIJING INSTITUTE OF TECHNOLOGY PRESS

内 容 简 介

本书重点阐述载人航天任务过程中特殊环境的毒理学问题、特点及规律，全书共分7章，第一章介绍了环境毒理学的历史由来、基本概念、相关实验方法和发展趋势；第二章介绍了航天环境毒理学的特点和规律，说明了航天环境毒理学的相关研究方向；第三章到第七章分别从空气毒理、再生水毒理、材料毒理、有害物理因素毒理以及微生物毒理等5个方面进行阐释，每一章从载人航天过程中有害因素的来源、生物学效应、相关容许标准、毒性评价原则与方法以及相关监测防护措施等方面进行叙述。同时对未来研究重点进行了探讨，力图相对完整地呈现航天环境毒理学的学科特点、当前研究结果和发展趋势。

本书适用于从事载人航天工程研制的相关工作人员、国内高校航空航天专业学生、相关研究机构工作人员及研究生等。

图书在版编目（CIP）数据

航天环境毒理学／何新星编著. --北京 ：北京理工大学出版社，2021.11

ISBN 978-7-5682-9938-1

Ⅰ.①航… Ⅱ.①何… Ⅲ.①航天环境-环境毒理学 Ⅳ.①V52②R994.6

中国版本图书馆CIP数据核字（2021）第124491号

出版发行／北京理工大学出版社有限责任公司

社　　址／北京市海淀区中关村南大街5号

邮　　编／100081

电　　话／（010）68914775（总编室）

　　　　　（010）82562903（教材售后服务热线）

　　　　　（010）68944723（其他图书服务热线）

网　　址／http：//www.bitpress.com.cn

经　　销／全国各地新华书店

印　　刷／北京捷迅佳彩印刷有限公司

开　　本／710毫米×1000毫米　1/16

印　　张／19.25　　　　　　　　　　　　　　责任编辑／多海鹏

字　　数／335千字　　　　　　　　　　　　　文案编辑／多海鹏

版　　次／2021年11月第1版　2021年11月第1次印刷　责任校对／周瑞红

定　　价／114.00元　　　　　　　　　　　　责任印制／李志强

前　言

从 1961 年 4 月 12 日，苏联航天员加加林首次进入太空开始，人类就从未曾停止过探索宇宙的步伐，2003 年 10 月 15 日北京时间 9 时，杨利伟乘坐由长征二号 F 火箭运载的神舟五号飞船首次进入太空，象征着中国太空事业向前迈进了一大步。

脱离地球大气环境生活在太空中，给环境医学学科带来了全新的挑战，航天毒理学这一崭新的学科也随着人类探索宇宙的进程得以产生和发展，保障航天员太空生活的健康和高效工作成为这一学科的首要任务。从 20 世纪 60 年代开始，中国载人航天计划开始酝酿，1968 年 4 月，航天医学工程研究所成立，老一辈科学家围绕中国载人航天计划开展了卓有成效的预先研究，中国航天环境医学研究随之起步，中国航天环境毒理学也随之诞生。

毒理学是一门古老的科学，它是研究外源因素（化学、物理、生物因素等）对生物体的毒性反应、作用机制及对抗措施等的应用学科，航天环境毒理学是航天环境医学的重要分支，也是古老毒理学科的新的分支，主要运用医学、生物学、化学、物理学、工程学等的原理及研究手段，研究人在太空飞行时，空气、水中的有毒有害物质以及飞行因素（失重、太空辐射等）对人体的生理功能的影响，寻找有效的防护及对抗措施，保证航天员的健康和安全，保障航天员高效工作。

本书作为国内第一部针对航天环境毒理进行独立阐述的书籍，力图比较全面地介绍国际载人航天环境毒理学的研究情况，重点对我国载人航天近三十年的研究进展进行综述，并在传统的气体、液体、固体污染物毒性研究的基础上，考虑到广义的人体作用机理，增加了与载人航天密切相关的人工大气环境、空间辐射及微生物相关内容。

在编写过程中，编者力图把较新的研究成果展现出来，但人类在不断向着更高、更远、更长时间的航天飞行不断迈进，载人航天事业的飞速发展催生的新技术、新手段不断呈现，编者的学识水平和经验有限，缺点和错误不可避免，敬请读者朋友们斧正。

编著者

目 录

第一章　环境毒理学基础 ……………………………………………… 001

　　第一节　毒理学的起源与发展 ………………………………… 003

　　第二节　环境毒理学 …………………………………………… 004

　　　　一、基本概念 …………………………………………………… 005

　　　　二、实验方法 …………………………………………………… 011

　　　　三、发展趋势 …………………………………………………… 012

　　参考文献 ………………………………………………………… 013

第二章　航天环境毒理学特点 ……………………………………… 015

　　第一节　航天环境因素的人体效应 …………………………… 017

　　第二节　航天器舱内大气成分和压力 ………………………… 019

　　第三节　航天器环境空气污染 ………………………………… 020

　　第四节　航天器用水安全 ……………………………………… 022

　　第五节　舱内微生物安全 ……………………………………… 023

　　第六节　空间辐射安全 ………………………………………… 024

　　　　一、电离辐射 …………………………………………………… 024

　　　　二、非电离辐射 ………………………………………………… 025

　　参考文献 ………………………………………………………… 026

第三章 航天空气毒理 ⋯⋯⋯⋯⋯⋯⋯⋯⋯⋯⋯⋯ 027

第一节 概述 ⋯⋯⋯⋯⋯⋯⋯⋯ 028
第二节 大气成分和压力 ⋯⋯⋯⋯⋯⋯⋯⋯⋯ 029
一、舱内大气成分和压力 ⋯⋯⋯⋯⋯⋯ 029
二、氧分压 ⋯⋯⋯⋯⋯⋯⋯ 035
三、二氧化碳分压 ⋯⋯⋯⋯⋯⋯⋯⋯ 039
第三节 航天器乘员舱污染物 ⋯⋯⋯⋯⋯⋯⋯ 063
一、污染来源 ⋯⋯⋯⋯⋯⋯⋯⋯ 063
二、乘员舱内污染物的特征 ⋯⋯⋯⋯⋯ 083
三、乘员舱化学污染物的健康影响 ⋯⋯⋯⋯ 086
四、与污染相关疾病的诊断 ⋯⋯⋯⋯⋯ 101
五、乘员舱大气污染物最高容许浓度的制定 ⋯⋯ 105
六、乘员舱化学污染的监测 ⋯⋯⋯⋯⋯ 127
七、乘员舱化学污染的控制与防护 ⋯⋯⋯⋯ 130
八、月尘 ⋯⋯⋯⋯⋯⋯⋯⋯ 140

参考文献 ⋯⋯⋯⋯⋯⋯⋯ 148

第四章 航天再生水毒理 ⋯⋯⋯⋯⋯⋯⋯⋯⋯⋯ 151

第一节 空间站水的需求 ⋯⋯⋯⋯⋯⋯⋯⋯ 152
一、总量需求 ⋯⋯⋯⋯⋯⋯⋯⋯ 152
二、水温控制 ⋯⋯⋯⋯⋯⋯⋯⋯ 154
第二节 再生水 ⋯⋯⋯⋯⋯⋯⋯⋯⋯ 154
第三节 水质要求 ⋯⋯⋯⋯⋯⋯⋯⋯⋯ 156
一、感官指标 ⋯⋯⋯⋯⋯⋯⋯⋯ 156
二、化学指标限值 ⋯⋯⋯⋯⋯⋯⋯ 158
三、微生物限值 ⋯⋯⋯⋯⋯⋯⋯⋯ 171
第四节 水质监测和评价 ⋯⋯⋯⋯⋯⋯⋯⋯ 173
一、飞行前材料和水容器评估和测试 ⋯⋯⋯⋯ 173
二、发射前水质检测和评价 ⋯⋯⋯⋯⋯ 173
三、飞行过程水质监测 ⋯⋯⋯⋯⋯⋯ 173
四、飞行结束后对采样水质评价 ⋯⋯⋯⋯⋯ 175
五、微生物监测和评价 ⋯⋯⋯⋯⋯⋯ 176
第五节 再生水净化措施 ⋯⋯⋯⋯⋯⋯⋯ 177

一、超滤 ……………………………………………………… 177

二、吸收 ……………………………………………………… 178

三、电化学方法 ……………………………………………… 178

四、反渗透 …………………………………………………… 178

五、蒸馏 ……………………………………………………… 179

第六节　空间站再生水污染防治措施 ……………………… 179

一、提出空间站再生水水质要求 …………………………… 179

二、再生水污染源控制 ……………………………………… 180

三、再生水净化措施 ………………………………………… 180

四、水质的监测和评价 ……………………………………… 180

五、其他措施 ………………………………………………… 181

参考文献 ……………………………………………………… 181

第五章　航天材料毒理 ……………………………………… 183

第一节　概述 ………………………………………………… 185

一、材料毒理学的基本概念 ………………………………… 185

二、开展材料毒理学研究的意义 …………………………… 186

第二节　非金属材料的脱气与热解产物 …………………… 187

第三节　非金属材料脱气与热解产物的毒性作用 ………… 191

一、非金属材料脱气与热解产物的毒效应分类 …………… 191

二、影响材料脱出物毒性作用的因素 ……………………… 191

第四节　航天材料脱出物的检测方法 ……………………… 194

一、准备条件 ………………………………………………… 194

二、检测方法 ………………………………………………… 196

第五节　非金属材料的毒性评价 …………………………… 201

一、航天非金属材料的毒性评价 …………………………… 201

二、载人航天器舱用材料的相关筛选标准 ………………… 202

参考文献 ……………………………………………………… 204

第六章　航天有害物理因素毒理 …………………………… 205

第一节　电离辐射 …………………………………………… 206

一、电离辐射的种类 ………………………………………… 207

二、电离辐射来源 …………………………………………… 208

三、电离辐射生物学效应 …………………………………… 215

四、电离辐射剂量限值 ……………………………………… 227

五、辐射防护设计 …………………………………………… 230

六、辐射监测 ………………………………………………… 234

七、空间站电离辐射防护设计建议 ………………………… 239

第二节 非电离辐射 ………………………………………………… 240

一、非电离辐射的类型 ……………………………………… 240

二、非电离辐射的来源 ……………………………………… 241

三、人对非电离辐射的反应 ………………………………… 242

四、非电离辐射的暴露限值 ………………………………… 247

五、非电离辐射防护的设计 ………………………………… 257

六、空间站非电离辐射防护设计建议 ……………………… 258

参考文献 …………………………………………………………… 258

第七章 航天微生物毒理 ……………………………………………… 261

第一节 载人航天器微生物污染 …………………………………… 263

一、美国航天器舱内微生物污染水平 ……………………… 264

二、俄罗斯航天器舱内微生物污染水平 …………………… 264

三、国际空间站微生物污染 ………………………………… 265

第二节 微生物危害 ………………………………………………… 266

一、微生物生物学特性 ……………………………………… 266

二、微生物的危害 …………………………………………… 268

第三节 微生物检测 ………………………………………………… 270

第四节 微生物控制 ………………………………………………… 274

一、微生物控制标准 ………………………………………… 274

二、微生物控制方法 ………………………………………… 278

参考文献 …………………………………………………………… 283

索引 ………………………………………………………………… 284

第一章

环境毒理学基础

　　毒理学是研究外源的物理、化学和生物等因素对生物体或生态系统的损伤作用、效应与机制，以及毒副作用的预防、诊断和后救治的科学。它主要应用生理学、生物学、生物化学、卫生学、药理学与病理学等基础学科理论和技术，通过动物实验、组织器官的离体实验、临床医学观察和流行病学调查等方法，研究外来物质在动物体内或生态系统中的吸收、分布、代谢和排出。本书主要关注对人体的毒理学影响，毒理学研究成果主要用于有害物质的安全性评价或危险性评价，为制定卫生健康标准提供科学依据。

　　毒理学目前已发展成为具有一定基础理论和实验手段的独立学科，并形成了新的毒理学分支：

　　从研究内容上可分为：描述毒理学、机制毒理学和管理毒理学三类。

　　从学科划分上可分为：法医毒理学、临床毒理学、法规毒理学、研究毒理学等。

　　从应用范围上可分为：食品毒理学、工业毒理学、农药毒理学、军事毒理学、环境毒理学和生态毒理学等。

　　从研究对象上可分为：动物毒理学、植物毒理学和人体毒理学等。

　　从研究领域上可分为：药物毒理学、食品毒理学、工业毒理学、环境毒理学、分析毒理学、管理毒理学等。

　　从研究的靶器官上可分为：眼毒理学、耳毒理学、肝脏毒理学、肾脏毒理学、神经毒理学、生殖毒理学、免疫毒理学等。

|第一节　毒理学的起源与发展|

毒理学是一门古老而又年轻的学科。它的起源非常久远，伴随着人类的历史始终存在，在中国古代文献中就有对毒物和中毒的文献记载，但毒理学作为一门学科开展系统研究起始于 20 世纪初，它的历史远比数学、物理、化学等传统学科要年轻得多。

毒理学的发展历程可简要概括如下。

公元前 2735 年，神农氏的《神农本草经》中已记载了 365 种药用植物和 265 种毒药物以及一些毒物的相应解毒剂。

公元前 580 年，人们研究了金属对人体的毒性效应，提出了中毒的因果关系。

公元前 132—63 年，小亚细亚本都王国国王 Mithridates 是系统研究毒物对人体作用的第一人，被认为是临床毒理学的创始人。他的解毒法就是通过不断小剂量地接触，以提高人体对毒物的耐受能力。

1493—1541 年，Paracelsus 指出：所有物质都是毒物，没有绝对的非毒物，剂量决定一种物质是不是毒物，他还确立了剂量–反应关系这一重要的毒理学概念，被认为是毒理学发展史上的重要里程碑。

1633—1714 年，意大利医生 Ramazzini 研究了岩石工硅沉着病、陶器工坐骨神经痛病、镀金工眼炎和铅中毒，被视为职业中毒病的创始人。

1775 年，英国著名医生 Pott 研究了烟筒清扫工患阴囊癌的因果关系，揭示了多环芳烃致癌作用的事实，由此提出将毒物作用于靶器官的概念，被认为是现代毒理学研究的开端。

19 世纪以后，有机化学的发展大大促进了现代毒理学的研究与发展。Magendie（1738—1855 年）、Orfila（1787—1853 年）、Bernard（1813—1878 年）等人的工作被认为是真正开始了实验毒理学的创新研究工作，为药理学、治疗学、实验毒理学奠定了基础，Orfila 被视为现代毒理学的奠基人。

第二次世界大战时期，药品、军需品、合成纤维及化学工业的发展刺激了毒理学的研究。同时如化学、物理学、生物学、医学、药理学及统计学等基础学科的发展也使毒理学研究得到了快速发展。

19 世纪末药品的大量使用造成中毒事件的频发引起了美国的重视，1906 年美国通过了第一个《美国食品与药品法》。

20世纪20—40年代，有机氯农药的广泛使用、雌激素的合成与应用、抗生素的大规模生产与应用，在产生预期效果的同时也显现出了一些危害作用，毒理学研究进一步受到关注。1930年《Archives of Toxicology》杂志的创刊，以及在20世纪40年代对胆碱酯酶抑制剂的发现、有机磷中毒及解毒机制的研究、化学致癌作用的研究、对混合功能氧化酶及细胞色素P-450对毒物代谢转化作用的研究为毒理学研究写下了浓重的一笔。

20世纪70—80年代，分子生物学技术的迅速发展和在毒理学研究中的应用使毒理学研究步入分子水平。这一时期毒理学的重要出版物主要有C. Klaassen主编的 *Casarett & Doull's Toxicology*（1975）、Hayes主编的 *Principles and Methods Toxicology*（1982），包括90年代Sipes等主编的 *Comprehensive Toxicology*（1997），这些毒理学著作至今已多次再版，成为毒理学的经典著作。

20世纪80年代至今是毒理学发展的鼎盛时期，1981年我国出版的《中国医学百科全书·毒理学》已有分子毒理学词条；1989年中华预防医学会成立了卫生毒理学及生化毒理学组；1993年中国毒理学会成立（Chinese Society of Toxicology，CST），随后成立了18个专业委员会。

毒理学最初是研究化学物质对生物机体的损害作用及其作用机理的科学。近些年来，毒理学的研究领域已扩大到其他有害因素的毒性效应研究，如放射性核素、微波等物理因素以及生物因素等，不只限于化学物质。

| 第二节　环境毒理学 |

环境毒理学是毒理学的一个重要分支，它是运用医学及生物学技术，利用毒理学方法研究环境中有害因素对人体健康的影响的学科。它的主要任务是研究环境污染物质对机体可能产生的生物学效应、作用机理以及预防方法等，为制定环境卫生标准、做好环境保护工作提供科学理论依据。

环境污染物对机体的作用具有下列特点：

（1）接触剂量通常较小；

（2）较长时间内反复接触甚至终生接触；

（3）多种环境污染物协同作用；

（4）接触的人群个体差异大，从婴幼儿到老年人，健康程度不一，易感性差异大；

（5）接触环境不同，既有居室环境、大气环境接触，也有车间职业接触。

环境毒理学主要研究环境污染物在环境中的降解和转化，以及其在动植物体内的吸收、分布、结合、排泄等生物转运过程及代谢转化等，主要任务有以下四项：

（1）研究环境污染物在环境中的降解、转化及分布规律；

（2）定量分析人体吸收剂量；

（3）定量评定环境污染物对机体的影响，确定其剂量-效应关系，为制定环境卫生标准提供依据；

（4）研究环境污染物的预防及治疗措施。

环境毒理学与生态毒理学相辅相成，生态毒理学是随着环境问题的日益突出而产生的新兴学科，生态毒理学通常研究有害物质对生态系统的影响，解释自然界中人为污染物增加造成的生态风险，最终影响人类的生存环境。生态毒理学的研究成果用于支持环境政策、法律、标准和污染控制方法的制定。各国出台的环境管理方法中都运用了生态毒理技术，如化学品和排放物的安全性评价、污染物生物降解能力、生物技术产品的管理措施、污染防治技术的效果评估等领域都运用了生态毒理学的研究成果，如河流湖泊生物治理技术的安全性和效果评估以及废水排放生态风险评价等都是这方面的应用实例。

一、基本概念

环境毒理学的基本概念包括毒性、剂量、效应和反应、非损害作用与损害作用、生物转运、吸收、分布及排泄等。

（一）毒性

毒性是有毒物质进入机体引起有害生物学作用的相对能力。毒性高的物质只要相对较小的剂量或浓度就能对机体造成损害，而毒性低的物质需要较大的剂量或浓度才可能呈现毒性。物质毒性的高低是相对的，离开剂量谈毒性没有意义，在某种程度上，只要达到一定数量（阈值），任何物质对机体都具有毒性；如果控制在容许范围之内，则任何物质都不具备毒性。毒性除与物质和机体接触的数量有关外，还与物质本身的理化特性及其与机体接触的途径相关。

（二）剂量

剂量是决定外来化合物对机体损害作用的最重要因素，任何一种有毒物质的危害作用及毒性效应均与其剂量有密切关系。剂量的概念通常指与机体接触的外来化合物的量、吸收进入机体的外来化合物量、外来化合物在靶器官作用部位或体液中的浓度。由于体内剂量测定比较困难，所以通常剂量的概念指机体吸收外来化合物的浓度或数量。剂量单位通常以每单位体重接触的外来化合物的质量来表征，例如 mg/kg 体重。

1. 致死量（Lethal Dose）

致死量指可能造成机体死亡的剂量。但在某一群体中，死亡个体数目的多少与个体差异有密切关系，随年龄、性别、健康程度等的不同，所需的剂量也不一致，因此，致死量又有下列不同概念：

（1）绝对致死量（LD100）：造成群体全部死亡的最低剂量。

（2）半数致死量（LD50）：引起某一群体 50% 死亡所需的剂量，也称致死中量。LD50 数值越小，表示外来化合物毒性越强；反之，LD50 数值越大，则毒性越低。

2. 最大无效用剂量（Maximal No-Effect Level）

最大无效用剂量即指在一定时间内，一种外来化合物按一定方式或途径与机体接触，按照目前的科学水平，用最灵敏的试验方法和观察指标未能观察到任何对机体的损害作用的最高剂量。

最大无作用剂量通常根据亚慢性毒性或慢性毒性试验的结果确定，是评定外来化合物对机体损害作用的主要依据，以此为基础可制定一种外来化合物的每日容许摄入量（Acceptable Daily Imtarie，Intake，ADI）和最大容许浓度（Maximal Allowable Concentration，MAC）。ADI 指人类终生每日摄入该外来化合物不致引起任何损害作用的剂量，MAC 指某一外来化合物可以在环境中存在而不致对人体造成可见损害作用的浓度。

3. 最小有效用剂量（Minmal Effect Level）

最小有效用剂量指在一定时间内，一种外来化合物按一定方式或途径与机体接触，机体的某项观察指标开始出现异常变化或使机体开始出现损害作用所需的最低剂量，也可称为中毒阈剂量，或中毒阈值。理论上，最大无效用剂量和最小效用剂量应该相差不大，但由于对损害作用的观察指标受此种指标观测方法灵敏度的限制，故可能检不出细微的变化，只有两种剂量的差别达到一定的程度，才能明显地观察到损害作用程度的不同。所以最大无效用剂量与最小有效用剂量之间仍然有一定的差距，通常按 10 倍差距进行换算。

当外来化合物与机体接触的时间、方式或途径和观察指标发生改变时，最大无作用剂量和最小有作用剂量也将随之改变，所以在表示一种外来化合物的最大无作用剂量和最小有作用剂量时，必须说明试验动物的物种品系、接触方式或途径、接触持续时间和观察指标。

（三）效应和反应

效应表示一定剂量外来化合物与机体接触后可引起的生物学变化。此种变化的程度用计量单位来表示，例如若干个、毫克、单位等。

反应是一定剂量的外来化合物与机体接触后，呈现某种效应并达到一定程度的比率，或者产生效应的个体数在某一群体中所占的比率，一般以%或比值表示。

剂量与效应关系或剂量与反应关系是毒理学的重要概念，剂量效应和剂量反应关系可以用曲线表示，即以表示效应强度的计量单位或表示反应的百分率或比值为纵坐标，以剂量为横坐标，绘制散点图，可得出一条曲线。不同外来化合物在不同具体条件下所引起的效应或反应类型不同，主要是效应或反应与剂量的相关关系不一致，可呈现不同类型的曲线。在一般情况下，剂量效应或剂量反应曲线有以下几种类型：

（1）直线型：剂量与效应或反应强度呈直线关系；随着剂量的增加，效应或反应的强度也随着增加，成正比关系。通常这种关系并非在所有剂量水平都呈线性，随剂量大小可能有一定的波动，通常在中等剂量范围内才呈现线性关系。

（2）抛物线型：剂量与效应或反应呈非线性关系，即随着剂量的增加，效应或反应的强度也增加，但最初增高急速，然后变为缓慢。

（3）S形曲线型：当剂量开始增加时，反应不明显，剂量继续增加至某一范围，反应明显增大，但当剂量再增加时，反应又不明显，呈S形反应曲线。该曲线在50%反应率的斜率最大，即反应变化最为明显，因此常用引起50%反应率的剂量来表示化合物的毒性大小，如半数致死剂量（LD50）。大多数毒物的剂量反应关系均属于此种类型。

（4）突变型：即剂量增加时反应并不随之加剧，直到剂量达到一定程度时，突然出现明显反应。某些化合物剂量再增加时该反应消失并出现另外一种反应。如某些致畸物的作用即属于此种类型，剂量增加到一定范围时致畸率突然增加，超过此范围则引起胚胎死亡。

（四）非损害作用与损害作用

1. 非损害作用

一般认为非损害作用不引起机体功能形态、生长发育和寿命的改变，不引起机体某种功能容量的降低，也不引起机体对额外应激状态代偿能力的损伤。机体发生的变化在机体代偿能力范围之内，当机体停止接触该种外毒化合物后，机体维持正常运转的能力不会有所降低，机体对其他外界有害因素的易感性也不应增高。

2. 损害作用

损害作用与非损害作用相反，具有下列特点：

（1）机体的正常形态、生长发育过程受到影响，寿命亦将缩短；

（2）机体功能容量或应激状态代偿能力降低；

（3）机体维持稳定的能力下降；

（4）机体对其他外界有害因素的易感性增高。

（五）生物转运

外来化合物在机体的吸收、分布和代谢过程，统称为生物转运。外来化合物在体内的生物转运主要通过下列机理。

1. 简单扩散

外来化合物在生物体内的扩散是依其浓度梯度差决定物质的扩散方向的，即由生物膜的化合物浓度较高的一侧向浓度较低的一侧扩散，当两侧达到动态平衡时，扩散中止。简单扩散过程中不需要消耗能量，外来化合物与膜通常不发生化学反应，是物理过程，故称为简单扩散。简单扩散是外来化合物在生物体内转运的主要方式，一般情况下大部分外来化合物通过简单扩散进行生物转运。除浓度梯度差影响简单扩散外，还有温度、压力等因素也会对简单扩散过程产生影响。

2. 滤过

滤过是外来化合物透过生物膜上亲水性孔道的过程。水可以借助渗透压梯度和液体静压作用通过孔道进入细胞，外来化合物以水作为载体，随之被动转运。

3. 主动转运

外来化合物透过生物膜由低浓度处向高浓度处移动的过程称为主动转运。其主要特点如下：

（1）可逆的浓度梯度转运需要消耗代谢能量。

（2）转运过程需要载体参加。载体通常是生物膜上的蛋白质，载体与被转运的外来化合物形成复合物而转运至膜的另一侧，释放外来化合物后，载体又回到原处，并继续进行第二次转运。

（3）载体是生物膜的组成成分，具有一定容量，当化合物浓度高到载体饱和时，转运达到极限。

（4）主动转运有选择性。特定结构的化合物才能被转运。

（5）主动转运有竞争性。如果两种化合物基本结构相似，且使用同一转运系统，则两种化合物之间可能产生竞争抑制。

4. 胞饮和吞噬

液体或固体外来化合物被生物膜包围，然后将被包围的液滴或较大颗粒并入细胞内，达到转运的目的，前者称为胞饮，后者称为吞噬。机体内外来异物的消除，例如白细胞吞噬微生物、肝脏网状内皮细胞对有毒异物的消除与此有关。

（六）吸收

吸收是外来化合物经过各种途径透过机体的生物膜进入血液循环的过程。吸收的途径主要分为以下几种。

1. 经胃肠道吸收

胃肠道是外来化合物最主要的吸收途径。许多外来化合物可随同食物或饮水进入消化道并在胃肠道中被吸收。一般外来化合物在胃肠道中的吸收主要是通过简单扩散。外来化合物在胃肠道的主要吸收部位在小肠。

2. 经呼吸道吸收

肺泡上皮细胞层极薄且血管密布，吸收最快的是气体、小颗粒气溶胶和脂水分配系数较高的物质。呼吸道中的吸收主要是简单扩散，即利用肺泡气与血浆的浓度差进行吸收。一种气体在肺泡气中的浓度，可用其在肺泡中的分压表示，随着吸收过程的进行，血液中该气体的分压将逐渐增高，分压差则相应降低，该气体在血液中的分压将逐渐接近在肺泡气的分压，最后达到平衡，呈饱和状态。在饱和状态时，气体在血液中的浓度（mg/L）与在肺泡气中的浓度（mg/L）之比，称为血/气分配系数，即气体在血液中的浓度与气体在肺泡中的浓度比值。血/气分配系数越大，溶解度越高，表示该气体越易被吸收。

气体在呼吸道内的吸收速度与其溶解度和分子量有关。在一般情况下，吸收速度与溶解度成正比。非脂溶性的物质被吸收时通过亲水性孔道，其吸收速度主要受分子量大小的影响：分子量大的物质，相对吸收较慢，反之亦然。溶于生物膜脂质的物质，吸收速度与分子量大小关系不大，而主要决定于其脂/水分配系数，脂/水分配系数大者吸收速度相对较高。

影响化学物质经呼吸道吸收的因素还有肺泡通气量和血流量。

3. 经皮肤吸收

外来化合物经皮肤吸收，一般可分为两个阶段：第一阶段是外来化合物透过皮肤表皮，即角质层的过程，为穿透阶段；第二阶段即由角质层进入乳头层和真皮，并被吸入血液，为吸收阶段。

经皮肤吸收的主要机理是简单扩散，扩散速度与很多因素有关。

在穿透阶段主要因素是外来化合物分子量的大小、角质层厚度和外来化合物的脂溶性。脂溶性高者穿透速度快，但与分子量成反比。

在吸收阶段，外来化合物必须具有一定的水溶性才容易被吸收，同时具有一定的脂溶性和水溶性的化合物容易被吸收进入血液。

此外，气温、湿度及皮肤损伤也会影响皮肤的吸收。

（七）分布

分布是外来化合物进入血液或其他体液后，随着血液或其他体液的流动分散到全身各组织细胞的过程。影响分布的主要因素如下：

（1）外来化合物与血浆蛋白结合。外来化合物进入血液之后往往与血浆蛋白，尤其是白蛋白结合，这种结合可逆。与白蛋白结合的化合物与血液中游离的该种化合物呈动态平衡，但是当有其他化合物存在时，可能发生竞争现象。

（2）外来化合物与其他组织成分结合。外来化合物还可与体内其他组织成分结合，例如一氧化碳与肽氧血红蛋白亲和力极强，导致氧输运受阻而中毒。这些结合既会影响化合物在体内的分布，也可能产生直接的毒理学效应。

（3）外来化合物在脂肪组织和骨骼中储存沉积。脂溶性外来化合物可能暂存于脂肪组织中，并不呈现生物学活性。在脂肪被动用、储存的化合物重新成为游离状态时，出现生物学作用。例如 DDT 在脂肪组织中的蓄积；铅可取代骨骼中的钙，被机体吸收的铅有 40% 沉积于骨骼中，对机体危害相对较小，但当其游离释放进入循环系统后，危害增大。

（4）机体内各种屏障的影响。部分机体内存在膜屏障，研究外来化合物透过膜屏障的方式和途径具有十分重要的毒理学意义。

（八）排泄

排泄是外来化合物及其代谢产物向机体外转运的过程。排泄的主要途径如下。

1. 随同尿液经肾脏排泄

肾脏排泄外来化合物的效率极高，它也是最重要的排泄器官，其主要排泄机理有三种，即肾小球过滤、肾小球简单扩散和肾小管主动转运。

肾小球过滤是一种被动转运，肾小球毛细管孔道直径约 4 nm，大部分外来化合物或其代谢产物均可滤出，但脂/水分配系数大的化合物及其代谢产物可被肾小管上皮细胞重新吸入血液，只有水溶性化合物等才进入尿液。

肾小管主动转运分为有机阴离子转运和有机阳离子转运，均可以转运与蛋白质结合的物质。

2. 经肝脏随同胆汁排泄

经过肝脏随胆汁排出体外是外来化合物的另一种排泄途径。外来化合物在肝脏中经过生物转化成的一部分代谢产物可被肝细胞直接排入胆汁，再通过粪便排出体外。

外来化合物随同胆汁进入小肠后有两条去路：

（1）一部分易被吸收的外来化合物及其代谢产物在小肠中重新被吸收，再经门静脉系统返回肝脏，即进行肠肝循环。由于外来化合物再次被吸收，故使其在体内停留的时间延长，毒性作用随时间延长而增强。

（2）一部分外来化合物在生物转化过程中形成结合物，以结合物的形式出现在胆汁中，肠内存在的肠菌群以及葡萄糖苷酸酶将一部分结合物水解后，重新被吸收并进入肠肝循环。

3. 经肺随同呼出气排出

许多气态外来化合物可经呼吸道排出体外，如一氧化碳、某些醇类和挥发性有机化合物均可经肺排出，排出的速度主要决定于气体在血液中的溶解度、呼吸频率和流经肺部的血液速度。在血液中溶解度较低的气体排泄较快，而血液中溶解度高的物质排出较慢。

溶解于呼吸道分泌液的外来化合物和颗粒物，随同呼吸道表面的分泌液排出。

4. 其他排泄途径

外来化合物还可经由其他途径排出体外。例如经胃肠道排泄、随同汗液和唾液排泄、随同乳汁排泄。这些排泄途径虽然在整个排泄过程中所占比例并不重要，但有些却具有特殊的毒理学意义。

二、实验方法

环境有害物质对机体毒副作用的影响研究，主要是通过动物试验、离体器官及细胞实验、流行病学调查等方法实施。

（一）动物试验

动物试验方法分为以下几类：

（1）急性毒性试验：目的是探明环境有害物质与机体短时间接触后所引起的损害作用，找出其作用途径、剂量与效应的关系，并为进行各种动物试验提供设计依据。一般用半数致死量、半数致死浓度或半数有效量来表示急性毒性的程度。

（2）亚急性毒性试验：研究环境有害物质反复多次作用于机体引起的损害。通过这种试验，可以初步估计环境有害物质的最大无效应剂量和最小有效应剂量，了解有无蓄积效应，确定毒性作用的靶器官。

（3）慢性毒性试验：研究低剂量环境有害物质长期作用于机体所引起的损害，确定环境有害物质对机体的最大无效应剂量和最小有效应剂量，为制定环境卫生标准提供依据。

为了探明环境有害物质对机体是否有蓄积及致畸、致突变、致癌等效应，科学家又建立了蓄积试验、致突变试验、致畸试验和致癌试验等特殊的试验方法。

环境毒理学的研究主要以动物试验研究为主，即观察实验动物通过各种方式和途径，接触不同剂量的环境有害物质后出现的各种生物学变化。用于试验的动物一般为哺乳动物。

用动物试验来观察环境有害物质对机体的毒性效应，是评定环境有害物质毒性效应的基本方法。但考虑种间差异，动物试验的结果不能直接应用于人。因此，一种环境污染物经过全面、系统的动物毒性试验后，必须结合环境流行病学调查研究结果进行综合分析，才能做出比较全面和正确的评估。

（二）离体器官及细胞实验

利用离体器官、原代培养细胞、细胞系和细胞器等进行。利用器官灌流技术可对肝脏、肾脏、肺和脑等进行灌流，可使离体器官在一定时间内保持活性状态，接触一定浓度外来化合物，观察器官出现的形态和功能变化以及化合物在器官中的代谢情况；游离细胞和细胞器用于外来化合物对机体的作用机理和代谢转化过程的深入研究，近年来分子生物学研究是其中的热点。

（三）流行病学调查

选用适当的观察指标，采用流行病学的方法进行人群调查，可以取得在人体直接观察的资料，但易受许多其他内外因素的影响和干扰，个体差异及样本量对结果影响较大；需要与动物试验结果进行综合分析研究。流行病学调查的结果对于制定相关卫生标准是最直接的资料。

三、发展趋势

环境毒理学是在许多相关基础学科发展的基础上发展起来的，高度集成和综合化学、生物化学与分子生物学和医学等学科的最新技术，使传统毒理学的研究领域、研究方法、安全评价和风险评估发生了革命性的变化，其主要表现在以下几个方面。

（一）现代毒理学研究方法层出不穷

过去毒理学研究主要以整体动物试验和流行病学调查相结合，目前仍然是必要手段。随着分子生物学研究手段应用于毒理学研究，毒性评价发展到以离体细胞、分子水平的毒性研究为主，转基因动物的出现更是为毒理学研究开辟了新的研究载体。

（二）多学科交叉融合与更多分支学科形成

环境毒理学借助许多基础学科的最新进展，在方法学上呈现了高度融合的趋势；同时，由于向许多应用领域的不断延伸，故与相关学科的交叉又形成了许多边缘分支学科；研究水平越来越精细，从细胞、分子和基因水平研究毒理学问题将是普通的科学工作。

环境毒理学与人类活动的关系日益密切，如环境污染、生态环境的恶化、药物的不良反应、食品的安全性、兽药及农药残留的危害，以及作业环境的有毒物质是世界范围内的严重问题。

环境毒理学的发展方向如下：

（1）研究多种环境有毒化学物质及有害物理因素同时对机体产生的相加、协同或拮抗等联合作用。

（2）研究环境化学污染物在环境中的降解和转化产物以及各种环境污染物在环境因素影响下，相互反应形成的各种转化产物所引起的生物学变化。

（3）研究致癌、致畸、致突变作用的机理，探索长期毒性的量效关系。

（4）研究极端作业环境下生物体的毒性效应。

（5）研究有毒物质的个体化防护药物及对抗措施。

┃参考文献┃

[1] 祝寿芬，裴秋玲. 现代毒理学基础［M］. 北京：中国协和医科大学出版社，2003.

[2] 孙志伟. 毒理学基础（第7版）［M］. 北京：人民卫生出版社，2017.

第二章

航天环境毒理学特点

1957 年 10 月 4 日，苏联成功发射了第一颗人造地球卫星，吹响了人类向太空进军的号角。1961 年 4 月 12 日，苏联航天员加加林驾驶"东方"1 号飞船完成首次 1.8 h 的太空飞行，实现了载人航天的突破。自 1961 年 4 月—1998 年，美国和苏联/俄罗斯共有 367 名航天员（28 名女性）、877 人次遨游太空，出舱活动 289 人次。1969—1972 年美国阿姆斯特朗等 12 名航天员成功登上月球。1994 年 1 月—1995 年 3 月，俄罗斯航天员波利亚科夫创造了在太空生活和工作 438 天的最长飞行记录。到目前为止，已有 20 多个国家的航天员乘坐美国、苏联/俄罗斯的载人航天器进入太空。中国于 2003 年通过神舟五号成功将航天员杨利伟送入太空。2005 年神舟六号又成功地把两名航天员送入太空。至今为止，中国已完成 6 次载人航天飞行，航天员在太空最长停留时间超过一个月。这些成就的取得是与载人航天器的动力学环境以及航天器内航天员的居住环境不断得以改善分不开的。

无论是低地球轨道飞行还是登月或火星探险的航天活动，其经历的空间环境是非常严酷的，如大气非常稀薄、轨道越高越接近真空，除此之外，还存在着强太阳辐射和强电离辐射环境，人类直接暴露于如此环境是不能生存的。实现载人航天的一个必要条件是在空间建立适宜航天员生活和工作的人工环境，这一环境应为航天员提供生命保障条件、职业工作保障条件及其对空间自然有害环境因素和航天器运行产生的有害环境因素的防护，并使其降低到可达到的尽可能低的合理水平，以及在航天环境应急状态下提供基本的生命保障条件等，这也是载人航天器比其他航天器技术复杂的根本原因。因此，载人航天事业的发展离不开航天环境学的进步和完善。

航天环境医学研究的环境对象有两类：一类是航天中可能遇到的影响航天

员安全、健康和工作能力的有害环境因素，包括火箭加速产生的加速度和火箭分离产生的冲击振动，空间电离辐射和非电离辐射环境，航天员生活和仪器设备产生的有害污染物环境，微生物繁殖等物理、化学或生物的环境因素；另一类是为保证航天员在空间的安全、健康及其完成规定任务的能力而在载人航天器密闭舱内建立的人工环境，以及环境应急或出舱活动时航天服内建立的生命保障微小环境，包括密闭舱内人工大气的组成、大气的压力环境、大气的温湿度环境、大气的强迫流动速度以及航天服内微小环境的气体组成、压力和温湿度环境等。

航天环境毒理学是航天环境医学的重要分支，也是环境毒理学的一个新分支，其基本任务就是研究在航天特殊环境条件下，载人的航天器乘员舱有害物质的危害与医学防护，保障航天员的安全、健康和良好的工作效率。研究内容涉及乘员舱有害物质的来源、风险、毒作用机理、卫生标准的制定、监控、防护和评价等一系列多学科交叉的应用与理论问题。

|第一节　航天环境因素的人体效应|

一般来说，不同的有害环境因素会导致不同的人体效应，但一个有害环境因素的人体效应往往不是单一的，且引起某种人体效应的有害因素也不是单一的。

航天飞行区别于地面环境最重要的环境要素是微重力，微重力会导致一系列的环境因素产生与重力环境不同的改变。一般来说，身体需用 3 天左右的时间对微重力环境进行调节适应。大多数飞行乘员在几个小时内便可习惯于微重力空间中的工作和生活，在整个飞行任务期间，他们的工作效率不断得到改善。在返回地球之后，在数小时到数周内，大多数不适的生物医学影响可以消除。微重力环境生理效应主要体现在以下几方面：

（1）钙丧失：长时期微重力暴露时最大的问题之一是骨钙丧失。苏联研究表明，在 4 或 5 个月之后，钙的丧失速度变慢。钙丧失（与骨质疏松相类似，被认为骨质量丧失或骨矿物质脱除过多）将限制飞行乘员在微重力下的停留时间，饮食矿物质进行补充对预防骨质量丧失是否有效尚不完全清楚。

（2）体液转移、骨骼变化和肌肉质量丧失：由于体液转移和脊柱减压，下身特别是小腿肌肉质量由于废用性萎缩会变得较小，锻炼能帮助降低这种趋势。

　　由于脊柱伸长和变直，身体长度增加，故脊柱骨之间的椎间盘扩大（类似睡眠时发生的），但由于重力压缩力的缺乏，以及内脏器官向上移动，故引起腰围减小，在进行人体尺寸测量及应用时应加以考虑。

　　在失重环境下，作用于身体各个关节上的肌肉力平衡，形成一个微重力中性身体姿势。这个自然中性身体姿势会对作业造成一些特有的影响。例如，要像在地球上那样在腰部水平工作便出现困难，因为手臂必须不断用力向下压才能在桌面水平工作；向前弯腰也很困难，需要腹部肌肉用很大的力才能做到；保持直立或直坐姿势是困难的；试图像在地球上一样穿鞋、穿袜也会成为很重的体力活动。

　　由于缺乏正常向下身分配液体的重力，体液转移使得体液向上身进行再分配。在面部和颈部可看到体液转移造成的明显影响，如面部变得肿胀、前额和颈部静脉明显扩张。

　　（3）前庭改变：微重力环境影响的另一器官是前庭。微重力对前庭产生的副作用有两类：一类是各种前庭反射现象，如姿势和运动错觉、眩晕和头晕；第二类是空间运动病。这两类反应是密切相关的，运动病常伴有眩晕和姿势错觉。

　　视觉、前庭和本体感受系统刺激的冲突能引起包括姿势控制在内的感觉运动失调。

　　空间运动病呈现类似地球运动病的症状，这些症状的范围从胃部不适和恶心到反复呕吐，此外还包括面色苍白和出汗等症状。

　　在载人航天飞行历史中，空间运动病反复出现。虽然该病通常在 3~5 天内降低，但是某些情况下，疾病的严重程度会影响工作能力，从而打乱重要的飞行计划。如 25 名阿波罗航天员中有 9 名出现某种程度的运动病，9 名天空实验室飞行乘员中有 5 名出现了症状；苏联航天员也报告了类似的经历，1971 年联盟 10 号飞船由于乘员出现空间运动病而提前终止飞行。

　　空间运动病发生时可出现对视觉环境理解的错误，其中光感的错觉常见，且疲劳可以引起双眼的视觉丧失，此外在感受旋转或线性加速度变化时可产生明显的运动错觉。

　　如果某种人体效应的发生仅依赖于某种特异有害环境因素，而其他环境因素一般不会产生这一效应，则这种人体效应称为特异性人体效应，如长时间噪声暴露引起的听力损失或致聋、强冲击作用引起的骨骼损伤、缺氧引起的脑细胞损伤等。如某种效应的发生可能是多种有害因素的作用结果，且难以确定是何种特异因素的作用，则这种效应称为非特异性效应。如能引起人体心率变化的因素非常多，当人体出现心率的变化时，则很难归结为是哪一种因素的作用结果。航天环境因素所致人体效应大部分为非特异性效应。表 2-1 所示为人体效应及其作用因素。

表 2-1　人体效应及其作用因素

人体效应	作用因素
循环系统效应	缺氧、高低温、加速度、微重力、振动、噪声
呼吸系统效应	缺氧、有害气体、加速度、高低温
中枢神经系统效应	缺氧、有害气体、加速度、振动和冲击、噪声、射频辐射
骨骼系统效应	微重力和冲击
消化系统效应	电离辐射、缺氧、加速度、微重力、振动和噪声
造血系统效应	电离辐射、毒性物质
电解质平衡效应	加速度、微重力、高低温、毒性物质、缺氧
损伤效应	爆炸减压、冲击、电离辐射、振动、噪声、毒性物质

需要强调的是，表 2-1 中列出的关系只是大体上而言，不是严格的对照。人体的各生理系统均不是孤立的，存在着相互之间的联系和影响，效应严重时，往往是几个系统的功能受到影响进而危及整体生命。电离辐射可引起细胞失活，大量细胞受损伤后会引起器官或组织的损伤，如性腺和造血器官的功能障碍；辐射剂量再增加时，可能会出现消化系统和神经系统的临床反应；剂量再增大甚至会引起死亡。噪声作用于听觉器官可造成听域偏移（听力损失），强噪声可引起中耳和内耳的损伤，甚至造成耳聋。研究还表明，噪声除了会影响听觉器官外，还会影响中枢神经系统、心血管系统、消化系统和内分泌系统等。

|第二节　航天器舱内大气成分和压力|

航天器乘员舱内的大气成分和压力控制是保证航天员健康生活和高效工作的前提，包括提供生命必需的适当大气成分及数量。因此，为了确保乘员的安全，必须对大气参数做出更严格的限制。

大气压力是指环境周围的气体压力，它作用于整个机体。除了暴露在 37 ℃、总压低于 45 mmHg 时可能发生体液沸腾的危险外，人类的高气压耐受性也是有限的，这种限制可能与生物分子结构变化和关键酶失活有关。

选择航天器舱压是个系统工程，这里面有多种因素需要权衡，包括安全氧浓度、降低减压病风险的舱压和服压及多种工程因素的约束，这些约束包括舱压维持、用于冷却的气体密度、最小易燃性的气体浓度以及发射场大气压力状况等。与大气压力相关的最重要的健康问题是减压病和气压性损伤。

当压力下降时，溶在人体组织内的惰性气体（通常为氮气）可形成气泡，发生减压病。如果减压速率足够大，则组织内形成的气泡聚留在体内，当它们离开组织时可能会引起各种问题。在航天飞行中，由于舱体泄漏导致舱压缓慢减压有可能引发减压病，但减压病最可能发生在出舱活动准备期间，因为航天员要经过舱压到航天服压的转换，而航天服的压力通常比舱压低很多。

在地球海平面，大气的氧分压为 158.3 mmHg（3.06 psia），在肺泡进行气体交换时压力减小到 104.0 mmHg（2.01 psia①）。尽管人类可以连续居住在肺泡氧分压为 54.3 mmHg（1.05 psia）的 3 658 m 高度上，但只有经过环境适应的人才有可能，例如在高原生活的人，但即使这样，也有可能导致操作能力减弱。缺氧会引起嗜睡、头痛、丧失操作能力及意识等症状；高氧也会引起损害，在海平面压力下，长时间呼吸纯氧可能会引起肺部炎症、呼吸功能紊乱、各种心脏症状、失明和意识丧失等症状。

在地球海平面二氧化碳浓度大约为 0.04%。由于二氧化碳是人体呼吸的产物，在有限区域内其浓度将会增加，特别是通风不良的区域。由于航天器处于失重状态，乘员舱内没有自然对流，若舱内通风流量过小，航天员睡眠时可能会导致二氧化碳浓度在呼吸区蓄积，可能面临二氧化碳中毒的风险。

|第三节　航天器环境空气污染|

载人航天器乘员舱是一个特殊的密闭环境，具有以下特征：

（1）舱室空间狭小，人员和结构材料的饱和度高。

（2）舱室中化学污染物的种类和数量多，形成一种复合暴露环境。

（3）暴露途径是以吸入暴露为主，皮肤接触与经口的途径很罕见。

（4）暴露方式与地面人员的间歇性暴露不同，航天环境是持续性暴露，这种暴露可能是几个小时（如在火灾、毒物泄漏等情况下），更可能是几天、几十天或几百天。

（5）乘员舱内环境一般是慢性低浓度暴露，但存在事故性高浓度暴露的潜在危险。

---

①　1 psia＝6.894 8 kPa。

（6）航天环境的失重、应激、辐射和长期活动受限等特殊因素，会导致航天员生理、生化和心理等一系列的变化，进而会改变机体对化学污染物的敏感性和耐受性。

（7）在航天器乘员舱内污染物的监测、预防和急救措施比在地面更加困难。

舱内空气质量是决定航天员安全、健康、生理和心理舒适以及工作效率的一个重要因素。舱内大气除了氧、氮和水蒸气等必要的成分之外，还存在有害的化学污染物质，这些污染物来自人体的正常代谢产物和装饰、密封、绝缘、隔热材料及设备应用的非金属材料的脱气与事故性热解产物，也可能来自推进剂、温控系统介质和实验化学品偶然泄漏。这将给航天员带来毒性污染物低浓度的慢性暴露或事故性高浓度的急性暴露的潜在危险，这种危险性随着航天时间延长而增加。在乘员舱内，如果发生泄漏或着火事故，可能会出现高浓度的有害气体或蒸气引起急性中毒。例如火箭燃料的泄漏会出现高毒性肼、偏二甲肼和四氧化二氮的污染；非金属材料热解或燃烧会产生高毒性的一氧化碳、氟化氢、氯化氢、氰化氢、硫化氢、二氧化硫和氮氧化物等。虽然这种情况发生的概率很小，但若发生，则后果非常严重，轻则造成病理损害，重则危及生命。不适的气味和低浓度吸入慢性暴露则是常见的潜在性危害。来源于人体代谢物或非金属材料脱气物的氨、硫醇、粪臭素、醛、酚和有机酸等物质，即使低浓度也有特殊的气味，这不但会影响乘员的舒适性，而且会引起呼吸频率、呼吸幅度、声带、支气管和血管紧张度等一系列反射性变化，强烈的气味还会引起乘员视敏度、色觉和高级神经活动功能状态的改变。这些变化会影响乘员的工作效率，甚至会造成操作失误或差错。乘员舱大气还通常受到低浓度脂肪烃、芳香烃和卤代烃的污染，它们大多具有刺激性并对中枢神经系统有抑制作用。乘员舱内许多化学污染物是以悬浮颗粒物的形式存在的，悬浮颗粒物作为毒性气体的凝结核心，不但能促进有毒物质进入到下呼吸道，而且由于颗粒物起到了浓缩有毒物质的作用，从而会加重局部组织的刺激作用。

混合污染物的存在是乘员舱大气化学污染的一个特征。毒性效应表现为相加作用、协同作用、拮抗作用和单独作用。由于污染物种类和浓度的各种组合数不胜数，因此有关污染物联合作用的研究非常困难。Smyth 等人对 27 种工业化学物质以各种可能的方式配对，并进行了动物急性毒性试验，结果是 95% 的配对所产生的毒性作用表现为相加作用。一般认为，同类化合物视为相加作用，不同类化合物视为单独作用。从这个意义上看，乘员舱大气中混合污染物的存在具有增强毒性效应的潜在危险。

在航天环境中，失重、长期活动受限、辐射等许多应激因素，都会在不同程度上影响人体的正常生理功能。航天医学研究表明，航天员处于一种改变了的内环境稳定状态，首先是体液向头部转移引起的机能变化，然后随着航天时间的延长则出现下列变化：肌肉质量损失，骨质量损失，免疫系统减弱，淋巴细胞数量减少，红细胞质量减少，激素状况改变和酶活性降低。因此，毒理学者认为失重因素可能会提高机体对化学污染物的敏感性。Merrill 等人从经过航天飞行的大鼠肝脏样品中发现细胞色素 P-450 低于正常量，苯胺经化酶和乙基吗啡-N-脱甲基酶减少。这些酶与机体的药物代谢、某些类固醇激素和细胞内信息递质代谢有关。这一发现意味着失重因素可能会改变机体进行药物代谢的能力，从而改变机体对有毒物质的敏感性。梁宏等人报道，在低浓度一氧化碳持续 8 天暴露的情况下，尾悬吊模拟失重小鼠血清中的肌酸激酶（CK）和肌酸激酶同工酶（CK-MB）的含量比非模拟失重小鼠的含量高，且有统计学显著性。这组酶与心肌功能有关，其数值升高表明失重因素提高了心脏对一氧化碳毒性的敏感性。

载人航天器乘员舱大气化学污染物的监测、清除和急救措施比在地面更加困难，且承担的风险更高。这些问题对现代环境学和现代工程技术提出了新的挑战。

|第四节 航天器用水安全|

水是航天飞行中的关键资源，需要非常谨慎地处理，因为它关系到乘员的健康和安全。在航天飞行过程中，水的使用有多样性，包括饮用水、食物复水和个人卫生用水，还可能用于实验动物的饲养和植物培养。水也用于技术工艺目的：作为不同系统的冷凝剂、作为清洁的冲洗水、作为电解制氧的原材料。

航天员用水的污染源包括以下几项：

（1）上行水携带的污染物；

（2）管道中溶出的金属物；

（3）舱内空气中污染物进入水体中。

载人航天过程中，由于水的上行质量限制，再生水的使用成为必然。确保航天飞行再生水水质的措施主要包括污染物限值的制定、监测及缓解措施等，其关注重点包括与乘员健康相关的毒理学和微生物学参数。在制定航天器水质标准时需要考虑以下因素：

（1）航天员是经过人群筛选的健康群体；

（2）水服用时间比地面短很多；

（3）必须考虑航天环境对航天员的特殊生理改变，比如长期飞行可能导致红细胞数量减少，水的容许限值在制定过程中需考虑航天员患贫血症的可能性；

（4）航天员平均体重在 70 kg 左右；

（5）航天员平均消耗水约 2.8 L/d（包括食物中水分）。

|第五节　舱内微生物安全|

虽然人类在地面上持续暴露于多种微生物环境中，但其中仅有极少部分会导致健康人群产生疾病。疾病是感染后较少见的结果，通常存在和繁殖于宿主体内、外的微生物不会导致宿主出现临床疾病。但是一些种类的细菌、真菌、病毒与原生物可能导致传染性疾病和过敏反应发生。在载人航天任务中，必须采取适当的预防手段来防止临床疾病发生。

另外，微生物可能导致其他负面影响，包括材料降解、产生毒素和过敏源，飞行器微生物评估的首要目的是防止乘员在任务中生病、损伤或因传染性疾病而死亡。对于航天任务中传染性疾病的风险需考虑以下几个要素：

（1）乘员的易感性；

（2）乘员暴露于传染病源体；

（3）传染病源体的浓度；

（4）传染病源体的性质。

哥伦比亚号航天飞机的第 14 次太空飞行任务期间，微生物导致废弃物储存容器里的储存废弃物产生了几种烷基硫化物，这是极其有毒的化合物。这些化合物能溢到舱内，因为较小的挥发性化合物可以透过垃圾塑料袋。舱内通常使用乙二醇作为致冷剂，乙二醇可能泄漏到舱内，残留的乙二醇是有助于微生物生长的培养基。微生物在生长过程中氧化乙二醇，使之成为比乙二醇更能给皮肤造成毒性的有机化合物。因此，保持航天器的无微生物滋生状态非常重要。

由于受长期居住、相对狭小的环境条件以及可能改变了的宿主与微生物作用等因素，监测、鉴定并对飞船组件的微生物群落特征进行定性是十分重要的。在监测、测量和控制微生物污染时，以下三点非常重要：

（1）传统意义上，环境控制和生命保障系统（Environmental Control and

Life Support System，ECLSS）通过良好的通风设备和过滤装备维持空气质量。由于设计约束，故污染事件发生后的补救能力是有限的。

（2）独特的零重力环境会影响飞船微生物的分布。地球上，重力是减少空气中气溶胶的一个重要物理因素，因此，有助于控制一些传染性疾病的蔓延。在地球地面重力环境中，大颗粒和液滴中含有的微生物几分钟内即可去除，而在微重力环境中，这些气溶胶可以保持悬浮状态。

（3）航天员的免疫功能可受应激、长期零重力环境生存带来的生理效应所损害。截至目前，减轻微生物风险最重要的策略就是预防，它包括一系列的飞船设计和运作方式，以防止微生物的积聚和转移。在任务过程中，应将乘员暴露于致病微生物的时间控制在致病剂量范围内，以使乘员感染概率最小化。

| 第六节　空间辐射安全 |

一、电离辐射

空间电离辐射源主要有以下四类：

（1）太阳辐射；

（2）银河宇宙辐射；

（3）地磁捕获辐射；

（4）设备辐射。

空间天然的辐射环境主要由质子组成。空间天然辐射源的能量分布如图 2-1（Schimmerling，Curtis，1978）所示。

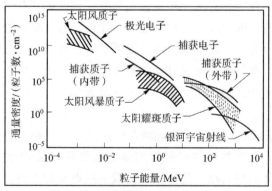

图 2-1　空间天然辐射源的能量分布

一些能量或者通量较低的粒子无法穿透飞船舱壁，因此可以忽略它们对航天员的辐射损伤。而一些重离子，尽管其通量很低，但是它们可能在人体内造成相当大的能量沉积，故需要考虑它们对航天员造成的辐射损伤。

空间辐射环境与太阳活动周期以及距离地球表面的距离密切相关。因此在空间飞行期间，为使航天员所受到的辐射剂量最小化，在制订飞行计划时应着重考虑空间辐射在时空分布上的差异。

航天员暴露在银河宇宙射线（GCR）之下，这些辐射由高能质子、高能重离子（HZE）和太阳粒子事件（SPEs）组成，其中主要包含由低能到中能的质子，这种情形导致空间探索面临一项严峻挑战。实验研究表明：HZE 与地面辐射在生物效应上有定性和定量差异，导致对人类空间辐射暴露结果的预测产生很大的不确定性。辐射风险包括癌变、退化性组织影响（如白内障或心脏疾病）、急性放射综合征以及其他风险，如因受 HZE 核子影响而导致中枢神经系统（CNS）受损等。对于国际空间站（ISS）任务和月球、近地天体（NEOs）和火星探测的设计研究，"美国国家航空航天局"（NASA）使用暴露导致死亡（REID）的风险量来控制航天的辐射风险。3%的 REID 率是用于设定年龄和性别相关的辐射暴露限值的标准，同时使用上限95%置信水平（CL）估值，以避免风险预测模式的不确定性。

二、非电离辐射

空间站内的航天员将受到源自两种不同的非电离辐射：空间自然发生的和空间站中人造设备放射出的非电离辐射。自然发生的空间辐射是由电磁辐射以及带电粒子构成的。空间辐射的电磁成分可以分类为五个主要来源：

（1）连续的太阳发射：太阳放射出很宽频谱的电磁辐射。特别重要的是光辐射带，它类似于温度为 5 900 K 的黑体频谱，此频谱峰值在可见光区（约550 nm）和从远紫外线（约100 nm）强度快速增加至可见光（约400 nm）。与地球表面相比较，空间的紫外线环境的特征问题是缺乏由地球大气臭氧层（Ozone）提供的对太阳照射的屏蔽；其他还有无线电波频率范围内的电磁辐射，但强度很低。

（2）太阳爆发活动：在太阳爆发时短期内由太阳放射的可见光和无线电频波长的电磁辐射。

（3）天体辐射：太阳系之外的天体产生的非电离电磁辐射也会到达地球，但强度较低，不会引起生物效应问题。

（4）磁场来源：太阳系内不同天体产生的磁场有几个数量级的变化，已经发现，太阳黑子中心的磁场强度是地球磁场的数千倍。

（5）船上辐射源：在空间站上有各种形式的非电离辐射仪器，并分为以下几个一般类型。

①通信仪器（雷达、无线电和微波发射机、接收机、天线和有关设备）；

②激光；

③灯（紫外、可见光、红外）；

④电子仪器；

⑤焊接设备（使用时）；

⑥电源、电力调节和分配装置；

⑦其他设备。

非电离辐射的敏感器官为中枢神经系统、晶状体和生殖系统，高强度射频辐射可以使皮肤甚至 10 mm 以下的皮肤快速产生灼热感，较低强度时一定强度的非电离辐射可能导致神经衰弱综合征、白内障、生殖功能下降、心血管功能紊乱、免疫能力下降等，2011 年国际非电离辐射防护委员会（ICNIRP）确定射频辐射为可以致癌的环境因素。

| 参考文献 |

[1] 祁章年. 航天环境医学基础 [M]. 北京：国防工业出版社，2001.

[2] 李金声，虞学军. 航空航天医学全书：航空航天卫生学 [M]. 西安：第四军医大学出版社，2013.

[3] 何新星. 航天环境毒理学研究进展 [J]. 航天医学与医学工程，2013，26（6）：496-498.

航天空气毒理

|第一节　概　述|

　　载人航天器乘员舱内大气质量是决定人的安全、健康以及工作效率的一个重要因素。舱内大气除了氧、氮和水蒸气等必要的成分之外，还存在有害的化学污染物质。这些污染物来自人体的正常代谢产物和装饰、密封、绝缘、隔热材料和设备应用的非金属材料的脱气与事故性热解产物，也可能来自推进剂、温控系统介质和实验化学品偶然泄漏。乘员舱室作为一个特殊的人工大气环境，具有下列特征：

　　（1）舱室空间狭小，人员和结构材料的饱和度高；

　　（2）舱室中化学污染物的种类和数量多，形成一种复合暴露环境；

　　（3）暴露途径是以吸入暴露为主，皮肤接触与经口的途径很罕见；

　　（4）暴露方式与地面人员的间歇性暴露不同，航天环境是持续性暴露。这种暴露可能是几个小时（如在火灾、毒物泄漏等情况下），更可能是几天、几十天或几百天。

　　（5）航天环境的失重、应激和长期活动受限等因素在一定程度上改变了人体的正常生理状态，从而可能提高人体对污染的敏感性。

　　国外 30 多年的航天实践表明，飞船座舱空气化学污染事件时有发生，轻者使航天员产生刺激感，影响工作和生活质量，重者影响健康甚至造成中毒死亡。

随着我国空间实验室任务和空间站任务的启动，航天员在轨飞行时间相比一期延长，这将给航天员机体带来潜在毒性污染物慢性的低浓度暴露和事故性、急性的高浓度暴露的危险。由于航天环境中多种污染物、失重、辐射、应激与长期活动受限等特有的因素同时存在，使这种暴露更加复杂化，并在一定程度上改变了人体的正常生理状态，从而改变了人体对污染物的毒性反应。另外，飞船座舱内的监测、预防和急救措施比在地面更加困难。目前，航天大国都各自制定了应急暴露、短期暴露和长期暴露的最大容许浓度（SMAC），但由于共同的原因，这些限值还存在一定程度的不可靠性，需要根据新的资料不断地进行修订和补充。这些问题对现代毒理学和现代工程技术提出了新的挑战。

20世纪60年代以来，随着载人航天活动的迅速发展，一个新的研究领域——航天毒理学应运而生。航天毒理学是毒理学的一个新分支，其基本任务就是研究在航天特殊环境条件下，载人的航天器乘员舱大气污染物的危害与医学防护，保障航天员的安全、健康和良好的工作效率。研究内容涉及乘员舱污染物的来源、危险、毒作用机理、制定卫生标准、监控、防护和评价等一系列多学科交叉的应用与理论问题。多年来，航天毒理学工作得在该研究领域已做出了卓有成效的工作。

|第二节　大气成分和压力|

本节讨论航天器舱内的大气组成，包括大气成分、总压、氧分压及二氧化碳的安全数据。

一、舱内大气成分和压力

在地球海平面，大气由大约78.1%的氮气、21.0%的氧气和几种微量气体包括二氧化碳、水蒸气组成，总压为101.36 kPa（14.7 psia）（见表3-1）。

表 3-1　海平面标准大气

参数	大气压力值			
	%（体积比）	mmHg	psi	kPa
总压	100	760	14.70	101.3
氧分压	20.9	159	3.07	21.2
氮分压	78.2	594	11.48	79.2
二氧化碳分压	0.04	0.3	0.005	0.04
其他（水汽、氩气等）	0.86	6.7	0.145	0.88

然而，人类可以生存的大气成分和压力环境有一个较大的变化范围。适宜人类生存的大气环境受以下基本因素制约：

（1）总压必须能够预防体液蒸发（沸腾），后者于 37 ℃（正常体温）、总压约为 45 mmHg 时发生。

（2）必须有适当的氧分压，以满足人体代谢需要的氧气。

（3）氧分压必须足够低，以预防氧中毒。

（4）超过 2 周的飞行必须提供一些生理惰性气体，以预防肺不胀。

（5）所有其他大气成分必须是生理惰性气体或足够低的浓度，以排除其毒性效应。

（6）呼吸的大气成分必须是引起火焰和爆炸危险最小的气体。

（一）总压

大气压力是指环境周围的气体压力，它作用于整个机体。除了暴露在 37 ℃、总压低于 45 mmHg 时发生危险外，人类的高气压耐受也是有限的，推测这种限制可能与生物分子结构变化和关键酶失活有关（Waligora 等，1994）。目前人体最大耐受压力远高于航天飞行环境的预设压力，总压高于 101 kPa（14.7 psia，760 mmHg）时被用于治疗减压病。

选择航天器舱压是困难的，这是因为有多种因素需要权衡，包括安全氧浓度、使减压病风险低的舱压和服装压比值及多种工程因素的约束，这种约束包括舱压维持、用于散热的气体密度和最小易燃性（氧气）的气体浓度等。与大气压力相关的最重要的健康问题是减压病和气压性损伤。

1. 减压病

减压病分为Ⅰ型（轻度）、Ⅱ型（重度）和动脉气体栓塞三种类型。Ⅰ型减压病以皮肤痒、轻微疼痛为特征，特别是在关节或肌腱部位，通常在出现症状后 10 min 内消退。Ⅱ型减压病比较严重，因为它已经影响到神经系统，并能引起肺和循环方面的问题，症状可变且多样化，并且症状最长有可能延迟 36 h 出现。当小气泡体积随着环境压力下降而扩张，并且驻留在冠状动脉、脑动脉或其他动脉时，会出现动脉气体栓塞，可能引起心肌梗死、脑中风或脑卒中。

特定个体发生减压病症状的条件是不可精确预测的。任何特定时间，惰性气体的组织压力依赖于初始和最终平衡压力，以及惰性气体在组织中的可溶性、减压速率和持续时间。这种减压病发生的阈值压力随着个体的易感性不同而变化，个体易感性受以下因素影响：

（1）体质：肥胖可能增加减压病的易感性，因为氮气更容易被脂肪组织吸收。

（2）温度：环境温度低可以增加减压病的易感性（Macmillian，1999）。已发现在 20 ℃（68 ℉）~30 ℃（86 ℉）之间的减压病发生率存在这种相关关系，在更低的温度环境（−20 ℃/−4 ℉）减压病发生率增加一倍（Heimback 和 Sheffield，1996）。

（3）重复低压暴露：重复低压暴露可以增加减压病的易感性，在 3 h 内进行第二次高空暴露，减压病发生的危险性大幅增加，但每天重复暴露的作用机理还不清楚。

（4）脱水：脱水可能增加血液的黏性，对减压病发生有促进作用，通常可通过应用阿司匹林减小血小板聚集来帮助预防减压病。

（5）年龄：已观察到年龄 40~45 岁组的减压病发生率是年龄 19~25 组的 3 倍，这可能是循环功能随年龄增加而变化的原因（Macmillian，1999）。

（6）性别：来自低压舱暴露的试验数据显示，女性可能比男性更易患减压病（女性减压病发生率为 0.224%，男性为 0.049%，女性患病率是男性的 4.6 倍）（Pilmanis 和 Webb，1996）。

（7）运动负荷：运动可能增加减压病发生率（Macmillian，1999；Heimback 和 Sheffield，1996）。但出舱活动吸氧排氮期间（纯氧环境）进行运动，可使血流加快，有利于排除体内存留的氮气。

（8）损伤：组织损伤区域的血液灌注变化，特别是关节损伤有可能导致减压病的易感性增加。

为了避免发生减压病，低压暴露前必须从组织内排出部分氮气，在计划减压前，通过短时间的吸纯氧（氧浓度大于 95%），用氧气置换氮气的方法将氮气排除出体外。

国际空间站采用了三种吸氧排氮方案。选择用于出舱活动的吸氧排氮方案取决于出舱活动的任务目标、减压病的风险、乘员的工作时限和出舱活动操作的整体风险性。

当航天员出现减压病时，必须采用快速、有效的治疗效果，航天器必须能在 20 min 内从真空增压到正常航天器大气压力。处理减压病症状时，还需有较高的治疗压力。然而，因为航天中实施治疗的资源是受限的，故地面治疗标准在空间未必适用。用于高压氧治疗的替代设备包括压力服、气闸舱和航天器居住舱，这些既可单独使用，又可联合使用获得治疗压力。

减压病的治疗压力可以通过各种压力容器组合获得，包括航天器、气闸舱以及航天服，通常使用它们容许的最大压力进行。国际空间站由航天器 101.4 kPa（14.7 psia，760 mmHg）压力加上出舱活动装置服装 55.2 kPa（8.0 psia，414 mmHg）压力，能够提供 157 kPa（22.7 psia，1 174 mmHg）压力，用于减压病的治疗。

影响乘员减压病治疗计划的因素包括减压病的诊断和治疗程序等。如果在飞行中乘员的减压病得不到适当的治疗，则需要对返回乘员继续开展地面治疗。

2. 气压性损伤

当贮留在身体组织和体腔里的气体受到舱内压力变化影响，并且体腔壁的压差引起疼痛和组织损伤时，就会发生气压性损伤。气压性损伤特别容易发生在耳腔、鼻窦、龋齿或补牙的部位。

为了预防乘员在航天器减压与增压期间的耳和肺部损伤，航天器内总压的变化率必须限制在一定范围内。在失重条件下，由于体液重新分布，头部和鼻窦可能充血，气压性损伤的危险性更大。因此，增压速率限值相比潜水规定的增压速率应更加保守。气压变化时耳部出现的症状详见表 3-2。

表 3-2 气压变化时耳部出现的症状

压差/mmHg	压差/psia	症状
0	0	无感觉
3~5	0.06~0.12	耳胀满感
10~15	0.19~0.29	更胀满，声强变小
15~30	0.29~0.58	胀满、不适、耳鸣、空气离开中耳时耳有爆破声
30~60	0.58~1.16	疼痛、耳鸣、眩晕增加
60~80	1.16~1.55	严重的和放射性疼痛、眩晕、恶心
100	1.93	主动清理耳道变得困难或不可能
200+	3.87+	耳膜破裂

减压速率过快时，肺和其他充满气体的体腔可能会发生很严重的损伤。快速减压引起的损伤程度取决于压力变化速率大小、初始和最终压力水平、肺部以及整个身体的气体总量。快速减压的原因可能是航天器被空间碎片（在轨、发射和再入期间）穿破，舷窗和阀门损坏，或者在发射或再入时使用逃逸系统。

在高压治疗期间，增压速率不能引起乘员胸腔壁压差超过 80 mmHg（1.55 psia），或超过 40 mmHg（0.77 psia）的持续时间长于 5 s。在高压治疗期间，氧中毒是关注的主要问题。

3. 总压限值

为减小减压病（DCS）风险，航天飞行任务期间必须满足表 3-3 所示的总压限值。

表 3-3 乘员总压暴露生理限值

总压/kPa	总压/mmHg	总压/psia	暴露时间
压力≤20.7	压力≤155	压力≤3.0	不允许
20.7<压力≤29.6	155<压力≤222	3.0<压力≤4.3	12 h
29.6<压力≤51.7	222<压力≤387	4.3<压力≤7.5	14 d
51.7<压力≤103	387<压力≤775	7.5<压力≤15.0	无限
103<压力≤117	775<压力≤879	15.0<压力≤17.0	12 h
压力>117	压力>879	压力>17.0	仅限紧急状态

地球上的生命大部分生活在地球正常的大气压力（1 atm，14.7 psia，101.3 kPa，760 mmHg）和地球正常的重力（1 g）下。从高压到低压的快速转变、同等压力条件下惰性气体逆向扩散受阻等与 DCS 有关。穿着潜水服的潜水员执行完任务后回到水面，可能受到 DCS 的困扰。相反，航天员着舱外航天服执行出舱活动（EVA）时可能出现 DCS。因此，DCS 会危及航天员任务的完成，甚至会在一定程度上影响任务的成功。

DCS 的预防优于治疗，通常有两种方式用于预防，第一种方式是通过体外结构为身体提供足够的气体压力，采用 1 个大气压的航天服、潜水服、抗荷服以及加压的潜艇或飞机座舱可最大限度地确保人的安全，但在工程设计、复杂度、材料及环境实现上的代价巨大；第二种方式是将机体缓慢暴露于高压或低压环境，通过减小组织气泡产生的速率达到降低周围压力的目的，这种方式在工程设计上代价较小，但不如第一种方式安全。

当潜水员从低压返回高压环境，或飞行员及航天员从低压环境返回时，在较低压力下，一定数量的惰性气体会从溶解状态释放形成气泡，组织中气泡占位或由于血流中气栓导致的代谢功能破坏可以引起很多症状和体征。对 NASA 约翰逊航天员中心受试者进行的持续观察表明，在有效的排氮后，DCS 受试者主要出现下肢疼痛症状，尤其是在膝盖骨或其周围。志愿者在仰卧位腿部水平屈曲时，会出现满胀感或明显的痛感，当站立或行走时会减缓，但当腿部一旦再次恢复水平屈曲时，满胀感或明显的痛感又会再次出现。

关于 DCS 的基本原理是一过性的气体过饱和，也称为组织区域出现超压或压力差（ΔP），用公式表示，当 ΔP 为正时，出现过饱和：

$$\Delta P = \sum_{i=1}^{n} (P_i - P_2)$$

式中：P_i——组织中 n 种成分的第 i 种气体的溶解压力；

P_2——减压后周围压力。

气核形成的比例及气泡增长的速率是气体过饱和的函数。

性别差异、体脂含量等对 DCS 影响很大，表 3-4 所示为不同性别体内氮含量的估算数据。

表 3-4   根据性别预测氮含量

性别	体重/kg	体脂百分比（占总体重）	脂肪质量/kg	脂肪中氮含量/mL	非脂肪质量/kg	非脂肪中氮含量/mL	总氮含量/mL
男性	75	10	7.5	405	67.5	778	1 183
女性	60	25	15.0	809	45.0	519	1 328

女性脂肪组织中氮的含量几乎是男性的两倍，男性非脂肪组织中的氮含量稍高于女性。如果有足够的预呼吸时间（吸氧排氮），则可从男性和女性体内排出同等数量的氮。由于预呼吸的时间通常是有限的，故在有限的时间内必须考虑氮经肺排出体外及氮从脂肪和非脂肪组织中移除的相对效率。

4. 稀释气体

地球的大气提供的生理惰性气体中氮气占空气容积的 78%，其分压值为 594 mmHg，最理想的人工大气应含有一种或多种下列生理惰性稀释气体：氮气、氦气、氖气、氩气、氪或氙气。稀释气体有以下功能：

（1）它可以用来增加舱内总压，而不增加氧分压、氧中毒及火灾风险。

（2）乘员身体密闭的气腔可能出现塌陷。例如中耳不定期通气的话（耳清洗），这种情况可能出现在中耳。在高压力暴露期间，这种情况也可能会出现在肺部的小叶上。因为气腔中的氧和二氧化碳很快地会被吸收，添加稀释气体的混合气可使气体吸收减慢，有助于预防这种塌陷，这种塌陷就是所谓的肺泡萎陷。

（3）生命科学实验可能对大气参数更加敏感。选择正常的地球大气（例如，760 mmHg 和 79% 氮气，21% 氧气 + 其他少量成分）通常可比纯氧气体环境提供更简单的实验室测试环境。

（4）如果失火，稀释气体将起到阻燃作用。

选择含有不同于氮气的稀释气体的大气成分对于航天器乘员可能有相关副作用，且代谢、热和声音等因素必须加以考虑。

（1）代谢因素。

要考虑用于稀释大气作用的气体必须是生理惰性气体（正常情况下人体必须对稀释气体有相对小的代谢反应）。

（2）热因素。

除氦气外，考虑用于座舱大气的稀释气体应不存在与氮气有明显区别的热调节的困难。氦的热传导是氮气的 6 倍，故由经验表明：为维持人体的热舒适区，空气维持的温度必须比正常至少高 2 ℃ ~ 3 ℃。

（3）声音因素。

低密度氦氧混合气能诱导声音频率增加。高百分比氦混合气可能会遇到语音清晰度的明显问题。

（4）毒性因素。

在高气压下稀释气体能表现毒性效应，使用氮气以外的稀释气体用于飞行器大气需要开展进一步研究。

（5）减压病因素。

每种稀释气体具有不同的组织饱和度和洗脱速率。使用氮气以外的气体作为飞船大气的稀释气体需要做进一步的研究。

二、氧分压

在地球海平面，大气的氧分压为 158.3 mmHg（3.06 psia），过低的氧分压会引起嗜睡、头痛、工效降低等，长时间在过高氧分压环境中呼吸会引起肺部炎症、失明和意识丧失等。图 3-1、图 3-2 显示了缺氧和高氧可能出现的大气压和氧百分浓度的关系。

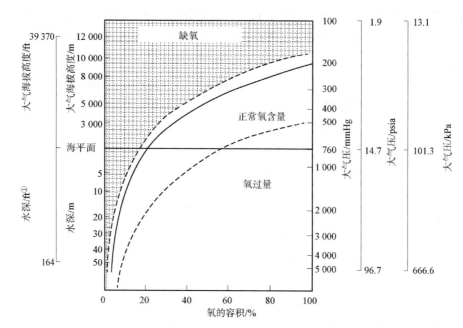

图 3-1 高海拔和低海拔环境下不同氧浓度的缺氧和高氧危险区域

（引自 Woodson, 1991）

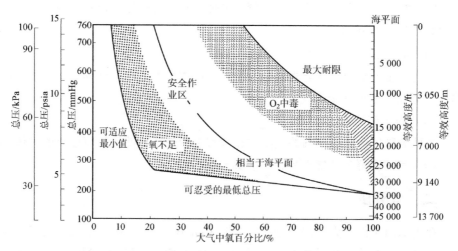

图 3-2 不同氧浓度和总压的大气环境缺氧和氧中毒危险区域

（引自 Tobias, 1967）

---

① 1 ft＝0.304 8 m。

1. 缺氧

当氧气不足，使肺泡氧分压降为 85 mmHg（1.65 psia）时，人体开始出现低照度彩色视觉减弱；进一步下降到约 69 mmHg（1.33 psia），会出现智力操作能力下降，例如学习能力下降。随着氧分压水平不断下降，人体的视觉、心理和运动障碍不断增加，当肺泡氧分压下降至大约 35 mmHg（0.67 psia）时，人体的意识开始受到影响（Waligora 等，1994）。

人体肺泡氧分压可用下列公式进行计算：

$$P_{AO_2} = F_{iO_2}(P_b - 47) - P_{CO_2}{}^* (F_{iO_2} + 1 - F_{iO_2}/0.85)$$

式中：P_{AO_2}——肺泡氧分压；

F_{iO_2}——吸入氧气浓度；

P_b——吸入的混合气大气压力；

0.85——假定的呼吸气交换率；

P_{CO_2}——二氧化碳分压。

表3-5列出了在接近大气氧分压的条件下，缺氧对人体的生理影响。

表3-5　缺氧对机体的影响

氧分压/mmHg	氧分压/psia	影响
160	3.09	正常（海平面大气水平）
137	2.65	可接受的警告限度，夜视丧失，早期症状是瞳孔扩大
114	2.20	工效严重下降，出现幻觉、兴奋和冷漠
100	1.93	身体协调损伤，情绪失调、麻木，记忆力下降
84	1.62	最终出现不可逆的意识丧失
0～46	0～0.89	立即缺氧症状，意识丧失、痉挛、麻木，在 90～180 s 内死亡

注：氧分压下降会产生潜在危险，如大脑迟钝以及对危险的感知降低。

人类的视功能对缺氧特别敏感，视网膜是缺氧最敏感的人体组织。

2. 氧毒性（高氧）

在高氧分压条件下，氧气分子有明显的毒性作用。图3-3显示了不同高氧分压下开始出现氧毒性症状的时间。如图3-3所示，在这些区域，一般出现呼吸症状。已有报道，长时间暴露在大约 251 mmHg 的氧分压条件下，红细胞的脆性和细胞壁的通透性将发生变化。

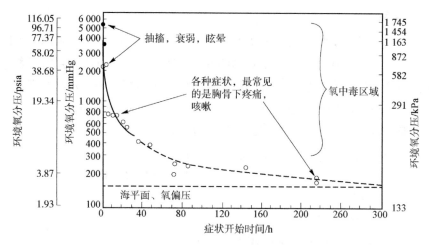

图 3-3 环境氧分压与高氧症状出现时间的关系

（引自 Parker 和 West，1973）

3. 氧分压限值

航天器必须采用适当的大气氧分压值，以确保吸入足够的氧气转运到肺泡，减小缺氧的危险性。氧分压限定值规定不低于 2.5 psia 是为了预防缺氧，规定不高于 3.4 psia 是为了预防高氧。

维持氧分压高于 139 mmHg 能确保乘员处于舒适状态，以较高的警觉度和注意力执行在轨任务，并能维持锻炼运动或出舱活动时心肺和肌肉负荷的生理需要，不会因缺氧或氧分压过高而引起操作能力下降或氧中毒。美国职业安全与保健管理局（OSHA）规定进入封闭的空间最低氧水平是海平面氧分压的19.5%（氧分压为 148 mmHg），地球上超过 80% 的人口呼吸的氧分压范围在145~178 mmHg，等效于海拔 914.4 m 高度的氧分压水平。这一氧分压是几家航天生物医学机构推荐的航天飞行操作的氧分压值。美国和俄罗斯航天生物医学研究资料均推荐航天器氧分压应高于 128 mmHg（低于 2 000 m 等效飞行高度），以维持失重条件下心血管功能和前庭功能受到影响时体力负荷的工作效率。

表 3-6 氧分压水平

氧分压/Pa	氧分压/mmHg	氧分压/psia	最大允许暴露时间
$ppO_2 > 82\ 737$	$ppO_2 > 620$	$ppO_2 > 12.0$	≤6 h
$70\ 327 < ppO_2 \leqslant 82\ 737$	$527 < ppO_2 \leqslant 620$	$10.2 < ppO_2 \leqslant 12.0$	≤18 h

续表

氧分压/Pa	氧分压/mmHg	氧分压/psia	最大允许暴露时间
60 674<ppO$_2$≤70 327	456<ppO$_2$≤527	8.8<ppO$_2$≤10.2	≤24 h
33 095<ppO$_2$≤60 674	251<ppO$_2$≤456	4.8<ppO$_2$≤8.8	≤48 h
23 442<ppO$_2$≤33 095	178<ppO$_2$≤251	3.4<ppO$_2$≤4.8	≤14 d
18 616<ppO$_2$≤23 442	139<ppO$_2$≤178	2.7<ppO$_2$≤3.4	正常生理范围, 无损害
17 237<ppO$_2$≤18 616	126<ppO$_2$≤139	2.5<ppO$_2$≤2.7	不确定, 在完全适应(3天后)前将出现可测量的行为能力下降
15 168<ppO$_2$≤17 237	112<ppO$_2$≤126	2.2<ppO$_2$≤2.5	1 h, 除非完全适应, 否则将有急性高山病的风险
ppO$_2$≤15 168	ppO$_2$≤112	ppO$_2$≤2.2	不可接受, 执行任务时必须额外供氧, 以防产生明显的损害

没有进行适应性训练时, 氧分压最小限值设定为 16.8 kPa (2.44 psia, 126 mmHg), 等效于约 2 743 m 高度。持续暴露低于表 3-6 中限值的氧水平, 尤其是运动负荷强度较大时可能导致急性高山病的发生。该限值的依据是国际标准, 并随着影响氧分压水平的总压不同而变动。俄罗斯允许暴露的氧分压限值为 16.0 kPa (2.32 psia, 120 mmHg) ~ 18.7 kPa (2.71 psia, 140 mmHg), 最长时间为 3 天。

需要注意的是, 富氧大气 (>21%) 的使用在维持肺泡氧分压的同时, 将增加火灾危险, 因为它增加了舱内使用的非金属材料的可燃性。

三、二氧化碳分压

在地球海平面二氧化碳浓度大约为 0.04%。由于二氧化碳是人体呼吸的产物, 故在有限区域内其浓度将会增加, 特别是通风不良的区域。

(一) 高浓度二氧化碳对人体的影响

图 3-4 所示为二氧化碳浓度增加对通气量、呼吸频率和脉搏频率的影响。通气量相对较大与呼吸频率较慢的人易出现呼吸减少和交感神经系统反应, 暴露在非常高的二氧化碳水平中能引起思维混乱、肌肉抽搐和意识丧失。二氧化碳浓度增加 (3%~7%范围内) 的其他效应如下:

(1) 体温降低, 通常是 0.5 ℃~1.5 ℃ (1 ℉~3 ℉)。

(2) 产尿量增加 (达正常速率的 3 倍)。

（3）耗氧能力降低（降低 13%～15%）。

急性二氧化碳中毒症状包括呼吸困难、疲劳、注意力不能集中、眩晕、晕厥、面潮红和出汗、视力模糊和头痛。暴露于 10% 或以上的二氧化碳中，可导致恶心、呕吐、打寒战、视听觉产生幻觉、眼部出现灼热感，极端呼吸困难以及意识丧失。在没有治疗的情况下，二氧化碳浓度在 10% 以上可引起呼吸抑制、惊厥、休克和死亡。

二氧化碳对人体的毒性反应与人体暴露的二氧化碳分压值和暴露时间相关。人体急性暴露在 1 kPa 二氧化碳环境时，会出现呼吸加深，肺通气量平均增加 32%，但无自觉症状；暴露在 2 kPa 二氧化碳环境，肺通气量平均增加 80%，但仍无不适的自觉症状；暴露在 3 kPa 二氧化碳环境时，会出现呼吸加深加快、轻微窒息感头痛、疲劳、注意力不集中等症状。另有文献报道暴露于二氧化碳分压 1.0 kPa，17～32 min，通气量增加 24%，长期（30 天）可引起骨组织碳酸滞留增加、心血管功能下降、出现呼吸性酸中毒和机体电解质紊乱等。乘员舱二氧化碳分压医学要求设计目标：防止出现二氧化碳急、慢性毒副作用。

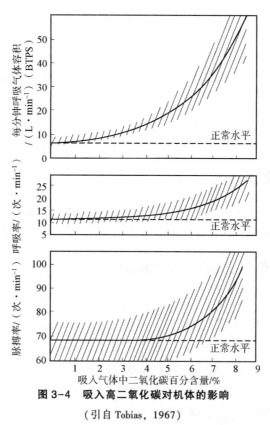

图 3-4　吸入高二氧化碳对机体的影响

（引自 Tobias，1967）

二氧化碳暴露中止后，可能出现后效应即二氧化碳暴露取消综合征，甚至能导致比二氧化碳暴露本身还大的功能损害。严重的、多样化的头痛是二氧化碳暴露取消的常见症状，这可能与失重相关的体液头向转移分布生理效应有关，更高水平的二氧化碳暴露停止后，可引起晕眩。5%～10%二氧化碳的急性暴露后，暴露取消综合征比低于3%二氧化碳的慢性暴露后的暴露取消综合征更加明显，在极端条件下，可能出现重度高血压和严重的心律失常。研究表明，呼吸氧气比呼吸空气能使二氧化碳暴露症状恢复得更好。

NASA航天飞机二氧化碳分压的限值为7.76 mmHg（0.15 psia），如果二氧化碳分压高于15.51 mmHg（0.30 psia），则乘员需戴呼吸面罩。由于失重条件下缺少气体对流，故有可能在航天器舱内大气循环弱的地方蓄积二氧化碳，导致局部区域二氧化碳浓度增高。此外，意外燃烧过热事件对航天器内二氧化碳的总体水平会产生一定的影响。

（二）二氧化碳限值

乘员舱二氧化碳限值制定的目标是：防止乘员出现二氧化碳急、慢性毒副作用。

CO_2航天器最大允许浓度（SMAC）主要对以下方面进行评价：神经病学（视觉障碍，颤抖，中枢神经系统抑制）、头痛、呼吸困难和肋间疼痛、呼吸道阻力增加、过度换气、运动障碍和睾丸损伤。睾丸损伤数据来自暴露的豚鼠和大鼠，其他数据均来自人体研究；"小n因子"用于修正研究样本量数量有限带来的不确定度，无毒性反应剂量（NOAEL）乘以因子$n^{1/2}/10$，其中n是试验样本量（Wong 1996）。

1. 神经病学

两个研究（Glatte等，1967；Storm和Giannetta，1974）中发现3%的CO_2是CNS影响的NOAEL，一个是包括7名受试者的5天暴露，另一个是包括12名受试者的2周暴露。计算公式如下：

$$AC(CNS) = 3\%(NOAEL) \times \sqrt{19}/10(小 n 因子) = 1.3\%$$

式中：AC——可接受浓度。

CNS影响与暴露时间无关。

2. 头痛

在一个30天研究中（Radziszewski等，1988），有6个人在暴露于2% CO_2的暴露期间产生周期性头痛，在此观察结果的基础上，2%被指定为CO_2引起头痛的NOAEL。

3. 呼吸困难和肋间疼痛

Menn 等人（1970）发现，暴露于 2.8% CO_2 下 0.5 h 的 8 名受试者没有出现肋间疼痛或呼吸困难。同样，Sinclair 等人（1971）没有发现他的 4 名受试者暴露于 2.8% CO_2 下 1 h 或 15~20 天会出现肋间疼痛或呼吸困难。通过这些数据，Wong 用了以上两个研究来确定此不利影响的 AC，得到一个短时间暴露的 AC 值，他没有用小 n 因子，因为对于短期暴露来说，一些轻微影响的风险是可以忍受的。防止呼吸困难与肋间疼痛的 1 h 和 24 h 的 AC 如下：

$$1 h 和 24 h AC(呼吸困难, 肋间疼痛) = 2.8\%$$

对于长期 SMAC，这些影响就不可以忍受，所以小 n 因子被用于来自 Sinclair 等人（1971）（$n=4$）和 Radziszewski 等人（1988）（$n=6$）的数据如下：

$$7 天, 30 天和 180 天 AC(呼吸困难, 肋间疼痛)$$
$$= 2.8\% (NOAEL) \times 10^{1/2} / 10(小 n 因子) = 0.9\%$$

4. 过度换气与运动能力

对于短期暴露（1 h 或 24 h），过度换气被看作是对高二氧化碳浓度的一种生理适应。对于长期暴露，过度换气是不能接受的，所以 Wong 用三个研究的结果来进行分析（Sinclair 等，1969；Guillerm 和 Radziszewski，1979；Radziszewski 等，1988），他指出，人们可以从这三个研究（$n=14$）得出结论，长期暴露于 2% 的 CO_2 不会导致明显的过度换气。计算结果如下：

$$7 天, 30 天和 180 天 AC(过度换气)$$
$$= 2\% (NOAEL) \times 14^{1/2} / 10(小 n 因子) = 0.7\%$$

对于长期暴露，Wong 还考虑机组人员的运动能力是否受到损伤。通过对 16 名受试者的三项研究（Glatte 等，1967；Sinclair 等，1971；Radziszewski 等，1988），Wong 得出结论，认为长期暴露于 2% 的 CO_2 中不会限制运动的能力。计算结果如下：

$$7 天, 30 天和 180 天 AC(运动能力)$$
$$= 2\% (NOAEL) \times 16^{1/2} / 10(小 n 因子) = 0.8\%$$

5. 呼吸道阻力增加

基于 Glatte 等人（1967）对 7 名受试者的研究结果，Wong 推断，暴露于 3% 的 CO_2 中 5 天是呼吸道阻力增加的 NOAEL。在设定 1 h 和 24 h 暴露的 AC 时，因为无须使用安全系数，所以不需要使用小 n 因子进行调整，因此，

$$1 h 和 24 h AC(增加呼吸道阻力) = 3\%$$

Wong 指出，呼吸道阻力的增加是由于喉头高碳酸血症的影响，其严重程度不会随暴露时间而增加。防止呼吸道阻力增加的长期 AC 通过使用小 n 因子

计算，结果如下：

$$7 \text{天}, 30 \text{天和} 180 \text{天 AC(增加呼吸道阻力)}$$

$$= 3\%(\text{NOAEL}) \times 7^{1/2}/10(\text{小 } n \text{ 因子}) = 0.8\%$$

6. 对睾丸的影响

当 CO_2 浓度低到 2.5% 时，大鼠在仅 4 h 的暴露后就表现出成熟精子细胞和支持细胞的脱落（Vandemark 等，1972）。由于在 8 h 暴露后的 36 h 内，睾丸的变化是可逆的，故该结果不因为睾丸的影响而设立短期 AC。

为设置人类的长期暴露标准，Wong 进行了一个研究，将豚鼠和大鼠暴露于 3% 的 CO_2 中 42 天，结果两个物种中均未找到对睾丸影响的证据（Schaefer 等，1971）。毒理学家认为老鼠和人类睾丸对 CO_2 浓度的敏感性类似。由此：

$$7 \text{天}, 30 \text{天和} 180 \text{天 AC(对睾丸的影响)} = 3\%(\text{啮齿类动物 NOAEL})$$

7. 其他相关研究数据

Sun 等人（1996）将 3 名受试者暴露于 2.5% 的 CO_2 中大约 0.5 h（具体时间不详），发现他们的深度知觉（立体清晰度）下降了。在一个相关实验中，Yang 等人（1997）发现暴露于 2.5% 的 CO_2 中时，3 名受试者检测运动的能力下降了。一旦 CO_2 暴露结束，这两种影响都会消失。

在 4 个人类受试者（20 岁左右男性）的研究中，暴露于 0.7% 和 1.2% CO_2 中 20 天，在暴露的前 1~3 天发现大脑血流量增加；但是，在接下来的 20 天，流量逐渐恢复到暴露前的水平（Sliwka 等，1998），只有暴露于更高浓度的 CO_2 中，受试者才会出现头疼，而且只发生在暴露的第一天，结论是脑血管血流量的自动调节在慢性（20 天）、低水平的 CO_2 暴露中依然发挥作用。

Manzey 和 Lorenz（1998）调查了 4 个受试者的精神表现，将他们在密闭空间内连续暴露于 0.7% 和 1.2% CO_2 中 26 天，开展了 4 个测试：语法推理、记忆搜索、不稳定跟踪和双重任务（不稳定跟踪和记忆搜索一起做）。受试者在 CO_2 暴露前测试 3 次，暴露中测试 12 次，在暴露结束时 1 次。结论是在环境空气中二氧化碳浓度达到 0.7%，不会对人类主观情绪或性能产生任何不利影响。暴露于 1.2% CO_2 中，观察到不稳定跟踪项的一个轻微变化，但是，他们判断其影响的强度明显小于其他航天飞行中的压力所引起的变化。

来自俄罗斯和平号空间站的证据表明，在宇宙空间中睡眠质量会发生变化，Gundel 等人（1998）试验了 4 名男性暴露于 0.7% 或 1.2% 的 CO_2 中，利用"睡眠生理记录仪"进行评估，该试验涉及 7 个监测项目，包括脑电图和心电图参数。研究发现，在 26 天的测试中，两种水平的 CO_2 都不会影响睡眠质量。

有两个研究对较长天数 CO_2 中度升高的效应进行了评估，一个是 Radzisze-wski（Radziszewski 等，1988），另一个是 NASA-ESA-DARA 开展的联合研究（1998）。Radzisze-wski 对 56 名受试者 6~46 天暴露于不同 CO_2 浓度的 11 个试验中的结果进行了分析，他注意到 1% CO_2 几乎不会导致损害，1.9% CO_2 时出现操作工效下降，但"在休息或锻炼时几乎观察不到生理功能的变化"。尽管如此，他的最终结论仍然认为采用 0.5% CO_2（3.8 mmHg）限值对于长期暴露"看起来是合理的"。NASA-ESA-DARA 开展的联合研究中，利用大学生分别暴露于 0.7% 和 1.2% CO_2 的潜水舱内开展了 23 天的研究。他们注意到受试者出现了脑血流量增加、锻炼后乳酸水平增加，以及轻度行为损害（Sliwka 等，1998；Hoffmann 等，1998；Manzey 等，1998）。睡眠、生物节律、锻炼时氧耗量峰值等均未发现明显的效应（Gundel 等，1998；Samel 等，1998；Hoffmann 等，1998）。心率和呼吸频率随暴露时间发生变化，这一变化是由于循环系统轻度代偿及呼吸性轻度酸中毒引起的。

8. 航天因素影响

航天中进行研究受到多种因素的限制，目前未见公开发表的专门针对 CO_2 中度升高的相关研究，但在 2006 年一项回顾性研究中，Christopher Carr 将航天员报道的头痛及其他 CO_2 症状与 ISS（国际空间站）上 CO_2 水平的升高进行了相关性分析，基于 ISS 监测到的 CO_2 水平和每周航天员的医学主诉症状分析，Carr 认为当浓度超过 0.63% CO_2（4.8 mmHg）时，主诉症状的阳性率明显升高。

（三）航天器上的二氧化碳水平

CO_2 的主要来源是人体代谢，其次是食物残渣的分解，在载人航天过程中，部分在轨科学实验也会产生少量 CO_2，例如非金属材料的燃烧实验以及在轨动物实验等。人体代谢负荷的增加将产生更多的 CO_2。静息状态下，人每分钟大约产生 200 mL CO_2；在最大锻炼负荷时，CO_2 的产生可以超过 4.0 L/min。呼气产生的 CO_2 蓄积可能会对人体的健康和工作效率产生副作用。地面研究结果表明，初始症状发生于 2% CO_2（15 mmHg）或以上，出现头痛、劳力性呼吸困难；6% CO_2（45 mmHg）时出现视觉紊乱、战栗；7%~9% CO_2（53~68 mmHg）时出现意识不清，最终导致死亡 [最低报道的死亡浓度为 9% CO_2（68 mmHg）暴露 5 min 或 17% CO_2（128 mmHg）暴露 1 min（EPA 2000）]。

（四）航天器净化能力

航天器平台在提供居住环境时，面临着与地面开放环境不同的独特挑战，它是带有明显功耗、质量及体积限制的密闭系统，必须清除座舱内环境气体中的 CO_2。

短期任务中使用的航天器，例如水星号、双子星、阿波罗、航天飞机计划以及中国的神舟系列飞船等，采用非再生式氢氧化锂罐清除 CO_2。净化系统开启时 CO_2 可以达到相对较低的水平 $0.15\% \sim 0.3\%$（$1 \sim 2$ mmHg），在净化罐使用末期，个别阶段可上升到 1.0%（7.6 mmHg）（Waligora，1994）。

在空间站等长期飞行任务中，一次性净化罐通常作为备份设备使用。一般使用再生方法对 CO_2 进行净化，但再生式净化设备的吸附性明显偏低，且功耗要求更高。在工程要求和理想的环境状态之间，必须确定一个平衡点。NASA的空间实验室计划中采用了再生式分子筛系统，它虽然不如 LiOH 罐有效，但也可以有效地控制 CO_2 水平，三次空间实验室任务中 CO_2 的平均水平为 0.66% CO_2（5 mmHg）（Waligora，1994）。

国际空间站（ISS）舱内环境的最初要求瞄准 0.4% CO_2（3 mmHg）的保守水平，设定这一水平的主要原因包括：ISS 上较长的乘组轮换周期，肾结石或骨丢失恶化的风险，支持在轨科学研究等（Waligora，1994）。但从工程代价以及整体设计的变化考虑，最终选用了更高的 CO_2 浓度限值水平，为 0.7% CO_2（5.3 mmHg）（Waligora，1994）。

ISS 上典型的 CO_2 运行浓度水平介于 $0.3\% \sim 0.7\%$（$2.3 \sim 5.3$ mmHg），平均约为 0.5%，其浓度波动取决于国际空间站内的不同部位。主要的 CO_2 净化系统 Vozdukh 在俄罗斯建造的服务舱内，Vozdukh 系统采用再生式干燥吸收床，当暴露于真空时，该系统将吸收的 CO_2 排出（Carr，2006）。有两个 CO_2 净化组件辅助 Vozdukh 系统，与干燥吸收床结合使用；必要时，这些组件可以在较大负荷状态运行，但其所需电力、使用寿命等限制了其使用。在紧急情况下，可使用非再生式 LiOH 罐。

（五）国际空间站二氧化碳监测能力

国际空间站采用两个系统监测二氧化碳分压：服务舱气体分析仪及美国舱段的主成分分析仪（MCA）。这两个系统都有一个限制因素：它们采样点较为固定，失重状态下由于缺乏空气对流，使得空气流通、精确监测较为困难，所记录到的固定采样点的数值未必能够即刻反映航天员周围的环境。其他对 CO_2

的监测手段包括两个便携式二氧化碳监测装置（CDMs）以及常规空气采样、返回地面后进行详尽分析。便携式 CDMs 可以定期监测不同位置的 CO_2 水平，当航天员将其佩戴在身上时，也可进行动态监测（Felker，2003；Law 等，2009）。

（六）二氧化碳毒性效应

CO_2 会自主地穿过细胞膜（Baggott，1982）。CO_2 透过肺泡膜在血液中的扩散率大概是氧气的 20 倍（West，1979）。CO_2 在血液中有三种运输方式，其中碳酸氢盐是主要的一种。在红细胞中碳酸脱氢酶的催化作用下，血液中 90% 的 CO_2 和水发生反应形成碳酸，碳酸会依次被电离成碳酸氢盐（Baggott，1982）。这个反应在血清中也同样发生，而且不需要碳酸脱氢酶的催化，但是进程会比有催化的慢很多（Baggott，1982）。

CO_2 在血液中的另外两种运输方式相对比较次要。血液中大概 5% 的 CO_2 会在血清和细胞质中溶解（Baggott，1982）。CO_2 在水中的溶解度接近于 O_2 的 20 倍，所以 CO_2 溶解在血浆中的运输比氧气溶解在血浆中的运输更为重要（West，1979）。CO_2 在血液中的第三种存在形式是以化合物的形式存在，是通过 CO_2 和血红蛋白里的不带电的氨基团反应而成的（Baggott，1982）。在血液中 5% 的 CO_2 以氨基酸的形式存在（Baggott，1982）。

通常 CO_2 是由人体通过呼气排出的。一个健康的人在休息的时候每分钟排出大概 220 mL CO_2，在进行中等强度锻炼时每分钟排出 1 650 mL 的 CO_2（Cotes，1979）。

由 CO_2 到碳酸氢盐这个过程是血液中主要的缓冲体系（Baggott，1982）。酸中毒的情况下，人的体内就含有高浓度的 CO_2。强力呼吸可以促进 CO_2 的排出，提高血液中的 pH 值（Baggott，1982）。碱中毒的情况下，人体会换气缓慢，以此来减少 CO_2 的排出，同时肾脏会分泌碳酸氢根离子到尿液中，这两者都能降低血液中的 pH 值（Baggott，1982）。

1. 急性二氧化碳中毒

CO_2 中毒的影响包括呼吸困难，心率及呼吸率增加，头痛，警觉性下降，焦虑，眩晕，肌肉颤搐，昏迷或死亡，症状的严重性与 CO_2 浓度和暴露的时间有关。头痛是 ISS 飞行乘组报告最多的症状，特别是在 CO_2 浓度超过 0.7%（5 mmHg）时（Carr，2006）。美国环保局将 2.0%（15 mmHg）作为几小时暴露后头痛的阈值。表 3-7 中给出了急性中毒症状的详细列表。

表 3-7　不同浓度 CO_2 的生理耐限时间及高浓度 CO_2 时的急性健康影响

生理耐限		急性健康影响		
ppCO₂		最大暴露限值/min	暴露时间	效应
mmHg	%			
3.8	0.5	待定		
7.5	1.0	待定		
11	1.5	480		
15	2.0	60	几小时	头痛，劳力性呼吸困难
23	3.0	20	1 h	头痛，出汗，安静状态下呼吸困难
30	4.0	10	（4%~5%）几分钟内	头痛，眩晕，血压升高，令人很不舒服的呼吸困难
38	5.0	7		
45	6.0	5	12 min	视力、听力下降
			≤16 min	头痛，呼吸困难
			几小时	战栗
53	7.0	<3	（7%~10%）几分钟	意识不清或接近于意识不清
			1.5 min ~2 h	头痛，心率增加，呼吸时间缩短，眩晕，出汗，快速呼吸
68	9	N/A	5 min	最低报道的死亡浓度
75	10	N/A	（10%~15%）1 min 至几分钟	眩晕，困倦，严重的肌肉颤搐，失去意识
113	15	N/A		
128	17	N/A	（17%~30%）1 min 内	自主性活动失去控制，失去意识，抽搐，昏迷，死亡

注：N/A：not applicable，表示不适用

1）症状

CO_2 既可以让听觉受损也可以让视觉受损。在一个有 6 人参加的试验中，置身于 6.1%~6.3% 这样高浓度的 CO_2 环境中达 6 min 会使人的听阈降低 3%~8%（Gellhorn 和 Spiesman，1935）。若是试验时间持续 5~22 min，3%~4% 的浓度是对听觉造成轻微损害的临界值，2.5% 则是无明显不良效应的浓度（NOAEL）（Gellhorn 和 Spiesman，1934，1935）。由于当 CO_2 浓度大概为 6% 时对听觉造成的影响很小，而且 SMAC 预计会远远低于 6%，故在设定 SMAC 时对听觉的影响并没有纳入考虑范围。一个受试人数不定的研究表明，CO_2 浓度为 6% 的急性暴露 1~2 min 后会导致视敏度降低（Gellhorn，1936），几小时后

会引起视觉障碍（Schulte，1964）。

暴露于 CO_2 浓度为 6% 的环境下数小时（症状数量未知）（Schulte，1964）或者浓度为 7%~14% 的环境下 10~20 min（12 个症状）（Sechzer 等，1960），会引起一些其他的症状，如颤抖、不安、呼吸困难、头痛、肋间神经痛。由 6 名志愿者参与的试验表明，暴露于浓度为 CO_2 浓度为 6% 的暴露中持续 20.5~22 min 会导致不适（Gellhorn 和 Spiesman，1935）。

2）呼吸困难

现有数据表明，急性暴露于 CO_2 浓度高于 3% 的暴露中会引起呼吸困难。White 等人（1952）发现，在由 24 位志愿者参与的一个试验中，当处于 CO_2 浓度为 6% 的环境下持续 16 min 后，19 个人有轻微或者程度适中的呼吸困难，其他 5 人则有严重的呼吸困难反应。在一个有 16 人参加的试验中，处于 CO_2 浓度为 4%~5% 的暴露中达 17~32 min 会产生呼吸困难（Schneider 和 Truesdale，1922），在 CO_2 浓度为 7.6% 的条件下达到 2.5~10 min 也会产生这一症状（Dripps 和 Comroe，1947）。

2.8%~3% 的 CO_2 浓度是否会引起呼吸困难这一问题曾存在争议。一方面，Menn 等人（1970）发现，让 8 个受试者在做极限强度运动的同时进行浓度为 2.8% 的 CO_2 暴露达 30 min，其中有 3 人会产生呼吸困难反应，而在运动强度为 1/2 极限强度或者 2/3 极限强度时却没有这一反应。另一方面，Sinclair 等人（1971）研究表明，让 4 位受试者在做持续激烈运动的同时进行浓度为 2.8% 的 CO_2 暴露达 1 h 或者 15~20 天并没有引起受试验者产生任何呼吸困难的反应。Schulte（1964）报告显示，让一定未知数量的人群在 CO_2 浓度低达 2% 时暴露数小时会导致呼吸困难。而由 Menn 等人进行的一项研究表明，在让 8 位受试者进行极限强度运动的同时进行浓度为 1.1% 的 CO_2 暴露达 30 min，却没有引起呼吸困难症状。对于 CO_2 是否会导致非运动人群呼吸困难这一问题，也有很多存在冲突的数据。Brown（1930a）试验表明，CO_2 浓度为 3.2% 或者 2.5%~2.8% 对于 5 个静态的受试者不会产生导致呼吸困难的影响。而 Schulte（1964）研究报告表示，一定未知数量的受试者于 CO_2 浓度为 3% 的暴露中达数小时的话，就算是不运动也会导致呼吸困难。大量数据表明对于 CO_2 浓度的 NOAEL 值是 2.8%，因为航天员在执行的任务过程中一般会进行中等强度而不是极限强度的体力活动。

3）头痛

除了呼吸困难之外，高浓度的急性 CO_2 暴露还会导致头痛。Schulte（1964）在一项没有说明试验人数的研究结论中表示：人在 CO_2 为 2% 或者 3% 的环境下暴露数小时会产生头痛或者轻度头痛；这一症状在 3% 的浓度下比 2% 的浓度下要更加严重。Sinclair 等（1971）研究表明：4 位受试者在 CO_2 浓度为 2.8% 的条件下暴露 1 h 同时做激烈运动会导致偶尔轻微的头痛。Menn 等人（1970）研究发现：8 位受试者在 CO_2 浓度为 3.9% 的暴露中做 2/3 极限强度的运动达 30 min 后，其中有 6 人会产生轻微至中等程度的头痛反应。而类似条件下当 CO_2 浓度为 1.1% 或者 2.8% 时却不会引起这样的反应（Menn 等，1970）。因此，还没有明确的证据说明在 CO_2 浓度为 2.8% 的条件下，人们活动时会不会产生头痛。

通过对运动人群（Schulte，1964；Menn 等，1970；Sinclair 等，1971）和不运动人群（Schneider 和 Truesdale，1922；Bracket 等，1965）的数据对比，在运动人群中，在 CO_2 浓度较低的情况下会有更多的人产生头痛。White 等人（1952）研究表明，24 位受试者在 CO_2 浓度为 6% 的环境中暴露 16 min 后，其中有一个人很快就产生了头痛的症状，9 人产生了轻微的短期头痛。在一项由 Brown（1930）进行的 5~6 人参与试验的研究中，在 CO_2 浓度为 3.2%、O_2 浓度为 13.4% 的环境中暴露数小时会造成头痛和眼花，但是在 CO_2 浓度为 2.5%~2.8%、O_2 浓度为 14.6%~15% 的暴露中却没有任何症状。据 Schneider 和 Truesdale（1922）研究表明：16 位参加试验的志愿者在 CO_2 浓度为 1%~8% 的环境中暴露 17~32 min，头痛症状只会发生在当 CO_2 浓度为 5% 或者更高时，而且可能产生剧烈头痛。另据 Brackett 等人（1965）研究表明：CO_2 浓度为 7% 时，7 名志愿者会在暴露 40~90 min 内产生轻微的头痛症状。

暴露在一定浓度的 CO_2 环境中并不会马上引发头痛，Menn 等人（1970）研究报告表明，当受试者置身于 CO_2 浓度为 3.9% 的暴露中做 2/3 极限强度的运动时，大多会在临近 30 min 时产生头痛症状。Glatte 等人（1967）研究发现，在一项为期 5 天的试验中，当 CO_2 浓度为 3% 时，参与试验的 7 个人中有 4 人在第一天会产生轻微至中度的前额头痛。当 CO_2 浓度为 4% 时也会产生类似的结果（Glatte 等，1967b；Menn 等，1968）。头痛一般在试验开始的前几个小时就开始了。

由 CO_2 引起的头痛不会持久。在 CO_2 浓度为 3.9% 的环境下暴露 30 min 产生的头痛会在脱离该环境后 1 h 就慢慢消退（Menn 等，1970）。在 CO_2 浓度为 3% 或者 4% 的环境中暴露 5 天产生的头痛会在试验结束 3 天后消退（Glatte 等，1967；Menn 等，1968）。Menn 等人（1970）认为头痛是由于 CO_2 导致大脑血管扩张引起的（Patterson 等，1955）。因为头痛会在短期暴露试验结束后很快消失，或者是在持续 5 天试验的第三天就开始消失，所以头痛有可能是因为酸中毒引起的。

根据上面的讨论，并不能确定浓度 2.8% 的 CO_2 暴露会不会引起头痛。对于浓度 2.0% 的 CO_2 暴露是否会引起头痛也存在争议。Schulte（1964）在一份没有具体说明试验人数的报告中表示：参与试验者在 CO_2 浓度为 2.0% 的环境中暴露数小时后会产生轻微的头痛。但是 Radziszewski 等人（1988）研究表明：6 位参加试验者在 CO_2 浓度为 2% 的环境中暴露 30 天基本不会产生头痛症状，甚至在运动时也不会出现症状。

4）肋间痛

CO_2 急性暴露会引起肋间痛。Menn 等人（1970）研究表明：2.8% 的 CO_2 30 h 急性暴露导致 8 名参与试验的做极限强度运动的人中，2 人产生肋间肌肉疼痛，当他们做 2/3 极限强度的运动时则无人会产生肋间肌肉疼痛。但 Sinclair 等人（1971）的研究报告则显示：CO_2 浓度为 2.8% 的急性暴露 1 h 没有导致参与试验时做持续高强度运动的 4 位志愿者产生肋间肌肉痛。可能参与 Sinclair 的试验的志愿者的运动负荷没有达到极限强度，因此他们没有感觉到肋间痛。当 CO_2 浓度为 1.1%、急性暴露 30 min 时，Menn 等人也没有在受试者身上检测到肋间痛。而由于航天员在空间飞行时通常不会做极限强度的运动，故 2.8% 这一浓度就作为会导致产生肋间肌肉痛的 CO_2 浓度的 NOAEL 值。

5）酸碱平衡

暴露于比正常值 0.03% 高很多的 CO_2 环境下会使得血液中的 CO_2 分压上升（Mines，1981）。血液中 CO_2 分压上升会导致血液 pH 值降低，这种降低是由酸氢根离子和蛋白质的缓冲造成的（Mines，1981）。人在 CO_2 浓度为 2.8% 的环境中暴露 1 h 后会产生酸中毒（Sinclair 等，1971）。CO_2 的吸收和酸中毒发生得都很快。当志愿者在 CO_2 浓度为 7% 的环境中暴露 1 h 时，动脉中的 CO_2 分压和 HCO_3 浓度会提升，同时动脉血浆的 pH 值在试验开始 10 min 后就由 7.4 降到 7.3（Brackett 等，1965）。

6）电解质水平

Messier 等人（1976）研究发现，在一段为期 57 天的潜艇巡航中，空气中的成分保持在 0.8%~1.2% CO_2、19%~21% O_2、CO<25 ppm，有 7~15 人体内产生了电解质变化。在巡航的第一天，血浆中钙的水平降低，血浆中磷的水平没有发生改变，而红细胞中钙的水平升高。

7）呼吸系统

CO_2 暴露最明显的影响就是提高了肺泡换气量。大量吸入 CO_2 引起的换气过度反应是由于 CO_2 作用于大脑和颈动脉上的化学受体而产生的（Cotes，1979；Phillipson 等，1981）。当 CO_2 暴露终止时，持续的过度换气会帮助降低血液中的 CO_2 分压，起着恢复血液中正常 pH 值的作用。三项研究表明，人体会慢慢适应 CO_2 造成的换气过度的影响（Chapin 等，1955；Schaefer，1958；

Radziszewski 等，1988）。当 CO_2 浓度为 3% 的暴露试验刚开始时，静止的人体的肺泡通气量为 15.1 L/min，随着时间持续到 78 h，通气量降低到 12.9 L/min（Chapin 等，1955）。Schaefer（1958）也曾报道过人体对 CO_2 造成的呼吸影响的适应性。他的试验数据显示：每天在水下闭气很长时间的潜水教练经历 CO_2 急性暴露时所产生的换气过度的程度要比其他志愿者程度小。Radziszewski 等人（1988）总结的一些数据表明：持续的 CO_2 暴露中，过度换气的程度在第 24 h 要比在第 2 h 降低 1/5。

不同浓度的 CO_2 有促进和抑制呼吸的作用，当 CO_2 浓度低于 1% 时会促进人体呼吸，当 CO_2 浓度高于 8% 时则会抑制人体呼吸（Cotes，1979）。但另外一项研究发现：3.8 min 的浓度为 10.4% 的 CO_2 暴露会促进呼吸（Dripps 和 Comroe，1947）。因此抑制呼吸的准确的 CO_2 浓度可能比 8% 要高得多。

没有数据表明 CO_2 对于人体肺部构造有影响，但根据 Schaefer 的报告表明：CO_2 急性暴露会损伤豚鼠的肺部（Niemoeller 和 Schaefer，1962；Schaefer，1964）。在 CO_2 浓度为 15%、O_2 浓度为 21% 的一项试验中，Schaefer 试验小组在试验开始后 6 h 在一些豚鼠身上检测到了胸膜下肺不张，牙槽黏膜细胞内层质体增加，肺内充血、水肿、出血等症状（Schaefer，1964）。当暴露延长到两天时，他们发现除了在第 6 h 看到的肺损伤外，肺部还出现了透明膜。当暴露再延长到 14 天时，肺不张的范围，肺内充血、出血的程度，以及透明膜的数量都减少或者降低了。在另一项研究中，Niemoeller 和 Schaefer（1962）发现浓度为 1.5% 或者 3% 的 CO_2 暴露会造成与浓度为 15% 的 CO_2 暴露类似的肺部损伤。

8）心血管系统

根据目前所了解的，CO_2 暴露会影响到心脏和循环系统。人体在浓度为 1% 或者 2% 的 CO_2 暴露 17～32 min 会导致舒张压和收缩压的轻微上升（Schneider 和 Truesdale，1922）。在一项对人体的研究中，在持续 15～30 min 的浓度为 5% 或者 7% 的 CO_2 暴露中，可以检测到血压和脑血流量的升高，以及脑血管阻力的降低（Kety 和 Schmidt，1956）；在另一项研究中，志愿者们在 CO_2 浓度为 7.5% 的环境中暴露 4～25 min 被检测到了心输出量和血压的升高（Grollman，1930）。除了改变心输出量外，CO_2 还能提高心率。为期 10～15 min 的浓度为 5.4% 的 CO_2 暴露或者为期 4～25 min 浓度为 7.5% 的 CO_2 暴露都提高了人体的心率（Grollman，1930；Schaefer，1958）。

CO_2 急性暴露会导致心电图发生一些改变。让一群精神病患者在 CO_2 浓度为 30%、O_2 浓度为 70% 的环境中暴露 38 s，在他们身上检测到了节点和心房过早收缩、室性早搏、P 波反演、P 波降低、T 波电压增加等症状（MacDonald

和 Simonson，1953）。与此相似，McArdle（1959）让精神病患者在 CO_2 浓度为 30%、O_2 浓度为 70% 的暴露中呼吸 10～15 次，仪器检测到了酸中毒、收缩压和舒张压的明显上升、房性期前收缩、房性心动过速（无室性期前收缩）、T 波电压增加、P 波反演及降低、T 波基本呈棘波状、T 波电压增加、PR 和 QRS 间期轻微增加等。

在浓度较低的 CO_2 暴露中，心脏节律异常发生的概率也较低。例如，受试人群于休息状态在 CO_2 浓度为 7%～14%、O_2 平衡的暴露中呼吸 10～20 min，在 27 人中，只有 2 人出现了过早节点收缩（实验前无此迹象），3 人出现了室性早搏（实验前 1 人有此迹象）（Sechzer 等，1960）。

在浓度更低的 CO_2 暴露中，心电图只是发生微小的变化而没有任何异常节律。在受试人群中，一段 6～8 min 的浓度为 6% 的 CO_2 暴露压低了 QRS 波和 T 波，但是没有发生 T 波反演或者任何在 S-T 阶段的变化（Okajima 和 Simonson，1962）。心电图的变化幅度在年龄大约为 60 岁的人群中比在年龄为 20 岁左右的人群要更剧烈。Menn 等人（1970）发现，当志愿者在浓度为 2.8% 或者 3.9% 的 CO_2 暴露中做中等强度或者极限强度的运动时，心房过早收缩和室性早搏的发生频率与一般在普通室内空气环境中锻炼人群的发生频率没有明显增加。

这些数据表明：在急性暴露中，浓度高达 7%～14% 的 CO_2 能导致人体产生无临床意义的心脏节律异常，而 30% 的超高浓度才会导致房性心动过速。

CO_2 影响心电图的作用机理目前未知。Altschule 和 Sulzbach（1947）推测 CO_2 导致的心电图变化是由 CO_2 造成的酸中毒引起的，他们发现让 2 位病人在 5% CO_2、95% O_2 的环境中暴露 45～90 min，心电图变化会伴随着酸中毒一起发生，而当暴露结束后 30 min，这一变化又会消失。

9）神经系统

一定浓度 CO_2 暴露起到抑制中枢神经系统的作用。Consolazio 等人（1947）发现，让 4 位志愿者在 5%～6.67% CO_2、19.2% O_2 的环境下暴露 37 h，会导致人体手臂稳定性降低，但是不会改变运算、翻译和辨别音调与音量的能力。Schulte 的研究表明：持续数小时的浓度为 5% 的 CO_2 暴露会对神经系统产生抑制作用（Schulte，1964）。让一群战斗机飞行员经历一段 5% 的 CO_2 暴露后，他们在降落演习中的表现水平会降低，例如起落架放下和触地之间的飞行时间延长，降落的下沉率会降低到允许范围之外（Wamsley 等，1969）。可见 5% CO_2 对中枢神经系统（CNS）会产生抑制作用。

10）肾脏

CO_2 暴露可能会引起肾脏发生生理变化，受试人群在为期 30 min、浓度为

5%的CO_2暴露中，肾血流量、肾小球滤过率和肾静脉压上升，肾动脉阻力降低（Yonezawa，1968）。这些生理变化很可能就是由CO_2引发的酸中毒导致的肾脏代偿。

11）男性生殖系统

Vandemark等人（1972）报道过一段为期4 h或者8 h、浓度为2.5%的CO_2暴露导致了老鼠体内成熟精子细胞的消失，这一消失是由于成熟精子细胞和输精管中的支持细胞脱落引起的。当睾丸所处暴露环境中CO_2浓度为5%甚至高达10%时，这一退化性变化也会随浓度发生改变。这一退化性变化是可逆的，在CO_2暴露结束后36 h，睾丸从组织学结构上来说经显示完全正常。尽管急性CO_2暴露可能影响老鼠体内的成熟精子细胞和支持细胞，但是睾丸和精囊的重量并没有受到影响。睾丸对于CO_2的反应与暴露时间有关。浓度分别为2.5%、5%、10%的CO_2暴露持续1 h或者2 h不会影响到睾丸，但是在4 h或者8 h后就会引起成熟精子细胞脱落。

2. 亚慢性毒性

1）呼吸困难和肋间痛

急性CO_2暴露可能会导致头痛、呼吸困难和肋间肌肉疼痛，尤其是在运动或用力的时候。然而，Sinclair等人（1971）的试验表明：4位受试者每天在自行车测力计上进行2次耗时45 min中高强度的持续锻炼，接受为期15～20天、浓度为2.8%的CO_2暴露并没有出现任何呼吸困难或肋间肌肉疼痛症状。Radziszewski研究报告显示：在为期30天、浓度为2%的CO_2暴露以及为期8天、浓度为2.9%的CO_2暴露中，6位受试者没有产生呼吸困难和肋间痛，这些受试者每周在自行车测力计上进行2次（每次耗时10 min）工作量为150 W的锻炼（Guillerm和Radziszewski，1979；Radziszewski等，1988）。

2）头痛

3%以及更高浓度的亚慢性CO_2暴露被认为能够引起头痛。在Radziszewski等人开展的研究中，6位受试志愿者进行为期30天的CO_2暴露，当CO_2浓度为2%时，受试人群没有产生头痛，但是当CO_2浓度为2.9%时则产生轻微的头痛。Sinclair等人（1969，1971）试验发现：让4位受试者进行为期15～30天、浓度为2.8%的CO_2暴露或者为期11天、浓度为3.9%的CO_2暴露时，他们在做高强度活动时偶尔会产生头痛，但是头痛在暴露第一天后消失。Glatte等人（1967）和Menn等人（1968）曾报道过，在一段为期5天、浓度为3%或者4%的CO_2暴露中，第一天有约60%的受试人群出现了轻微至中等程度的搏动性前额头痛，头痛在第三天消失。但头痛并没有严重到干预正常活动。但是，由于75%引发头痛的人群觉得这一疼痛非常需要用镇痛剂来缓解，因此头痛在设立长期的SMAC时被纳入了考虑。

　　3）神经系统

　　根据上面急性毒性部分讨论，浓度低于5%的急性CO_2暴露能否导致CNS抑制还没有定论。浓度为3%~5%的亚慢性CO_2暴露对CNS的影响也存在争议。Schaefer（1949）报道过，人体在一段为期8天、浓度为3%的CO_2暴露中，第一天会出现轻微的兴奋（欣快、无法入睡、多梦、做噩梦），接下来的2~8天出现注意力迟钝、行为异常、疲惫以及意识模糊等症状。但在Glatte等人的一项研究中，让7位志愿者进行为期5天、浓度为3%或者4%的CO_2暴露，他们并没有表现出任何异常行为（Glatte等，1967；Menn等，1968）。

　　Schaefer（1949）发现受试人群在为期8天、浓度为3%的CO_2暴露的第二天就会产生运动能力受损，Menn等人（1968）和Storm和Giannetta（1974）在志愿者进行为期5天、浓度为3%或者4%的CO_2暴露后，没有发现任何对运动能力的影响。Glatte等人让7位志愿者在CO_2浓度为3%或者4%的环境中暴露5天，Storm和Giannetta让12位志愿者在CO_2浓度为4%的环境中暴露2周。Glatte等人以及Storm和Giannetta都使用了一套叫Repetitive Psychometric Measures（重复心理智能测试）的方法，这套方法测试了受试人群的手臂稳定性、视觉、算术加法能力以及在一排字母中找出由其中4个字母组成的单词的能力、在一排字母中划消字母的速度以及感觉速度。Glatte等人还测试了受试人群解决乘法和记忆的算术问题的能力，补偿跟踪演习、俯仰、滚动和偏航机动、简单的视觉警觉性（监控一盏灯的熄灭），复杂的听力监控以及记忆（计算并记住一盏灯在一分钟内闪烁的次数、聆听和记忆字母和数字的组合次数）能力。不管是Glatte等人，还是Storm和Giannetta都没有发现浓度为3%或者4%的CO_2暴露对这些测试有任何影响。这两组人的研究结果表明，3%的CO_2暴露并不会损伤人体的CNS或者监控能力。

　　数据表明，浓度低于2%的CO_2亚慢性暴露对CNS没有影响。Schaefer（1961）在一份研究总结报告中表示，23位志愿者在一艘潜水艇中开展为期42天、浓度为1.5%的CO_2暴露后，他们的瞬时记忆、解决问题的能力、字母划消测试、明尼苏达手工灵巧度测试、复杂的协调能力测试、麦氏机械能力测试、力量、视觉调节、视敏度、深度知觉以及音调识别都没有受到影响。但是，他们焦虑、冷漠的情绪有所上升，越来越不合作，想离开，性欲望增加。在由NASA发起的一项研究中，Jackson等人（1972）研究表明，4位志愿者在进行90天连续的CO_2暴露后心理运动表现没有任何异常（前46天CO_2浓度为0.6%，后44天CO_2浓度为0.8%）。

4）酸碱平衡

与 CO_2 急性暴露类似，亚慢性 CO_2 暴露也会降低血液的 pH 值。CO_2 暴露会对人体酸碱平衡产生影响。血浆 pH 值下降的值根据 CO_2 暴露浓度而不同。在一项亚慢性试验中，人体暴露于 5 mmHg 或者 1.5% 浓度的 CO_2 中，在第 20 天检测到血浆 pH 值降低了 0.05 个单位（Schaefer，1963；Messier 等，1971）。Guillerm 和 Radziszewski（1979）表示一段为期 3 天、浓度为 2% 的 CO_2 暴露降低了 0.01 个单位的血浆 pH 值。Glatte 等人（1967）发现，让 7 位受试者参与 21 mmHg 的 CO_2 暴露，他们的血浆 pH 值在 2~3 天后降低了 0.02 个单位，4~5 天后降低了 0.01 个单位，但是这些下降都没有显著的统计学意义。

在亚慢性高碳酸血症期间，肾会通过增加尿液中 H^+ 分泌和保存 HCO^{3+} 来对酸液过多进行补偿（Kryger，1981）。但是在酸中毒中，肾补偿的程度是相当低的，需要几天的时间才能使它的效果显现出来（Kryger，1981）。两项研究表明，人体在 5~8 天后会对呼吸性酸中毒进行补偿（Sinclair 等，1969；Guillerm 和 Radziszewski，1979），而在另外两项研究中则需要大约 30 天的时间（Schaefer，1963；Messier 等，1971）。

由 CO_2 引起的酸碱变化在动物体内和人体类似。Schaefer 等人（1964a）报道，豚鼠在为期 14 天、浓度 15% 的 CO_2 暴露的第一个小时，动脉 CO_2 分压就已经达到最大值。在持续 14 天的暴露期间，动脉分压一直保持着比对照组要高的水平，但是相比于第一小时逐渐降低（Schaefer 等人，1964）。Schaefer 等人（1964）表示，暴露期动脉 pH 值随时间的变化进程和 CO_2 分压的进程十分相似。Barbour 和 Seevers（1943）研究表明，在为期 17 天、浓度为 11% 的 CO_2 暴露中，大鼠的动脉 pH 值在试验开始后仅 0.5 h 就低于暴露前水平了。从 0.5 h 开始 pH 值逐渐上升，但是在整个 17 天的暴露期间一直保持着低于暴露前的水平。

5）电解质水平

与急性 CO_2 暴露类似，亚慢性 CO_2 暴露也可以改变人体内电解质的水平。Messier 等人（1976）在一项为期 57 天的水下潜艇巡逻研究中，在 7~15 位受试者体内检测到血浆中钙水平降低，但红细胞中钙水平上升，当时艇内空气中 CO_2 浓度为 0.8%~1.2%，CO 值少于 25 ppm。因为血浆中甲状旁腺素和降钙素的水平都没有发生改变，因此由 Messier 等人所检测到的钙质变化与甲状旁腺素和降钙素无关。

Schaefer 等人（1963）研究发现，在 20 位进行为期 42 天、浓度为 1.5% 的 CO_2 暴露的人体中，血浆里的钙水平在前 3 周降低了，但是在暴露的后三周恢复到暴露前的水平。根据 Jackson 等人（1972）进行的由 NASA 发起的为期

90 天的一项研究表明：在浓度中值为 0.6% 的 CO_2 暴露试验的前 53 天，4 位志愿者的血清钙水平并没有发生明显变化，在第 54~90 天当 CO_2 浓度中值为 0.8% 时，血清钙水平降低了 4%。

也有一些其他研究数据认为 CO_2 对血浆中的钙水平没有任何影响。例如，Glatte 等人（1967）发现，在为期 5 天、浓度为 3% 的 CO_2 暴露中，人体血浆和尿液中的钙排泄水平没有发生任何变化。Davies 等人（1978a）同样在为期 13 天、浓度为 0.5% 的 CO_2 暴露中没有发现任何人体尿液中钙、磷、钠、钾以及镁的排泄量变化。Davies 等人（1978）表示其他研究者所发现的尿液中矿物质的减少量可能是由于搜集方法不精确造成的。

Gray 等人（1973）报道，在一次为期 7 周、浓度为 0.7% 的 CO_2 暴露中，15 名潜水艇人员体内血清中的钙、镁和无机磷水平都上升了，这三类电解质的尿液排放量都减少了。由于血清中的钙水平与尿液中钙排放量之间的这一逆反关系在暴露前的一段时间就存在，故 Gray 等人认为这些人体内钙的肾处理本来就不正常。Gray 等人推测，可能是由于这 15 位人员在参加这次暴露时还未完全从 3 个月前在一艘潜水艇里为期三周、浓度 1% 的 CO_2 暴露中恢复过来。

在 Schaefer 等人（1963）让 20 位受试者进行为期 42 天、浓度 1.5% 的 CO_2 暴露中，他们发现整个暴露期间人体尿液中钙的排放量每天减少了 45%~50%。由于在为期 42 天的暴露期间人体排尿量只减少了 1/3，因此意味着暴露期间尿液中钙的浓度降低了（Schaefer 等，1963）。据 Schaefer 等人报道，尿液 pH 值在暴露的前面 23 天降低了，但是在后面的 19 天它又回到了暴露前的水平。与此类似，Messier 等人（1976）在一项为期 57 天的潜水艇巡逻中做过研究，让 7~15 名船员参与浓度大约为 1% 的 CO_2 暴露，他发现人体尿液中每日钙排放量降低了。但是他们没有发现暴露期间船员的每日尿量减少。因此推测在这段暴露期间尿液中的钙浓度降低了。与 Schaefer 等人的发现不同，Messier 等人检测到的尿液 pH 值是上升的。Davies 等人（1978）让 6 位受试者先在新鲜空气中暴露 9 天，然后再参加为期 13 天、浓度为 0.5% 的 CO_2 暴露，并在室内做大量的体育锻炼，他们发现受试者日常的尿量以及尿液和粪便中的钙排放量都没有发生变化。

Messier 等人（1976）和 Schaefer 等人（1963）的研究结果中关于 CO_2 对于磷水平的影响不一致。Messier 等在为期 57 天、浓度 1% 的 CO_2 暴露试验中发现 7 位受试者体内血浆中的磷水平没有变化，而尿液中磷排放量却减少了。与之相反，Schaefer 等人则在为期 42 天、浓度为 1.5% 的 CO_2 暴露试验中发现 20 位受试者体内血浆中的磷水平上升了，而且，暴露前两天尿液中磷排放量增加，然后随着时间的推移慢慢减少，到暴露的后面三周已经低于暴露前的排放量。

在一项由 15 人参与的为期 52 天、浓度为 0.7% 的 CO_2 暴露试验中，Gray 等人（1973）发现人体尿液中的磷排放量在第 1~2 天上升了，但是在接下来的 3~52 天则低于对照组水平，体内血清的磷水平在第 5~47 天上升了。然而，Glatte 等人（1967）在一项为期 5 天、浓度为 3% 的 CO_2 暴露中却并没有在 7 位受试人群体内检测到任何血浆磷水平和尿液磷排放量的变化。与此类似，Davies 等人（1978）的研究表明，在一项为期 13 天、浓度 0.5% 的 CO_2 暴露中，6 位受试者尿液和粪便的磷排放量并没有发生变化。所有这些研究结果均表明，CO_2 对于人体内磷水平的影响不尽相同。

Messier 等人（1976）在为期 57 天的潜水艇巡逻过程进行的 CO_2 暴露中发现，每周都能检测到船员体内血浆中钠的含量上升了（CO_2 浓度为 0.8%~1.2%）。暴露第三周，血浆中钾的水平降低。而检测发现，在红细胞中这些矿物质的水平的变化却和血浆中的呈相反态势。

6）骨骼和肾脏

Schaefer 等人（1979）在豚鼠体内的发现表明血浆中钙水平的变化与肾钙化有关。Schaefer 等人用豚鼠进行为期 35~42 天、浓度为 1.5% 的 CO_2 暴露，让老鼠进行为期 35 天和 91 天、浓度为 1.5% 的 CO_2 暴露，结果发现受试动物体内肾皮质小管里出现灶性钙化，这是从组织结构学上说明钙水平变化与肾钙化有关的证据。Meessen（1948）也在为期 13 天、浓度 4.5% 的 CO_2 暴露的兔子体内发现了由钙化导致坏死的肾小管。肾钙化的出现可以通过测量肾内的钙浓度来确定。Schaefer 等人（1979）认定，当肾内钙浓度上升至超过 25% 就是肾钙化。在一段为期 8 周、浓度为 0.5% 的 CO_2 暴露中，Schaefer 等人在第 8 周发现受试豚鼠体内血浆中钙水平上升，肾脏内钙水平上升超过 25%，但是骨钙水平却没有发生任何变化（Schaefer 等，1979）。与此类似，在一段为期 6 周、浓度为 1% 的 CO_2 暴露中，Schaefer 等人在第 1 周和第 6 周于受试豚鼠体内检测到了血浆钙水平的上升和骨钙水平的降低，在第 2~6 周肾脏内钙水平上升超过 25%（Schaefer 等，1979a）。以上这些骨骼、血浆以及肾内钙水平的变化都支持一个理论：由 CO_2 导致的动物肾钙化都是由于骨骼中的钙发生了转移。

目前还没有证据表明亚慢性 CO_2 暴露会引起人体肾钙化。在豚鼠体内，CO_2 引发的肾钙化和血浆中钙水平的上升有关（Schaefer 等，1979，1980）；与之相反，浓度 1%~3% 的亚慢性 CO_2 暴露会降低或者不会影响人体血浆钙水平（Schaefer 等，1963；Glatte 等，1967；Messier 等，1976）。所以低浓度亚慢性 CO_2 暴露是否会引起人体肾钙化仍不能确定。因此，在设定 CO_2 的 SMAC 时并没有以动物身上搜集的肾钙化数据。

Tansey 等人（1979）比较了北极星号潜水艇在 1963—1967 年和 1968—

1973 年这两个时间段内超过 1 000 次巡逻期间艇上人员的医疗记录，每段巡逻都为期大约 60 天，有约 140 名人员。

1963—1967 年这段时间艇上的 CO_2 浓度比 1968—1973 年这段时间内艇上的浓度要高，1963—1967 期间 CO_2 浓度超过 1% 的时间占了 70%~90%，而在 1968—1973 年期间只占不到 20%。根据 Tansey 等人的其他研究数据，1966—1967 年期间艇内 CO_2 浓度为 0.9%~1.2%，在 1968—1971 年期间为 0.8%~0.9%。在 1963—1967 年这段时间，船员因为尿道结石而因病离开的人数几乎是 1968—1973 年这段时间人数的 2 倍。由于尿道结石而耽误工作的数量在 1963—1967 年期间要比 1968—1973 年期间高 3 倍。

但问题是在 1963—1967 年期间由于尿道结石而耽误的工作是不是由艇上 CO_2 浓度引起的。Tansey 等人承认潜艇内的空气中含有 CO_2、CO、碳氢化合物等污染物，以及低浓度的悬浮颗粒。尽管 1963—1967 年期间的 CO_2 浓度要比 1968—1973 年的高，但是却没有任何数据说明这两个时期内碳氢化合物和悬浮颗粒的浓度。虽然 Tansey 等人自己并没有检测，但是他引用别人的数据说明潜水艇内的 CO 浓度从 1961 至 1969 年降低了大约 50%，然后从 1969 至 1972 年又降低了 50%（Tansey 等，1979）。CO 浓度的降低说明艇内空气中的其他污染物浓度也可能降低了。因此在这两项研究期间由于泌尿生殖系统疾病而耽误的工作日数量间的差别可能不仅仅是由于 CO_2 浓度发生了变化，和其他污染物浓度也有关。

第二方面，肾结石的形成是受多方面风险因素影响的，比如食物中的草酸含量（Schwille 和 Herrmann，1992），低柠檬酸盐尿症（Goldberg 等，1989；Hof bauer 等，1990），尿量少（Thun 和 Schober，1991），尿液中睾酮浓度低，（van Aswegen 等，1989），以及饮食中蛋白质摄入量（Breslau 和，1988；Trinchieri 等，1991）。在这两项研究期间，人们的饮食中草酸含量和蛋白质摄入量可能会存在差别，而这些饮食上的差别又可能在引发人体尿道结石上起着一定的作用。

第三方面，也是最具说服力的一方面，与人体内肾结石的形成机理有关。根据 Coe 和 avus（1987）的研究，75%~85% 的肾结石是草酸钙和磷酸钙结石。磷酸钙结石通常由羟磷灰石构成。钙的尿排泄是形成钙结石的主要风险因素（Wasserstein 等，1987；Goldberg 等，1989）。尿道结石通常是由于尿液中的钙盐过饱和而形成的（Coe 和 Favus，1987）。但研究表明 CO_2 暴露要么降低要么不影响尿液钙排放量（Schaefer 等，1963；Glatte 等，1967；Davies 等，1978），而且会降低尿液中的钙浓度，因此 CO_2 暴露导致钙过饱和的概率很低。除此之外，CO_2 暴露中尿液 pH 值降低（Schaefer 等，1963b；Radziszewski 等，

1976）并不会促进肾结石的形成，因为草酸钙的溶解度不受 pH 值的影响，磷灰盐和磷酸八钙的沉积也不受酸尿环境的影响（Coe 和 Favus，1987）。因此，CO_2 暴露基本不可能导致人体产生肾结石。

因为航天员在太空中的骨质钙化和体内钙的变化有关（Whedon 等，1977；Leach 和 Rambaut，1977），所以检测 CO_2 在太空中对于钙质的影响还是有必要的。根据 Hopson 等人（1974）的数据，Skylab 中的 CO_2 分压是在 4.8~5.5 mmHg 的范围内，平均值是 5.3 mmHg（TWA）。Skylab 实验室数据表明，9 位在微重力及 CO_2 分压为 5.3 mmHg 的环境中暴露 82 天的宇航员中，3 人体内的血浆钙水平上升了 4%~5%，且从第 12 天起日常尿液钙排放量增加了 60%~80%。Vogel（1975）报道了在 Skylab 中的 9 位宇航员中有 3 位骨质流失。因为 Donaldson 等人（1970）和 Deitrick 等人（1948）在卧床研究中发现，人体尿液中钙排放量的上升值和 Skylab 实验室的值大致相同，因此在 Skylab 中检测到的钙排放量的上升与在微重力条件下的骨质脱钙有关。Skylab 实验室中分压为 5.3 mmHg 的 CO_2 暴露对宇航员体内钙质的变化很可能没有起任何作用。这些 Skylab 实验室数据还表明，不管是宇航员的血浆钙水平还是尿液钙排放量，在为期 84 天的任务期间都会在达到最大值后保持非常稳定的水平。血浆中的钙水平在大约 5 天时达到最大值，而尿液中钙排放量在大约 20 天时达到最大值。

7）呼吸系统

和急性 CO_2 暴露类似，亚慢性 CO_2 暴露也可能导致过度换气。CO_2 浓度达到 1% 时，每分钟通气量在亚慢性暴露后的前几小时后就达到最大值。

在亚慢性 CO_2 暴露中，人体的过度换气反应会在暴露的开始几天后慢慢消除，表明呼吸系统对于 CO_2 刺激的敏感性降低。Pingree（1977）研究表示，在为期 44 天、浓度为 1% 的 CO_2 暴露中，15 位受试者的每分钟通气量在第 4 天上升了 30%，但是在第 8 天又恢复到正常值。但 Schaefer（1963）报告表示，当暴露于浓度 1.5% 的 CO_2 环境中时，正常人体的过度换气上升了约 30% 且这一变化贯穿了整个 42 天的暴露期。

但在另一项为期 30 天、浓度为 2% 的 CO_2 暴露期间，人体每分钟通气量增加值在 9 天后减少了约 1/3，在接下来的 21 天暴露期间保持不变（Guillerm 和 Radziszewski，1979）。在一项为期 30 天、浓度为 2.7% 的 CO_2 暴露期间，人体每分钟通气量增加值在 4 天后减少且在接下来的 5~14 天里保持不变（Clark 等，1971），在暴露的第 15 天，换气过度反应完全恢复到每分钟通气量与暴露第一天的值一样（Clark 等，1971）。

在亚慢性 CO_2 暴露期间，过度换气反应开始减弱在 CO_2 浓度较高时出现得更早。在一项为期 7 天、浓度为 3.9% 的 CO_2 暴露期间，人体的换气过度反应在暴露后两天降低了大约 1/3（Sinclair 等，1969）。Schaefer（1963b）发现，人体在连续进行浓度 1.5% 的 CO_2 暴露达 35~40 天后，再进行 15 min 浓度 5% 的 CO_2 暴露，结果每分钟通气量的增加程度并没有在进行浓度 1.5% 的 CO_2 暴露时增加程度大。

另外一项研究表明，为期 5 天、浓度为 3% 的 CO_2 暴露并没有引起 7 位志愿者的最大呼吸量、肺活量发生任何改变（Glatte 等，1967）。但有研究却表明亚慢性 CO_2 暴露可能使肺功能受到影响，Schaefe 等人表示，在一段为期 42 天、浓度 1.5% 的 CO_2 暴露中，20~21 位受试者的肺的解剖无效腔增加了约 40%，生理无效腔增加了 60%（Schaefer 等，1963；Schaefer，1963）。一段浓度为 0.8%~0.9% 的 CO_2 暴露在 20 天内使得人体的生理无效腔增加了 50%~60%，暴露结束后又很快恢复至正常水平，这就表明这一影响是可逆的（Gude 和 Schaefer，1969）。但由 CO_2 引起的生理无效腔增加的数据在设定 SMAC 时被没有被采用，因为由 CO_2 暴露所引起的减小量和正常人从 20 岁到 40 岁因为老化而减少的量差不多（Cotes，1979）。

目前还没有证据表明 CO_2 暴露会引起人体肺部损伤，但是根据对豚鼠在电子显微镜下的观察研究，亚慢性 CO_2 暴露会引起肺 II 型细胞的改变。Schaefer 等人（1979）报道过，在进行 1% CO_2 暴露的豚鼠体内，暴露 4 周后 II 型细胞的大小和数量增加，II 型细胞内的性板层小体大小和数量增加，出现 2~4 种 II 型细胞成簇（Douglas 等，1979）。这些超微结构的变化在暴露 6 周后被观察到。与之相比较，在一段为期 8 周、浓度 0.5% 的 CO_2 暴露中，豚鼠体内 II 型细胞没有发生任何变化（Schaefer 等，1979）。Schaefer 等人假设 II 型细胞的增殖是对 CO_2 给 I 型细胞造成的损伤的代偿性反应。

8）心血管系统

急性 CO_2 暴露只有在浓度很高时（30%）才会导致临床上显著的心律不齐，而所有关于亚慢性暴露的心电图评估研究都是在 CO_2 浓度为 4% 或者更低浓度的条件下进行的，而且对于这些浓度的 CO_2 会否导致心律不齐的数据还存在争议。Glatte 等人（1967a）在进行为期 5 天、浓度为 3% 或 4% 的 CO_2 暴露研究时，让受试人群每天锻炼 1 h，没有发现任何心电图异常。Sinclair 等人（1971）在一项研究中让受试人群进行为期 15~20 天、浓度为 2.8% 的 CO_2 暴露，发现在他们进行接近极限强度运动时，室性早搏并没有任何增加。在另一项报告中，Sinclair 等人（1969）表示，在为期 11 天、浓度 3.9% 的 CO_2 暴露或者为期 30 天、浓度 2.7% 的 CO_2 暴露试验中，一些受试人群会产生"异位灶活动"，可能是在运动中由于室性早搏（PVCs）引发的。然而，有些异位灶在呼吸正常空气时和运动有关（Sinclair 等，1969），而且，在 CO_2 暴露期间的异位灶活动也没有表现出与浓度有关。Glatte 等人和 Sinclair 等人的数据似乎表明亚慢性浓度为 3%～4% 的 CO_2 暴露不会导致心律不齐。与之相反，在两项法国研究中，人体在浓度 2.9% 或者 3.8% 的 CO_2 暴露中达 8 或者 9 天会导致早搏（PVCs），但是在为期 30 天、浓度为 1% 或者 1.9% 的 CO_2 暴露中则检测不到这一现象（Radziszewski 等，1988；Guillerm 和 Radziszewski，1979）。因为早搏临床意义很小，故设定 CO_2 的 SMAC 值时并没有依据 CO_2 的心电图影响。

亚慢性 CO_2 暴露可能影响到心脏的结构。在一项为期 7 天、浓度为 15% 的 CO_2 暴露试验中，在第 7 天，于受试豚鼠的心肌层中检测到了脂肪沉积（Schaefer 等，1971）。除了脂肪沉积，心脏组织没有发生其他变化。根据研究者的阐述，该试验"在为期 7 天、浓度为 15% 的 CO_2 暴露中没有发现任何豚鼠心肌损伤的迹象"（Schaefer 等，1971）。脂肪沉积也大概只能代表心脏内生理代谢的变化。与之相比较，在为期 32 天、浓度为 8% 的 CO_2 暴露期间，受试老鼠体内没有检测到任何心脏病理迹象（Pepelko，1970）。由于心肌改变的性质相当小，故在设定 SMAC 时这些发现都没有予以考虑。

9）对其他组织的影响

除了影响肾脏和肺，亚慢性 CO_2 暴露还可能影响肝脏。兔子进行为期 13 天、CO_2 浓度为 4.5%、O_2 浓度为 21% 的暴露，结果在它们的肝小叶上观察到了散布的坏死细胞（Meessen，1948）。遗憾的是，这一研究中并没有使用对照组。根据 Pepelko（1970）的一项研究，在一段为期 32 天、浓度为 8% 的 CO_2 暴露中，受试老鼠的肝、肺、肾、脾、甲状腺和心脏都没有发生任何组织病变。Schaefer 等人（1971）也在一段为期 42 天、浓度为 3% 的 CO_2 暴露和一段为期 7 天、CO_2 浓度 15%、O_2 浓度 21% 的暴露中，发现受试豚鼠的肝没有发生任何组织病变。但是，在为期 7 天、浓度为 3% 的 CO_2 暴露中，Schaefer 等人发现受试豚鼠肝内的糖原粒减少、脂肪粒增加，这些颗粒变化在暴露结束一天后恢复。研究者解释这些颗粒变化反映了肝新陈代谢中的功能性变化。

已知上面提到的 4 h 或 8 h 的 CO_2 暴露能够使受试老鼠的睾丸受到损伤（Vandemark 等，1972），但亚慢性 CO_2 暴露会否损伤睾丸并不清楚。Schaefer 等人（1971）让豚鼠进行为期 2 天、浓度为 15% 的 CO_2 暴露，观察到受试豚鼠体内成熟精母细胞数量明显减少，且伴随着精母细胞的前体细胞数量增加。当暴露延长到 7 天时，睾丸中出现了多核巨细胞。Schaefer 等人（1971）报道过在为期 42 天、浓度为 3% 的 CO_2 暴露和为期 6 个月、浓度为 1.5% 的 CO_2 暴露中，受试豚鼠和老鼠的睾丸都显示组织学上正常，可以得出的结论是亚慢性浓度为 3% 的 CO_2 暴露对于睾丸是无害的。

10）血液指标变化

Guillerm 和 Radziszewski（1979）报道，让 6 位受试者进行为期 16~30 天、浓度为 2% 的 CO_2 暴露，结果在他们体内检测发现血细胞比容下降了 10%，红细胞总数下降了 9%。由于他们在浓度为 4% 的暴露中没有检测到这些变化，因此他们怀疑碳酸过多不是血液指标变化的诱因，反而推测长期的密闭生活才是诱因。与此类似，Wilson 和 Schaefer（1979）发现，长期的高碳酸血症并不一定会引起血液指标变化。在一次北极星号潜水艇的巡逻任务中，艇内 CO_2 水平保持在 0.7%~1.2%，CO 水平在 15~20 ppm 之间，在第 6 天 9 位吸烟者的红细胞总数上升了 12%，血细胞比容上升了 4%，但在 32 天和 52 天检测时则没有。这两项血液参数在不吸烟者体内却没有发生变化。因为航天员在太空舱内是不能吸烟的，所以在设定 SMAC 时未将血液学数据纳入参考。

11）致癌性

目前未发现致癌和 CO_2 有关系，但 Goldsmith 等人（1980）在一项研究中发现，将纯度为 99.99% 的 CO_2 注入 4~6 个月大的小鼠腹腔内持续 10~12 天后，在经历大约 8 个月的潜伏期后小鼠会患上淋巴瘤（在对照组这一事件的发生率为 0%，而在暴露组概率为约 60%），而且肺腺癌的发生率也加倍了（对照组为 15%，暴露组为约 30%）。但该实验边界条件控制与 CO_2 呼吸暴露差别太大，这些致癌研究的意义并不确定。

12）流行病学数据

Riley 和 Barnea-Bromberger（1976）报告关注了 CO_2 暴露对啤酒工人体内酸碱平衡的影响，工人暴露在浓度 1.1% TWA 的 CO_2 环境中，有 3 min CO_2 浓度会高达 8%，而血液中 HCO_3^- 的水平和对照组的并无差别（Riley 和 Barnea-Bromberger，1976）。

（1）遗传毒性。

目前还没有关于 CO_2 遗传毒性的数据。

（2）发育毒性。

让兔子在妊娠期第 7 和 12 天之间的第 2 或第 3 天进行为期 4~10 h、浓度为 10%~13% 的 CO_2 暴露，会导致下一代兔子先天性脊椎发育不良（Grote，1965）。这项致畸研究的价值不大，因为当时只使用了 3 只兔子进行暴露试验。在另一项致畸研究中，让 71 只怀孕的老鼠于妊娠期的第 5~21 天之间在 CO_2 浓度 6%、O_2 浓度 20% 的环境中暴露 24 h（Haring，1960），检测发现暴露组出现心脏和骨骼畸形的概率比对照组的要高（Haring，1960）。

（3）与其他化学物质的相互作用。

Levin 等人（1987）报告指出，由浓度 5% 的 CO_2 暴露和 2 500 ppm 的 CO

暴露联合作用导致受试老鼠酸中毒的严重程度要比两者单独作用大。与单独 CO 暴露相比，当在 CO 的空气中加入 CO_2 后，受试老鼠的平均寿命减少了（Rodkey 和 Collison，1979）。CO_2 对 CO 致死效应的增强作用被认为是由于 CO_2 的换气过度作用导致的（Rodkey 和 Collison，1979）。实际上，进行浓度为 5% CO_2、2 500 ppm CO 暴露的受试老鼠体内血红蛋白上升的比率要比单独进行 CO 暴露时高（Levin 等，1987）。

|第三节　航天器乘员舱污染物|

一、污染来源

乘员舱的化学污染有许多来源，包括：

（1）人体本身的代谢性挥发产物；

（2）乘员舱非金属材料的脱气产物；

（3）乘员舱非金属材料的热解或燃烧产物；

（4）有毒化学物储存容器或管道的泄漏物；

（5）有效载荷化学品的泄漏物；

（6）食品和生活用品的挥发产物；

（7）科学实验装置逸出；

（8）大气悬浮颗粒物等。

根据污染物产生的可预见性，将污染源分成两类：

（1）持续性污染源：包括人体代谢性挥发产物与非金属材料的脱气产物，个人生活用品的挥发物，油漆屑、皮肤屑和灰尘等；

（2）事故性污染源：包括非金属材料的热解，推进剂、温控化学品、消毒剂、灭火剂和实验试剂的泄漏等。

（一）人体代谢产物

人体代谢产生有害气体受年龄、饮食结构、体力负荷、环境温度、湿度、压力、风速、氧气浓度、电离辐射强度及个体差异等因素影响，不同条件下人体代谢产生有害气体种类和数量存在很大差异。研究表明，当环境温度由 20 ℃ 升高到 40 ℃ 时，人体呼出气体中丙酮含量会增加 10 倍，缺氧和 X 线照射均会使人体内源性 CO 生成显著增加，负荷运动时人体代谢产生有害气体会明显增加，高糖饮食会导致挥发性脂肪酸排出增加，等等。为此，研究和掌握特定状态（模拟航天员在轨飞行）下人体代谢（呼吸和体表挥发）排出有害气体状况对空气净化产品设计更具实际意义。

俄、美有关人体代谢排出有害气体方面的研究资料，由于人种及一些不可知实验条件的差异，数据差异很大，仅能提供设计参考（见表3-8）。

表3-8　美/俄人体挥发物测定试验结果

挥发物	俄罗斯文献数据 /[mg·(man·d)⁻¹]	美国文献数据 /[mg·(man·d)⁻¹]
氨	6.0 ± 0.6	321
一氧化碳	113.0 ± 16.6	23.0
甲烷	14.3 ± 0.8	160
乙酸	6.3 ± 0.7	—
丙酮	4.7 ± 3.4	0.2
乙醛	0.8 ± 0.1	0.09
甲醇	1.52 ± 0.70	1.50
乙醇	8.45 ± 4.00	4.00
硫化氢	—	0.09
吲哚	—	6.25

注：一表示数据空白。

俄罗斯文献数据来源于俄罗斯国家标准P50804-95，美国文献数据来源于国际空间站安全性要求SSP50021。

1. 人体呼出气中主要挥发性组分

航天员中心曾测试了4名健康成年男性呼出气中的挥发性组分，按照健康成年男性肺通气量6 L/min，换算成每天污染气体排出量，结果见表3-9。

表3-9　健康成年男性呼出气中微量气体排出量

化合物名称	1号 /(mg·d⁻¹)	2号 /(mg·d⁻¹)	3号 /(mg·d⁻¹)	4号 /(mg·d⁻¹)	平均值 /(mg·d⁻¹)
氨	220	189	240	195	211.00
一氧化碳	11	18	14	13	14.00
甲烷	165	160	130	135	147.50
乙酸	3.51	3.55	3.65	3.45	3.54
丙酮	1.56	1.21	1.02	1.85	1.41

续表

化合物名称	1号 /(mg·d⁻¹)	2号 /(mg·d⁻¹)	3号 /(mg·d⁻¹)	4号 /(mg·d⁻¹)	平均值 /(mg·d⁻¹)
乙醛	0.35	0.15	0.21	0.09	0.20
甲醇	1.52	1.85	1.64	1.45	1.62
乙醇	4.15	4.85	4.74	4.55	4.57
硫化氢	0.06	0.21	0.12	0.11	0.13
吲哚	6.85	9.54	8.56	10.25	8.80
丁醇	0.98	1.21	1.15	0.65	1.00
异丁醇	1.65	1.33	1.15	1.05	1.30
戊醛	0.95	0.83	0.41	0.54	0.68

受试验条件限制，未进行大量样本分析，从 4 名受试者测定的结果来看，呼出气中氨和甲烷的排出最多，每天都在 100 mg 以上，一氧化碳的排出也超过 10 mg，其他物质的排出相对较小，主要包括醛类、酮类和酸类。

因为目前使用的污染物吸附剂对甲烷和一氧化碳的吸附能力有限，密闭空间中甲烷与一氧化碳的局部蓄积会产生爆炸和火灾危险。

人体血红蛋白正常分解代谢会产生内源性一氧化碳，通过呼出气排出体外，一氧化碳也是几乎所有非金属材料常温脱气产物。如果空气中的一氧化碳浓度过高，大量的一氧化碳将进入机体血液。进入血液的一氧化碳优先与血红蛋白（Hb）结合，形成碳氧血红蛋白（COHb），一氧化碳与血红蛋白的结合力比氧与血红蛋白的结合力大 200~300 倍。碳氧血红蛋白（COHb）的解离速度只是氧血红蛋白（O_2Hb）的 1/3 600。

一氧化碳与血红蛋白的结合，不仅降低了血球携带氧的能力，而且还会抑制、延缓氧血红蛋白（O_2Hb）的解析和释放，导致机体组织因缺氧而坏死，严重者则可能危及人的生命。

如果空气中的一氧化碳浓度达到 10 ppm，10 min 过后，人体血液内的碳氧血红蛋白（COHb）可达到 2% 以上，从而引起神经系统反应，例如行动迟缓、意识不清。如果一氧化碳浓度达到 30 ppm，人体血液内的碳氧血红蛋白（COHb）可达到 5% 左右，可导致视觉和听力障碍；当血液内的碳氧血红蛋白（COHb）达到 10% 以上时，机体将出现严重的中毒症状，例如，头痛、眩晕、恶心、胸闷、乏力、意识模糊等。

由于一氧化碳在肌肉中的累积效应，即使在停止吸入高浓度的一氧化碳后，在数日之内，人体仍然会感觉到肌肉无力。一氧化碳中毒对大脑皮层的伤害最为严重，常常导致脑组织软化、坏死。

在密闭环境中，需要重点考虑一氧化碳的去除问题。

2. 人体皮肤的主要挥发性组分

人体皮肤具有呼吸和分泌功能，皮肤在呼吸的过程中，除了进行氧气和二氧化碳交换外，还会排出氨和丙酮等物质。另外皮肤上的细菌和微生物会分解汗腺和皮脂腺的分泌物，产生很多挥发性组分，如有机酸、醇、硫化氢和甲烷等。人体皮肤的主要挥发性组分见表3-10。

表3-10　人体皮肤的主要挥发性组分

化合物名称	1号 /(mg·d⁻¹)	2号 /(mg·d⁻¹)	3号 /(mg·d⁻¹)	4号 /(mg·d⁻¹)	平均值 /(mg·d⁻¹)
氨	20.3	14.5	17.5	16.8	17.28
丙酸	2.45	3.54	3.15	1.98	2.78
丁酸	2.38	2.15	2.95	2.65	2.53
乙酸	6.25	5.64	7.24	5.64	6.19
丙酮	58.9	56.7	62.5	54.5	58.15
乙醛	0.19	0.14	0.15	0.11	0.15
甲醇	1.07	1.13	1.06	1.15	1.10
乙醇	2.14	2.22	2.05	2.38	2.20
硫化氢	0.06	0.04	0.08	0.03	0.05
吲哚	1.64	1.37	1.35	1.25	1.40
甲烷	0.21	0.23	0.23	0.22	0.22
异丁醇	0.59	0.67	0.68	0.65	0.65
戊醛	0.12	0.13	0.09	0.11	0.11

由表3-10可见，皮肤的主要挥发性有机组分中氨和丙酮的排放量最大，氨的排放量达到17 mg/d，而丙酮的排放量达到58 mg/d。

氨的嗅觉阈为0.7~34.8 mg/m³，13.8 mg/m³的氨对眼和呼吸道有轻微刺激，暴露在20 mg/m³氨中10 min，部分人有刺激感，浓度达到35 mg/m³、暴露10 min，大多数人的眼、鼻、喉出现中等程度刺激症状。丙酮的刺激浓度是475 mg/m³，600 mg/m³能引起慢性中毒症状、上呼吸道变化及贫血等。

在密闭空间中，若不对空气中污染物进行清除，人体自身产生的有害气体蓄积就可能发生中毒。

3. 人体尿液和大便中的主要挥发性组分

1）人体尿液中的主要挥发性组分

运用液面吹扫捕集尿液的挥发性有机组分，然后用 GC-MS 进行分析，共鉴定出挥发性有机组分 34 种（表 3-11），对 4 名受试者 7 天共 28 个样品的测试结果表明，鉴定出的有机组分数目和种类随样品的不同有所不同，但同一受试者 7 个样品检测出的有机组分基本相同，而不同的受试者检出的挥发性有机组分数目和种类有所不同。

表 3-11 列出了新鲜尿液的主要挥发性有机组分，其中主要含有有机酸、酮类、苯系物、杂环化合物等，这些化合物大部分都是优先控制污染物，对密闭环境的空气质量具有很大影响，同时，人尿是含有各种细菌的营养物，在陈旧的尿液中，这些细菌能分解尿中的有机物和无机物，从而产生各种新的化学成分，因此需要采取有效手段对尿液进行处理，避免影响密闭环境的空气质量。

由人尿的挥发性有机组分列表可见，在密闭环境下，所有尿样都可检出酮、二甲基硫、吡咯、吲哚等化合物，据试验结果，吲哚的峰形良好，而且能较准确定量，不易受其他化合物干扰，而且吲哚在密闭环境中作为一种有害物质有最大容许浓度限值，因此建议将其作为人尿标志物。由实验结果可知，同一受试者 7 个样品检测出的有机组分基本相同，而不同的受试者检出的挥发性有机组分数目和种类有所不同，这可能和食物成分、个人消化系统的功能、健康状况等方面有关。

表 3-11 尿液中挥发性有机组分

序号	化合物名称	分子式	1 号受试者	2 号受试者	3 号受试者	4 号受试者
1	苯酚	C_6H_6O	+	+	+	+
2	3-烯丁二醇	C_4H_8O			+	+
3	3-甲基硫杂环丁烷	C_4H_8S				
4	二甲基硫	C_2H_6S	+	+	+	+
5	异丁基乙醚	$C_6H_{14}O$	+			
6	二甲砜	$C_2H_6O_2S$	+	+		+
7	2-甲基-3-丁烯-2-醇	$C_5H_{10}O$	+	+	+	+
8	氨基吡啶	$C_5H_6N_2$	+	+		
9	2-庚酮	$C_7H_{14}O$	+			
10	乙基氯乙酸	$C_4H_7O_2Cl$	+			

序号	化合物名称	分子式	1号受试者	2号受试者	3号受试者	4号受试者
11	2-甲基-2-丁烯	C_5H_{10}	+	+	+	+
12	1，2-二甲基-3-乙基苯	$C_{10}H_{14}$	+	+	+	+
13	1-辛炔	C_8H_{14}	+	+		
14	烯丙基苯	C_9H_{10}		+	+	
15	1，2，5-三甲基吡咯	$C_7H_{11}N$	+	+		
16	3-甲基异噻唑	C_4H_5NS	+	+	+	
17	1-壬炔	C_9H_{16}	+	+		
18	3，4-二甲基苯乙烯	$C_{10}H_{12}$	+	+	+	+
19	环-2-辛醛	$C_8H_{14}O$	+	+		
20	吡咯	C_4H_5N	+	+	+	+
21	苯甲酰氯	C_7H_5OCl	+	+		
22	苄晴	C_7H_5N		+		
23	长叶薄荷酮	$C_{10}H_{16}O$	+	+	+	+
24	蒈烷	$C_{10}H_{18}$			+	
25	冰片	$C_{10}H_{18}O$			+	
26	异冰片	$C_{10}H_{18}O$			+	
27	甘菊蓝	$C_{10}H_8$	+	+	+	+
28	水杨酸甲酯	$C_8H_8O_3$			+	
29	2-甲基萘	$C_{11}H_{10}$	+	+	+	+
30	甲氧基苯酚	$C_7H_8O_2$				+
31	尼古丁	$C_{10}H_{14}N_2$		+		
32	吲哚	C_8H_7N	+	+	+	+
33	苯甲酚	C_7H_8O	+	+	+	+
34	双（2-甲氧乙基）邻苯二甲酸酯	$C_{14}H_{18}O_6$	+	+	+	+

对尿液中挥发性有机组分进行定量计算，按总挥发性有机组分的量和液面面积计算其挥发率（表3-12）。

由表3-12可见，随受试者在密闭环境中生活的时间的延长，前3名受试者尿液总挥发性有机组分挥发率有增加的趋势，而第4名受试者无明显趋势。

表 3-12　尿液中总挥发性有机组分挥发率

ng/(cm² · min)

受试者	第1天	第2天	第3天	第4天	第5天	第6天	第7天
1	2.3	2.5	2.7	1.6	47.3	34.1	100.7
2	4.5	2.3	3.1	8.4	26.9	10.7	18.1
3	3.3	5.8	5.9	7.1	11.1	23.9	72.5
4	7.1	5.5	3.9	3.6	4.1	4.6	4.5

人尿有机组分的挥发率较大，人体每天排尿在 3 000 mL 以上，如若不加以收集控制，会成为密闭环境的主要污染源。部分受试者在密闭环境中生活的时间的延长，尿液总挥发性有机组分挥发率有增加的趋势，可能与受试者在密闭环境中生活时间延长及心理状况的改变可能影响消化和循环系统功能有关，但因为受试对象较少，故也不能排除偶然误差的存在，因此需要开展进一步研究。

2) 人体大便中的主要挥发性组分

图 3-5 所示为大便分析的总离子流图，可见运用液面吹扫捕集大便的挥发性有机组分，然后用 GC-MS 进行分析，选择适当的条件可将各有机组分峰很好地分开。

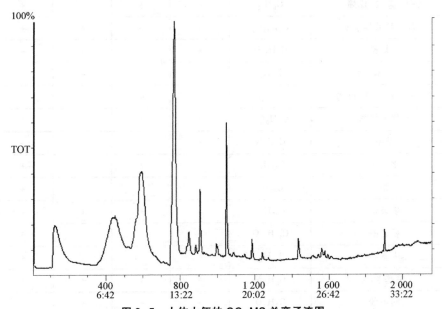

图 3-5　人体大便的 GC-MS 总离子流图

采用上述方法对人体大便进行定性分析，共鉴定出挥发性有机组分 26 种（表 3-13），对 4 名受试者 7 天共 12 个样品的测试结果表明：鉴定出的有机组分数目和种类随样品的不同有所不同，但同一受试者 3 个样品检测出的有机组分基本相同，而不同的受试者检出的挥发性有机组分数目和种类有所不同，由表 3-13 可见，大便中挥发性有机物成分复杂，含 N、S、O 的化合物都有。

表 3-13　人体大便中检出的挥发性有机组分

化合物名称	分子式	1 号	2 号	3 号	4 号
苯酚	C_6H_6O	+	+	+	+
甲基己酮	$C_7H_{14}O$	+	+		
二硝基乙烷	$C_2H_4N_2O_4$	+	+	+	+
二甲基二硫	$C_2H_6S_2$	+	+	+	+
硝基甲基丙烷	$C_4H_9NO_2$	+	+	+	+
1,3-萜二烯	$C_{10}H_{16}$		+		
二氢二甲基呋喃酮	$C_6H_{10}O_2$	+	+	+	+
四甲苯	$C_{10}H_{14}$	+	+	+	+
二甲基戊烯醛	$C_7H_{12}O$	+	+	+	+
2-甲基-2-戊烯	C_6H_{12}	+	+		+
甲基丙烯酸异丁酯	$C_8H_{14}O_2$	+	+	+	+
辛烯酮	$C_8H_{14}O$	+	+	+	+
二甲基苯乙烯	$C_{10}H_{12}$		+	+	
2,3-二甲基-1-戊烯	C_7H_{14}		+		+
硫代苯甲酸	C_7H_6OS	+	+	+	+
苄晴	C_7H_5N	+	+	+	+
水芹烯	$C_{10}H_{16}$		+	+	+
萘	$C_{10}H_8$	+	+	+	+
姜黄烯	$C_{15}H_{22}$	+		+	
枯茗醛	$C_{10}H_{12}O$	+	+	+	+
甲基萘	$C_{11}H_{10}$	+			+
甲基苄晴	C_8H_7N	+			+
间甲酚	C_7H_8O	+	+	+	+
邻苯二甲酸丁酯	$C_{12}H_{14}O_4$	+	+		

化合物名称	分子式	1 号	2 号	3 号	4 号
吲哚	C_8H_7N	+	+	+	+
甲基吲哚	C_9H_9N	+	+	+	+
注：+表示检出该化合物，空白表示该日没有收集到便样					

对大便中挥发性有机组分进行定量计算，按总挥发性有机组分的量和液面面积计算其挥发率（表3-14），可见大便中总挥发性有机组分挥发率在 17~40 ng/（$cm^2 \cdot$ min）之间。

表 3-14　大便中总挥发性有机组分挥发率

ng/（$cm^2 \cdot$ min）

受试者编号	第 1 天	第 2 天	第 3 天	第 4 天	第 5 天	平均值
一号	31.7	32.0		38.2		34.0
二号	45.3	40.7		32.4		39.5
三号	14.5		15.0	23.8		17.8
四号	37.8	37.1			31.7	35.6

在一定气体流速下（300 mL/min）对大便中吹扫出 CO、NH_3、H_2S 三种无机气体组分进行定量计算，按液面面积计算其挥发率（表3-15），可见三种无机气体的挥发率均比总挥发性有机组分挥发率高，其中挥发率 NH_3>H_2S>CO。

表 3-15　大便中无机气体挥发率　　μg/（$cm^2 \cdot$ min）

受试者编号	NH_3	H_2S	CO
一号	2.140	0.217	0.046
二号	3.594	0.141	0.028
三号	6.191	0.198	0.065
四号	4.575	0.128	0.066
平均	4.125	0.171	0.051

表3-13列出了新鲜便样的主要挥发性有机组分，其中主要含有有机酸、酮类、苯系物、杂环化合物等，这些化合物大部分都是优先控制污染物，对密闭环境的空气质量具有很大影响。同时，大便是含有各种细菌的营养物，在陈旧的便样中，这些细菌能分解大便中的有机物和无机物，从而产生各种新的化

学成分。从表3-14表3-15可见，大便中挥发性组分的挥发率较高，而密闭舱室有害气体的最大容许浓度较低，如美国航天飞机标准最大容许浓度一氧化碳为29 mg/m³、氨为3.5 mg/m³、硫化氢为1 mg/m³，按密闭舱体积5m³计算，经过7 h硫化氢就要超标，这还不包括其他有害气体源散发的硫化氢。因此需要采取有效手段对便样进行收集处理，避免影响密闭环境的空气质量。

由大便的挥发性有机组分列表可见，在密闭环境下，所有便样都可检出酮、二甲基二硫、萘、吲哚等化合物，据试验结果，这几种化合物的峰形良好，而且能较准确定量，不易受其他化合物干扰，因此可将它们作为大便标志物。由试验结果可知，同一受试者7个样品检测出的有机组分基本相同，而不同的受试者检出的挥发性有机组分数目和种类有所不同，这可能和食物成分、个人消化系统的功能、健康状况等方面有关。受试者在密闭环境中生活，心理状况改变和饮食结构改变会影响消化和循环系统功能，导致排便时间没有规律性，这也可能影响便样中挥发性组分的种类。

4. 人体代谢产物的影响因素

机体代谢活动最终的产物是经过了一系列衍变和受到许多环境因素影响之后排出来的。饮食制度、微小气候、体力负荷、电离辐射、缺氧、高氧等因素对代谢产物的形成和排出都能产生影响。

禁食能使呼出气和尿液中的丙酮浓度显著升高，这是由于在禁食时，体内储存的碳水化合物迅速地被动用，然后靠脂肪氧化来提供主要的能量来源，脂肪酸的氧化导致机体中乙酰辅酶A增加，累积的乙酰辅酶A缩合形成乙酰辅酶A，进而形成乙酰乙酸，乙酰乙酸脱羧基化产生过量的丙酮。饮食中碳水化合物和脂肪的比例不适当也会影响代谢产物的形成与排出。如高脂肪饮食使尿液酮体增加，高糖饮食使挥发性脂肪酸排出增加，高蛋白饮食能降低挥发生脂肪酸的排出。

在高温高湿条件下，人体呼出气中丙酮浓度比对照组增加7~11倍，见表3-16。人体的氨基化合物和有机物的排出量也随环境温度的增高而增加，见表3-17。

表3-16 高温高湿环境对呼出气丙酮浓度的影响

温、湿度	丙酮浓度/(μg · L⁻¹)
20 ℃±2 ℃	0.26±0.12
32 ℃~35 ℃，90%RH	1.80±0.60
40 ℃，90% RH	2.90±1.40

表 3-17 环境温度对气态产物的影响

平均温度/℃	氨基化合物/(g·d⁻¹)	有机物/(g·d⁻¹)
10.1	0.083	0.084
20.0	0.094	0.134
31.4	0.251	0.257
43.8	0.441	0.804

人体在体力负荷状态下，代谢活动增强，代谢产物形成速率增加，从而排出量也增加。体力负荷使代谢产物中的二氧化碳、一氧化碳、烃、丙酮、苯酚、氨、胺、硫化氢和乙醛等 9 种成分的排出量明显增加。

在 X 线作用下，动物尿中酮体急剧增加，作为辐射破坏三羧循环的正常功能，导致乙酰辅酶 A 累积，从而导致酮体生成增加。有人还指出，辐射使机体过氧化氢酶活性降低，同时形成的过氧化物使血红蛋白分解代谢增强，导致内源性一氧化碳增加。X 线照射还能抑制大白鼠体内氨基酸的去氨基作用，降低大白鼠氨的排出量。

在缺氧状态下，人尿中的乙酰乙酸含量明显增加。缺氧能抑制体内氨的形成并使血红蛋白分解代谢增强，导致内源性一氧化碳增加。

(二) 非金属材料脱气和热解产物

应用于乘员舱内的非金属材料有三个显著特点，即范围广、品种多和"饱和度"高。乘员舱内用来装饰、隔热、密封、减振、绝缘、包装，以及舱内的仪器登记表、救生装备和航天服等都是由各种各样的塑料、合成橡胶、合成织物、黏合剂、润滑剂、油漆、涂料等聚合材料构成的，它们的品种有数百种，在舱内的总"饱和度"高达 $10\ kg/m^3$。

1. 材料脱气和热解的机理

（1）扩散与蒸发。聚合材料所含的溶剂、添加剂、低分子量的碎片和被吸附的气体等低分子量化合物具有较高的蒸气压，它们首先通过扩散与蒸发被释放到大气中。

（2）氧化降解。聚合材料在常温（18 ℃~20 ℃）下就缓慢地发生氧化降解反应，产生二氧化碳、一氧化碳、烃和醛等有毒成分，这个过程通常称为"老化"。随着环境温度的增高，氧化降解反应加速，在更高的温度下，许多聚合材料发生热分解产生烟雾和蒸气，含氯材料能产生氯化氢蒸气，含氮材料能产生氰化物、氨或氮氧化物，含硫材料能产生硫化氢和二氧化硫等有毒气体。

（3）辐射降解。空间辐射能使聚合材料的链断裂，发生降解，形成低分子化合物。

2. 材料脱气动力学

聚合材料释放有害气体的速度直接决定于环境温度。在 10 ℃ ~ 100 ℃ 范围内，脱出量呈指数规律上升；超过 100 ℃ 时，一般发生热氧化降解。Яблочкин 研究了温度对聚酰胺材料脱气的影响，结果表明，随着温度的升高，材料脱出的氨和一氧化碳浓度呈指数增加。

聚合材料脱气的速度和浓度在一定范围内与脱气时间有关。在常温下，脱出速度随时间（月）呈抛物线型降低，累积浓度则随时间（天）呈线性或指数上升。在一般情况下，新出厂的聚合材料在开始的 1 ~ 2 个月里脱气最迅速（称为急剧排放期），然后脱气缓慢（称为缓慢排放期），经过 4 ~ 6 个月后，脱气逐渐平缓（称为稳定排放期）。依据脱气动力学牲，俄罗斯学者建议选用储存期超过 4 个月的材料装备乘员舱。

聚合材料脱气的"温度–时间"等效原则是材料脱气动力学的又一个显著特征。研究指出，对于某种聚合材料，采用 100 ℃ 脱气 1 ~ 4 h 的浓度与 40 ℃ 脱气 10 ~ 15 天的平衡浓度等效。利用这个等效原则来研究材料的脱气产物，则可大大缩短实验时间。

大气中水蒸气含量对聚合材料脱气过程的影响比较复杂，在一定范围内，随着相对湿度的增加，会使某些脱气物的浓度增加，同时又使某些脱气物的浓度降低。

（三）储存液的泄漏

乘员舱温控系统和热传导系统内，高蒸气压的介质（工作液）可能发生泄漏，如温控设备中的乙二醇和氟利昂是常见的泄漏物。氟利昂遇热会分解，可产生两种有毒成分：氟化氢和氯化氢。在发射、出舱活动和着陆时的技术故障，可能使高毒性的火箭推进剂四氧化二氮、偏二甲肼、肼和甲基泄漏到乘员舱内。

（四）悬浮颗粒物

细颗粒物在气候变化、能见度和人体健康影响中具有重大作用，这使气溶胶研究重点已从总悬浮颗粒物（TSP）转向 PM10（空气动力学直径小于等于 10 μm 的颗粒物）和 PM2.5（空气动力学直径小于等于 2.5 μm 的颗粒物），有些研究已开始关注亚微米粒子甚至更细小的纳米粒子。细颗粒物不是一种单一成分的大气污染物，而是来自许多不同的人为或自然污染源，由大量不同化学组分组成的一种复杂而可变的大气污染物。自工业革命以来，北半球大气气溶胶浓度显著增加（Dockery 等，1993），特别是近几十年工业排放和机动车尾气排放造成的人为污染源细颗粒物浓度剧增。为此，美国国家环保局率先在 1985 年用 PM10 指标替代了原来的 TSP 指标，在 1997 年又增加了 PM2.5 粒子的 24 h 和年平均限值。我国在 1996 年颁布了针对 PM10 的空气质量标准，自 1999 年开始，空气质量日报也以 PM10 代替了传统的 TSP。

地球表面颗粒物研究表明：细颗粒物的环境效应与它们的粒度谱分布、质量浓度及化学组成等息息相关。细颗粒物的化学组成非常复杂，不同粒径、不同来源的粒子其化学组成差异很大。已知细颗粒物的化学成分主要包括微量元素、可溶性成分、有机组分及炭黑等。虽然有机组分、炭黑及细颗粒物中的矿物组成对人体健康及辐射平衡影响较大，但受分析监测手段所限，国内有关研究还非常少。相对而言，微量元素组成和可溶性成分由于检测仪器的飞速发展而分析研究较多，自 20 世纪 80 年代开始，国内就在这方面进行了研究（任丽新等，1982；王明星，1983；王明星等，1986）。利用等离子体发射光谱（ICP）和质子激发 X 荧光（PIXE）分析细颗粒物中的 Si、Fe、Al、Ca、Mg、Pb 等微量元素的工作是化学成分分析中做得最多的，也是较完善的分析方法。魏复盛等人（2001）在广州、重庆、兰州和武汉四城市的研究中发现细颗粒物较易富集有毒重金属，而 Al 和 Si 等地壳元素含量相对较低。沈轶等人（2002）分析上海细颗粒物中元素组成后也得到相同的结果。张晶（1998）和杨复沫等人（2003）则对北京各个污染区分别进行了监测，发现北京细颗粒物中煤燃烧产生的 S、Zn、Mn 等和机动车尾气排放的 Pb 及其他人为源产生的 Se、Br 等元素的浓度较高，比洛杉矶和智利大中城市细颗粒物中的相同元素浓度要高出 5～40 倍（Kim 等，2000；Gidhagen 等，2002），不过这些元素同过去十年相比已有不同程度的降低（谢骅等，2001）。

乘员舱大气中的悬浮颗粒物主要来源于油漆屑、皮肤屑、棉绒、灰尘和食品屑等，也源于非金属材料热解或燃烧时产生的各种有毒物质的烟和雾。

悬浮颗粒物作为有毒或有刺激性气体的凝聚核心悬浮在乘员舱大气中，它通过沉淀、碰撞和扩散附着在人的呼吸道内产生毒性效应。空气颗粒物的来源不同，颗粒物的粒径和组成也不同。根据颗粒物的粒径可分为总悬浮颗粒物（<100 μm）、可吸入颗粒物（PM10）和细微颗粒物（PM2.5）。颗粒物对人体健康的危害与颗粒物的粒径大小和化学组成以及在呼吸道中的沉积

部位有密切关系，粒径大小对颗粒物能否进入呼吸系统，并沉积在各个部位，产生毒性效应至关重要。粒径大小（30 μm）的降尘几乎不能进入呼吸系统，对人体健康危害较小。而粒径较小的可吸入颗粒物，特别是其中的细颗粒物（空气直径小于 10 μm）（表 3-18），由于细颗粒物粒径较小、比表面积大，故比较容易富集空气中的重金属、酸性物质、有机污染物、细菌和病毒等（魏复盛等，2001），一旦被人体吸入，不但会直接刺激人的呼吸系统，而且还可以穿过人体表层组织，进入肺泡，进而进入血液和淋巴系统，增加呼吸病症和有机体突变病变等（Jaenicke，1984；Schwartz，1996；Carlton 等，1999），对人体健康产生长期的潜在损害。大量研究表明大气细颗粒物浓度同呼吸疾病住院率和心肺疾病死亡率等有关（Dockery 1993；He 等，1993；Berico 等，1997）。

表 3-18　不同粒径粒子在人体呼吸道中的沉积分布

名称	呼吸道	沉积的粒径/μm
ET1	前鼻腔到后鼻腔	>9.0
ET2	咽、喉	9.0~4.6
BB	气管、支气管	4.6~2.2
bb	细支气管	2.2~1.1
AI	肺泡	<1.1

注：译自 Wang 等，2002a

1. 密闭环境中 TSP、PM10 的质量浓度

大气中 AD<15 μm 的悬浮颗粒物的质量浓度，与 TSP 的质量浓度之间具有较好的线性关系。由表 3-19 可见，在密闭环境中 PM10 与 TSP 的质量浓度比为 95%，而在室外环境中 PM10 与 TSP 的质量浓度比为 85%，表明密闭环境中 100 μm≥AD>10 μm 的较大颗粒物明显少于室外环境。

表 3-19　TSP 和 PM10 的质量浓度对照

μg/m³

项目	TSP	PM10
密闭环境	92.72	88.59
室外环境	176.24	149.19

2. 颗粒物上吸附的有机组分

对密闭环境和室外环境中 $100\ \mu m \geqslant AD > 10\ \mu m$ 的颗粒物上的附着分离鉴定结果见表3-20。

表3-20　悬浮颗粒物提取液中检出的有机组分

序号	化合物名称	分子式	特征离子	1	2	3	4	5
1	4-甲基-1,3-己二烯(c,t)	C_8H_{14}	95^+	√	√	√	√	√
2	1,3-氢合-2-酮-2H-茚	C_9H_8O	104^+	√				√
3	苯并噻唑	$C_6H_4N:CHS$	135^+	√	√	√	√	√
4	异喹啉	C_9H_7N	129^+	√	√			√
5	邻苯二甲酸酐	$C_8H_4O_3$	104^+	√	√	√	√	√
6	尼古丁	$C_{10}H_{14}N_2$	84^+	√	√		√	√
7	3-(1-甲基-2-吡咯烷基)-吡啶	$C_{10}H_{14}N_2$	84^+	√	√	√	√	√
8	香草醛	$C_8H_8O_3$	151^+	√				√
9	2,4-二甲基1-喹啉	$C_{11}H_{11}N$	157^+	√				
10	2,7-二甲基-喹啉	$C_{11}H_{11}N$	157^+	√	√			√
11	Butylated Hydroxyanisole	$C_{11}H_{16}O_2$	165^+	√	√	√	√	√
12	Butylated Hydroxytoluene	$C_{15}H_{24}O_2$	205^+	√	√	√	√	√
13	1-萘基丁酸	$C_{14}H_{14}O_2$	43^+	√	√			√
14	戊二酸,二丁基酯	$C_{13}H_{24}O_4$	115^+	√	√			√
15	2,3,4-三甲基-喹啉	$C_{12}H_{13}N$	171^+	√	√			√
16	二乙基邻苯二甲酸	$C_{12}H_{14}O_4$	149^+	√	√	√	√	√
17	硫酸三丁基酯	$C_{12}H_{27}O_4P$	99^+	√	√	√	√	√
18	(4-氢氧基-3,5-二甲氧基)-苯甲酸	$C_9H_{10}O_4$	182^+	√		√		√
19	二苯呋喃	$C_{12}H_8O$	168^+	√				√
20	1-(4-氢氧基-3,5-二甲氧基)-苯乙酸	$C_{10}H_{12}O_4$	182^+	√				√
21	1-(2,4,6-三氢氧基苯基)-2-戊酮	$C_{11}H_{14}O_4$	167^+	√				√
22	9-亚甲基-9H-芴	$C_{14}H_{10}$	178^+	√	√	√	√	√
23	菲啶	$C_{13}H_9N$	179^+	√	√		√	√

序号	化合物名称	分子式	特征离子	1	2	3	4	5
24	1,2-苯二羧酸,bis(2-甲基丙基)酯	$C_{16}H_{22}O_4$	149$^+$	V	V	V	V	V
25	二丁基邻苯二甲酸	$C_{16}H_{25}NO_3$	236$^+$	V	V	V	V	V
26	Dendroban-12-one,10-hydroxy-	$C_{16}H_{25}NO_3$	279$^+$	V	V	V	V	V
27	Bis(2-甲氧基乙基)邻苯二甲酸	$C_{14}H_{18}O_6$	149$^+$	V	V	V	V	V
28	二十烷	$C_{20}H_{42}$	41$^+$	V	V	V	V	V
29	1-环己烯-1-羧酸,4-(1,5-二甲基-3-氧乙基)-,m	$C_{16}H_{26}O_3$	134$^+$	V	V	V	V	V
30	2,3-萘二羧酸	$C_{12}H_8O_4$	198$^+$	V	V		V	V
31	2-甲基-十九烷	$C_{20}H_{42}$	41$^+$	V	V	V	V	V
32	荧蒽	$C_{16}H_{10}$	202$^+$	V	V	V	V	V
33	Benzene,1,1-(1,3-butadiyne-1,4天iyl)bis-	$C_{16}H_{10}$	202$^+$	V	V			V
34	芘	$C_{16}H_{10}$	202$^+$	V	V	V	V	V
35	2,3-二甲基-十九烷	$C_{21}H_{44}$	41$^+$	V	V	V	V	V
36	丁基柠檬酸	$C_{18}H_{32}O_7$	185$^+$	V	V	V	V	V
37	5-苯基喹啉	$C_{16}H_{13}N$	219$^+$	V	V	V	V	V
38	2,4,5,7-四甲基菲	$C_{18}H_{18}$	234$^+$	V	V	V	V	V
39	二十一烷	$C_{21}H_{44}$	41$^+$	V	V	V	V	V
40	二十二烷	$C_{22}H_{46}$	41$^+$	V	V	V	V	V
41	二十三烷	$C_{23}H_{48}$	41$^+$	V	V	V	V	V
42	1,2-苯二羧酸二异辛基酯	$C_{24}H_{38}O_4$	149$^+$	V	V	V	V	V
43	三亚苯基环	$C_{18}H_{12}$	228$^+$	V	V		V	V
44	2,6,10,14,18-五甲基二十烷	$C_{25}H_{52}$	41$^+$	V	V	V	V	V
45	三甲基咔唑	$C_{15}H_{15}N$	194$^+$	V	V	V		V
46	二十六烷	$C_{26}H_{54}$	41$^+$	V	V	V	V	V
47	3-乙基-5-(2-乙基丁基)-十六烷	$C_{26}H_{54}$	41$^+$	V	V	V	V	V
48	9-乙基-9-庚烷-十六烷	$C_{27}H_{56}$	41$^+$	V	V	V		V

序号	化合物名称	分子式	特征离子	1	2	3	4	5
49	Perylene	$C_{20}H_{12}$	252⁺	V	V			
50	1,1:3,1:4,1-四联苯	$C_{24}H_{18}$	306⁺	V	V			V
51	8-己基-8-戊基十六烷	$C_{27}H_{56}$	41⁺	V	V	V	V	V

注：1：室外 100 μm≥AD>10 μm；

2：室外 10 μm≥AD>2 μm；

3：密闭环境 100 μm≥AD>10 μm；

4：密闭 10 μm≥AD>2 μm；

5：密闭 AD≤2 μm；

V：表示检出该种化合物

总悬浮颗粒物（TSP）和可吸入颗粒物（PM10）是大气质量监测的重要指标，悬浮颗粒物对眼和呼吸道黏膜有刺激作用，从我国各大城市的空气质量周报和日报中我们可以看到，可吸入颗粒物经常是首要污染物。我国"环境空气质量标准"中规定二类区（即居住区、文化区和一般工业区）总悬浮颗粒物标准为 0.3 mg/m³（日平均）。

从实验中可以看出：总悬浮颗粒物浓度在密闭环境中为 92.72 μg/m³，室外为 176.24 μg/m³，均没有超出我国"环境空气质量标准"的要求。AD< 2 μm 的细颗粒物浓度在室外和某环境中无明显差别，但室外 100 μm≥AD> 2 μm 的颗粒物浓度明显比某环境中高，说明无风速密闭环境有利于大颗粒的沉降，对细颗粒不起作用。在载人航天的微重力环境下，颗粒物的沉降与在地球上全重力状态下显著不同，缺乏引力作用将影响颗粒物的环境行为状态，同时会改变吸入颗粒在呼吸道内的沉积作用，这些可能造成在地面实验室难以评估的危险，因此国外航天都严格控制乘员舱颗粒物的含量。俄罗斯国家标准规定，载人航天器乘员舱空气中总悬浮颗粒物日平均浓度不得超过 0.15 mg/m³，瞬间浓度不超过 0.5 mg/m³；NASA 召集的关于在飞船中空气微粒的小组委员会（NASA，1998）推荐：对于一周或不到一周的飞行，空气动力学直径（AD）小于 10 μm 的颗粒物限值为 1 mg/m³；考虑到 TSP 浓度在飞船处于微重力状态比重力状态下可能会有所升高，因此需严格控制乘员舱颗粒物的含量，同时加以适当的净化。

实验中发现，密闭环境颗粒物中检出的半挥发性有机物种类有 51 种，同时发现室外环境和某环境中检出的有机组分的种类无明显差别，但在飞船乘员舱仪器设备较多、有人居住的环境下，有机物种类可能会更多。另外在实验中发现细颗粒物上吸附的有机物种类比粗颗粒上多，有机物的含量也比粗颗粒上大，这说明有机物的吸附与颗粒物总表面积的大小有关，总表面积大则吸附的有机物多。

3. 密闭环境中颗粒物上附着微生物的分类计数和分离鉴定

对密闭环境中颗粒物上的附着微生物的分离鉴定结果为：细菌 6 个种类、放线菌 4 个种类、霉菌 6 个种类，结果可见表 3-21 和表 3-22。密闭环境中三级不同 AD 的颗粒物及 PM10、TSP 与其上的附着微生物及细菌总数的关系见图 3-6。

表 3-21　100 μm≥AD>10 μm 的颗粒物上附着的微生物检测结果

CFU/m^3

微生物种类	密闭环境	室外环境
微生物总数（the total number of microbes）	886	990
细菌总数（the total number of bacteria）	883	925
革兰氏阳性球菌（Coccus,G$^+$）	489	495
革兰氏阴性球菌（Coccus,G$^-$）	100	112
革兰氏阳性杆菌（Bacterium,G$^+$）	98	105
革兰氏阴性杆菌（Bacterium,G$^-$）	70	80
革兰氏阳性芽孢杆菌（Bacillus,G$^+$）	126	133
放线菌总数（the total number of actinomyces）	—	8
链霉菌属（Streptomyces sp.）	—	8
淡紫灰链霉菌（S. lavendulae & S. orchidaceus）	—	2
球孢链霉菌（S. coccospora）	—	2
灰色链霉菌（S. griseus）	—	4
真菌总数（the total number of fungi）	3	57
霉菌（mold）	2	38
曲霉属（Aspergillus sp.）	1	9
黑曲霉（A. niger）	—	1
萨氏曲霉（A. sartorya）	1	2
构巢曲霉（A. nidulans）	—	6
霉属（Penicillium sp.）		12
枝孢霉属（Acremonium sp.）	—	3
镰孢霉属（Fusarium sp.）		8
拟青霉属（Fusarium sp.）	1	6
酵母（yeast）	1	19
酵母菌属（Saccharomyces sp.）	1	19

注：G$^+$：革兰氏阳性；G$^-$：革兰氏阴性；—：无该种菌生长

表 3-22　密闭环境中 TSP、PM10 及 AD≤2 μm 的颗粒物上附着的微生物检测结果

CFU/m³

微生物种类	TSP	PM10	AD≤2 μm
微生物总数（the total number of microbes）	2 174	1 288	830
细菌总数（the total number of bacteria）	2 031	1 148	789
革兰氏阳性球菌（Coccus, G⁺）	1 202	713	500
革兰氏阴性球菌（Coccus, G⁻）	178	78	38
革兰氏阳性杆菌（Bacterium, G⁺）	229	131	102
革兰氏阴性杆菌（Bacterium, G⁻）	136	66	37
革兰氏阳性芽孢杆菌（Bacillus, G⁺）	266	1 040	92
革兰氏阴性芽孢杆菌（Bacillus, G⁻）	20	20	20
放线菌总数（the total number of actinomyces）	10	10	2
链霉菌属（Streptomyces sp.）	9	9	1
淡紫灰链霉菌（S. lavendulae & S. orchidaceus）	3	3	1
球孢链霉菌（S. coccospora）	4	4	—
灰色链霉菌（S. griseus）	2	2	—
高温放线菌属（Thermoactinomyces sp.）	1	1	1
真菌总数（the total number of fungi）	133	130	39
霉菌（mold）	95	93	27
曲霉属（Aspergillus sp.）	9	8	2
黑曲霉（A. niger）	2	2	1
萨氏曲霉（A. sartorya）	7	6	1
青霉属（Penicillium sp.）	55	55	18
枝孢霉属（Acremonium sp.）	10	10	4
镰孢霉属（Fusarium sp.）	17	17	1
拟青霉属（Paecilomyces sp.）	4	3	2
酵母菌（yeast）	38	37	12
酵母菌属（Saccharomyces sp.）	38	37	12

表 3-21 结果表明，密闭和室外环境相比，100 μm≥AD>10 μm 的颗粒物上附着的细菌在种类和数量上大致相同，但附着的放线菌、霉菌与酵母菌在种类和数量上有较大差异，密闭环境中未检出放线菌类群，而霉菌和酵母菌的数量与室外环境相比较少。由表 3-22 可以看出，密闭环境中 PM10 上附着的微

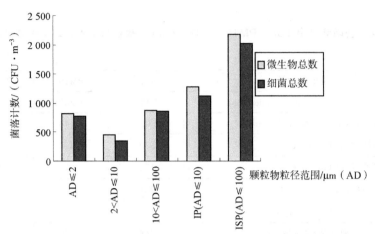

图 3-6　密闭环境中颗粒物粒径与其附着微生物数量的关系

生物总数占 TSP 的 59%。其中 PM10 上附着的放线菌、霉菌和酵母菌总数分别占 TSP 的 100%、98% 和 97%。PM10 上附着的细菌总数占 TSP 的 57%，其中革兰氏阴性芽孢杆菌只在 AD≤2 μm 的颗粒物上被检出。由图 3-7 可见，AD≤2 μm 的颗粒物上附着的微生物总数、细菌总数占 PM10 的 64% 和 69%。由此表明，在重力环境下的密闭环境中，AD≤2 μm 的颗粒物上携带有较多的细菌。由于 AD≤2 μm 的颗粒物在密闭环境中沉降速度较慢，吸入后可沉积于肺部，因此可能会对人体健康造成潜在危害。

　　在航天器密闭环境中污染物的来源分为构成性污染物和偶然性污染物（因事故而发生），其中构成性污染物有许多种且总以少量存在，其来源中就包括了微生物、颗粒物和人类自身。由于航天密闭环境中人和仪器设备的存在，因此，颗粒物和微生物污染不会消失，并且随着航天飞行时间的增加，航天员暴露于污染物的健康危险也会随之增加。NASA 提出的航天器最大容许浓度（SMACs）中，对颗粒物浓度推荐以下限值：对于 1 周或不足 1 周的飞行，AD≤10 μm 的颗粒物浓度限值为 1 mg/m³，100 μm≥AD>10 μm 的颗粒物浓度限值为 1 mg/m³；对于 1 周以上至 6 个月的飞行，100 μm≥AD>10 μm 的颗粒物浓度限值为 0.2 mg/m³。空间微生物主要涉及长期飞行中微生物的数量和种类、影响微生物种群变化的因素和航天员体内免疫功能及抗感染能力。航天飞行对微生物的生长状况会产生一定影响。在太空的几项生命科学实验中观察到，微重力条件下细菌结合重组率增长 40%，抵抗抗生素功能增强；David M. Klans 研究了大肠杆菌的生长和蛋白表达，结果显示大肠杆菌空间比地面增长 257%。此外，航天器密闭环境中细菌和真菌的污染比地面要明显。在长期航天飞行中，微生物的菌群消长及菌株变异都有可能引起人和动、植物的病害，同时也会影响仪器设备的性能、生物实验及环境条件。非金属结构上可以滋长革兰氏阴性杆菌和真菌。这些微生物从聚合结构材料中吸取营养并且产生生物物质，通过损坏构成材料（包括合成聚合物）以及激起或诱导金属腐蚀，造成硬件故障。在航天飞行期间，人的免疫力下降，附着在空气中悬浮颗粒物上的一些细菌和真菌本身可能成为变应原，吸入后可引起超敏反应。本试验检出的密闭环境中颗粒物上附着的细菌、霉菌（如青霉、曲霉）等微生物种类可能会造成人的感染或过敏反应。在微重力环境下，航天器舱内颗粒物不能像地球一样沉降并长时间地悬浮在舱内空气中，其主要是以惯性碰撞和扩散作用于人呼吸道内附着。吸入携带有致病或致敏微生物的悬浮颗粒物，会使航天员之间感染传播、过敏反应和物理性损伤的机会增加。在微重力环境下，$100\ \mu m \geqslant AD > 2\ \mu m$ 的较大颗粒物大部分都以碰撞方式附着在人呼吸道内。本试验表明，在无人密闭环境中，这些较大的颗粒物上附着的微生物总数与细菌总数分别占 TSP 的 62% 和 61%。因此可以推断，在载人航天飞行中，较大颗粒物可能对人的健康产生潜在危险。

综上所述，密闭环境中的悬浮颗粒物对人体健康和仪器设备可能有一定影响。为保障长期载人航天飞行中人在有限的密闭环境中能够安全有效地工作，应对航天器内大气污染的状况进行监控。由于颗粒物自身以及它作为空间微生物及其他化学污染物的载体，对人体健康存在潜在危害，因此应将其作为航天密闭环境的重点监控指标。

（五）其他污染物来源

其他污染物来源包括科学实验装置散发，例如材料燃烧实验可能产生一氧化碳；模式动物在轨实验产生的有害气体；航天员执行出舱活动任务时，舱外推进剂可能沾染在航天服上带回舱内，影响舱内空气质量；舱内生活垃圾的排放；受控生态系统的植物排放等。

二、乘员舱内污染物的特征

乘员舱室是一个特殊的人工大气环境，具有以下毒理学特征：

（1）舱室空间狭小，售货员和结构材料的饱和度高。

（2）舱室中化学污染物的种类和数量多，形成一种复合暴露环境。

（3）暴露途径是以吸入暴露为主，皮肤接触与经口的途径很罕见。

（4）暴露方式与地面人员的间歇性暴露不同，航天环境是持续性暴露。这种暴露可能是几个小时（如在火灾、毒物泄漏等情况下），更可能是几天、几十天或几百天。

（5）乘员舱环境一般有慢性低浓度暴露，但存在事故性高浓度暴露的潜在危险。

（6）航天环境的失重、应激、辐射和长期活动受限等特殊因素，能导致航天员生理、生化和心理等一系列的变化，从而可能改变机体对化学污染物的敏感性和耐受性。

（7）在航天器乘员舱内，污染物的监测、预防和急救措施比在地面上更加困难且风险更大。

（一）乘员舱污染物分类分布

乘员舱大气污染物的种类与都市和工业环境大气污染物的种类明显不同。

在北京地区开放大气环境观测中，四大类挥发性有机化合物的平均浓度依次为饱和烷烃 66.8 ppbC、烯烃 14.1 ppbC、苯系物 59.2 ppbC、卤代烃 13.6 ppbC。以上各类化合物在北京大气环境中所占的百分比依次为 43.5%、9.1%、38.5%、8.8%（见图 3-7）。

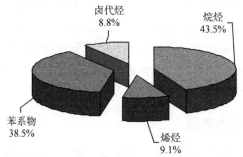

图 3-7　北京大气 VOCs（Volatile Organic Compounds，挥发性有机物）组成

烷烃、烯烃、苯系物和卤代烃在大气环境中不同季节的含量略有变化，但从总体上分析，烷烃为该地区大气环境中含量最为丰富的挥发性有机组分，苯系物次之。

密闭舱无人密闭 90 天后，舱内 VOCs 的浓度高达 7 121 ug/m^3，比北京城市大气中 VOCs 的浓度高出约 40 倍，可见在密闭空间由于材料和舱内设备污染物散发对空气质量的严重影响。就舱内污染物的组成来看：卤代烃的浓度占 VOCs 总量的 34%，舱内卤代烃的主要来源是空调等制冷设备制冷剂的泄漏，如图 3-8 所示。

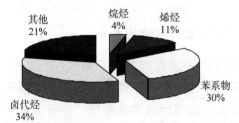

图 3-8　密闭舱无人状态 90 天舱内 VOCs 组成

（二）乘员舱大气污染物浓度分布

从图 3-9 和图 3-10 可以看出，有人试验时，舱内污染物组成中，烯烃和苯系物的百分含量基本没有变化，其中烯烃占 11% 左右，苯系物占 30% 左右；而有人试验时烷烃占 26%，远远高于无人试验时 4% 的含量，而卤代烃的含量仅占 10%，远低于无人试验时 34% 的含量，可见舱内使用的污染物吸收装置对卤代烃的吸附能力远高于对烷烃的吸附。

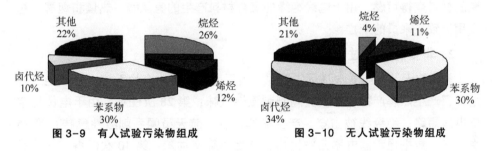

图 3-9　有人试验污染物组成　　　　　图 3-10　无人试验污染物组成

（三）乘员舱大气污染物分子量分布

根据"水星""阿波罗"、天空试验等 18 次的检测资料，共检测到 295 种污染物，其分子量分布见表 3-23。可以看出，飞船 90% 以上的污染物的分子量都在 200 以内，这个特征对制定舱室大气检测方案、选择分析条件有重要意义。

表 3-23　航天器舱室大气污染物的分子量分布

分子量范围	污染物数量	分布率/%
1~50	31	10.5
51~100	117	39.7
101~200	127	43.0
201~300	7	2.4
>300	13	4.4

（四）乘员舱大气污染物毒效应分布

Hine 和 Weir 依据 175 种潜在性的乘员舱大气污染物对人体组织器官和系统的影响，将它们的毒性效应做了较详细的分类。结果表明，许多污染物有多重毒性效应，最共同的毒性效应是黏膜、呼吸道刺激和中枢神经系统的抑制。这个特点对制定预防措施、进行卫生毒理学评价具有重要意义。

三、乘员舱化学污染物的健康影响

（一）乘员舱化学污染事件

1. 火灾

1967 年，美国 Apollo204 地面模拟试验中火灾导致 3 名航天员丧生，使 Apollo 飞船计划推迟了至少 3 年。阿波罗飞船 100% 的纯氧环境导致原作为阻燃的材料变得可燃，用于电线绝缘的聚合材料产生的氢氰酸、热量和烟雾一起作用导致了乘员的死亡。

2. 非金属材料过热

美国航天飞机第 6 次飞行任务中，由于舱内冷凝热交换系统中电线绝缘体熔化，产生热解产物，航天员闻到刺激性气味；第 28 次任务，由于电传打字机电线短路，绝缘线被击穿，产生热解产物，航天员闻到刺激性气味；第 35 次任务，数据显示器电器元件过热，产生热解产物苯；第 40 次任务，冰箱风扇马达过热，周围泡沫绝缘材料热解产生甲醛和氨，航天员出现鼻黏膜发炎、头疼和恶心等症状；第 50 次任务，超声心动描记器过热，产生二氯甲烷。

2006 年 9 月，国际空间站俄罗斯舱段制氧器过热产生高浓度芳香烃，几小时后美国舱段的监测浓度仍然超过最大容许浓度。

3. 推进剂及其他化学品泄漏

1975 年美国 Apollo-Soyuz 任务飞船降落时，航天员未能及时激活着陆系统（ELS），未能关闭反应控制系统（RCS），他们不得不手动开伞和抛出防热罩，导致飞船俯仰和翻滚，为稳定飞船，姿态控制火箭自动点火 30 s，火箭释放的四氧化二氮（N_2O_4）和甲基肼通过压力平衡阀进入飞船，航天员感到刺眼、恶心和咳嗽，一人意识丧失，两周治疗后恢复健康。

"天空实验室"第 2 次飞行任务中，致冷系统泄漏造成乙二醇污染；第 4 次飞行任务中，由于灭火剂和燃料泄漏造成氟利昂、肼和四氧化二氮污染。

2006 年 9 月，国际空间站第 13 长期考察组航天员发现站内有刺鼻异味，经过排查，发现是空间站上制氧系统因为 LiOH 泄漏而产生刺激性气味。

2019 年 3 月 3 日，"龙-2"飞船抵达国际空间站后，航天员嗅到不寻常气味，大气成分分析器查明站内异丙醇含量超标，浓度达到 6 mg/m³，而之前只有 0.1 mg/m³。

2019 年 4 月，处于试验阶段的机器人燃料加注任务模块出现故障，国际空间站美国舱外侧发生甲烷泄漏事故，喷出数十千克液态甲烷。

4. 设备故障

1963 年 MESA 计划实施中航天员发生严重疾病，MESA 系统（Manned Environmental Systems Assessment）是 NASA 开展的一项 5 人、30 天密闭试验，主要用来评价生命支持能力、再生水、再生空气系统等，试验过程中，Na_2O_2 与铝制容器发生反应产生氢气，为了更快去掉氢气，通过高温催化氧化器的气体流速增加，结果导致催化氧化器温度降低，许多有机化合物氧化不完全。48 h 后，受试者抱怨有一股甜酸刺激性气味，3 天后，受试者恶心、呕吐、牙痛、头痛、咽喉痛，第 4 天计划被迫中止，症状持续数天之久。分析表明有 23 种化合物泄漏，氯乙烯、二氯乙烯、三氯乙烯浓度特别高，三氯乙烯在试验前被用作清洁剂，它在催化氧化器温度降低及 LiOH 和 Na_2O_2 的作用下降解为氯乙烯、二氯乙烯，而二氯乙烯是一种高毒性化合物。

美国航天飞机第 54 次任务，航天员闻到异味，可能与废物控制系统故障有关；第 55 次任务，闻到厌恶气味，与废物收集器中生物降解产物泄漏有关。

5. 不明原因污染事故

苏联"礼炮"5 号空间站任务期间，乘员舱出现呛人气味，迫使航天员提前返回地面，原因不明；"礼炮"7 号空间站/"联盟 T-9"联合飞行任务中，乘员舱出现刺激性气味，原因不明。

美国航天飞机第 49 次任务，乙醛浓度较高，出现刺激性气味；第 53 次任务，航天员出现鼻黏膜充血，可能与污染有关。

2001 年国际空间站俄罗斯服务舱经常检测到高浓度乙醇，甲醛轻微超标；2002 年 4 月 20 日，美国航天员在试图重启 EVA 舱外服净化装置时，丁酮超标，航天员闻到难闻气味，被迫在俄罗斯舱段避难 30 h，待气体净化装置将丁酮净化后才返回；2003 年，俄罗斯从"进步号"补给飞船测得总碳氢超标，原因不明。

从这些污染事件中可以看出，化学品的泄漏、废物处理系统的故障，以及设备过热造成非金属材料热分解所产生的乘员舱大气污染，是一个重复发生而且很难预料的问题。因此，加强装船产品和工程设备安全可靠性设计是预防乘员舱大气污染的重要环节。

（二）污染物毒性效应分类

气体污染物按毒理学描述分为刺激性、窒息性、神经性、全身性毒剂四个类别（见表3-24）。许多污染物有多重毒性效应，最共同的毒性效应是黏膜、呼吸道刺激和中枢神经系统的抑制，这个特点对制定预防措施、进行卫生毒理学评价具有重要意义。

表3-24　非金属材料脱气与热解产物的毒效应分布

毒效应类别	污染物举例
黏膜刺激剂	丙烯醛，氨，苯，甲苯
呼吸道刺激剂	氨，醇，甲醛，乙醛
中枢神经系统抑制剂	乙醛，丙酮，苯，甲苯
肝脏毒剂	二氯乙烯，甲苯，肼
肾脏毒剂	环己烷，乙二醇，三氯乙烯，甲苯，肼
单纯窒息剂	乙炔，甲烷，丙烯
酶抑制剂	二硫化碳，臭氧，氰化氢，硫化氢
中枢神经系统刺激剂	氨，肼，二硫化碳，氰化氢
心血管系统毒剂	异戊醇，乙胺，苯
血液毒剂	一氧化碳，吲哚，苯酚
末梢神经系统毒剂	二硫化碳，甲醇
造血组织毒剂	苯
自主神经系统毒剂	组胺

（三）污染物毒性作用的影响因素

污染物对生物体毒性作用的性质和强度受到很多因素的影响，主要包括污染物的结构与性质、环境因素和生物体状况等。

1. 结构与毒性

1）同系物的碳原子数

在烷烃中从丙烷至庚烷，随碳原子数增加，其麻醉作用增强，庚烷以后的烷烃由于水溶性过低，麻醉作用反而减小；在醇类物质中随碳原子数的增加，其毒性增强。

2）分子的不饱和度

分子中不饱和键越多，脱出物活性越大，其毒性越强。

3）卤素取代

卤族元素电负性较大，有强烈的吸电子效应，分子结构中增加卤素可增大分子极性，从而更易与酶系统结合，使毒性增强。

4）羟基

芳香族化合物中引入羟基，使分子极性增大，毒性增强。

5）羧基和酯基

分子中引入羧基，其水溶性和电离度增大，但脂溶性降低，使吸收和转运难以进行，从而降低了毒性。羧基酯化后，电离度降低，脂溶性增高，使吸收率增加，毒性增强。

6）胺基

胺基具有碱性，易与核酸、蛋白质的酸性基团起反应，易与酶发生作用。

2. 物理性质与毒性

1）脂/水分配系数

化合物的脂/水分配系数直接影响化合物的吸收、分布、转运、代谢和排泄，与其毒性密切相关。一般脂溶性高的毒物易于被吸收且不易被排泄，在体内停留时间长，毒性较大。化合物的毒性除了与其在脂、水中的相对溶解度有关外，还与其绝对溶解度有关。一般有毒化学物质在水中，特别是在体液中的溶解度越大，毒性越强。

2）分子表面积和摩尔体积

有机物对生物的毒性和分子表面积、摩尔体积成正相关，但当分子的横断面大于 $9.5A^{02}$ 时，随着分子表面积、摩尔体积的增大，有机物对生物的毒性反而减小，这是由于随着分子的增大，有机物向生物体内的迁移阻力也随之增大，对于大分子，在给定的时间内不能达到富集平衡。

3）电离度

电离度即化合物的酸离解常数（pKa）值，对于弱酸或弱碱性有机化合物，在体内环境 pH 条件下，其电离度越低，非离子型比率越高，越易被吸收，毒性效应越大；反之，化合物离子型的比率越高，虽然易溶于水，但很难被吸收，且易随尿排出，其毒性效应反而减小。

4）挥发度和蒸气压

液态毒物在常温下容易挥发而形成较大蒸气压，因而易于通过呼吸道和皮肤吸收进入机体。有些液态毒物的 LD_{50} 值相近，即绝对毒性相当，但由于各自的挥发度不同，所以实际毒性（即相对毒性）相差较大。

3. 环境因素

1）温度

环境温度增高可使机体的毛细血管扩张，血液循环加快，呼吸加速，化合物经表皮和呼吸道吸收的速度增加。而且，环境温度升高使机体排汗增多，尿量减少，使经肾脏随尿液排出的毒物在体内滞留时间延长，毒性作用增强。

2）湿度

湿度增大，尤其是伴随高温时，化合物经表皮吸收的速度加快。湿度增大还会使汗液蒸发困难，导致表皮的水合作用加强，水溶性强的化合物可溶于表皮的水膜（球形的溶剂水分子依靠分子引力在溶质分子表面形成的一层水分子膜）而被吸收，同时也延长了化合物与皮肤的接触时间，使化合物吸收量增加。此外，在高湿环境下，有些化合物的刺激作用增大，还有一些化合物还可改变形态，使毒性增强。

3）气压

气压的变化可引起某些毒物毒性作用的改变。

4）光照

某些化合物如醛类，在强烈日光的照射下可转化为毒性更强的光化学烟雾等。

5）失重

在航天环境中，失重、长期活动受限、辐射等许多应激因素，都会在不同程度上影响人体的正常生理功能。航天医学研究表明，航天员处于一种改变了的内环境稳定状态下，首先是体液头向转移的机能变化，随着航天时间的延长则出现下列变化：肌肉质量损失，骨质量损失，免疫系统减弱，淋巴细胞数量减少，红细胞质量减少，激素状况改变和酶活性降低。因此，毒理学者认为失重因素可能会提高机体对化学污染物的敏感性。

Merrill 等人从经过航天的大鼠肝脏样品中发现细胞色素 P-450 低于正常量，苯胺痉化酶和乙基吗啡-N-甲基酶减少。这一族酶与机体的芗代谢、某些类固醇激素和细胞内信息递质代谢有关。这一发现提示，失重因素可能改变机体进行芗代谢的能力，从而改变机体对有毒物质的敏感性。

梁宏等人报道，在低浓度一氧化碳持续 8 天的暴露情况下，尾悬吊模拟失重小鼠血清中的肌酸激酶（CK）和肌酸激酶同工酶（CK-MB）的含量比非模拟失重小鼠的含量高，且有统计学显著性。这组酶与心肌功能有关，其数值升高表示失重因素提高了对一氧化碳毒性的敏感性。

目前毒理学工作者对失重影响毒性效应的知识还很缺乏，这是一个有待开发的新的研究领域。

（四）污染物的毒性效应

在乘员舱内，如果发生泄漏或着火事故，可能出现高浓度的有害气体或蒸气引起急性中毒。例如火箭燃料的泄漏出现高毒性肼、偏二甲肼和四氧化二氮的污染；非金属材料热解或燃烧产生高毒性的一氧化碳、氟化氢、氯化氢、氰化氢、硫化氢、二氧化硫和氮氧化物等。虽然这种情况发生的概率很小，但一旦发生后果非常严重，轻则造成病理损害，重则危及生命。不适的气味和低浓度吸入慢性暴露则是常见的潜在性危害。沿于人体代谢物或非金属材料脱气物的氨、硫醇、吲哚、粪臭素、醛、酚和有机酸等物质，即使低浓度也都有特殊的气味，这不但会影响乘员的舒适性，而且会引起呼吸频率、呼吸幅度、声带、支气管和血管紧张度等一系列反射性变化。强烈的气味还能引起乘员视敏度、色觉和高级神经活动功能状态的改变。这些变化会影响乘员的工作效率，甚至会造成操作失误或差错。乘员舱大气还通常受到低浓度脂肪烃、芳香烃和卤代烃的污染，它们大多具有刺激性气味并对中枢神经系统有抑制作用。

乘员舱许多化学污染物是以悬浮颗粒物的形式存在的，悬浮颗粒物作为毒性气体的凝结核心，不但能促进有毒物质进入下呼吸道，而且由于颗粒物起到浓缩有毒物质的作用，从而会加重局部组织的刺激作用。

混合污染物的存在是乘员舱大气化学污染的一个特征。理论研究和实践表明，混合污染物存在毒性的联合作用，毒性效应表现为相加作用、协同作用、拮抗作用和单独作用。由于污染物种类和浓度的各种组合数不胜数，因此有关污染物联合作用的研究非常困难。Smyth 等人对 27 种工业化学物质以各种可能的方式配对进行了动物急性毒性试验，结果是 95% 的配对所产生的毒性表现为相加作用。有作者认为，协同作用的拮抗作用的情况很罕见，大部分情况是在相加作用和单独作用之间选择。一般认为，同类化合物视为相加作用，不同类化合物视为单独作用。从这个意义上看，乘员舱大气中混合污染物的存在具有增强毒性效应的潜在危险。

部分污染物的毒性效应如下：

1. 一氧化碳（CO）

一氧化碳是一种无色、无嗅、无刺激性的有毒气体，是含碳材料在空气中的热分解产物。CO 在空气中很稳定，是室内、外空气中常见的污染物。CO 主要作用于血液，造成组织缺氧，引起急性和慢性中毒，甚至死亡。

1）CO 对人体健康的危害

CO 经呼吸道吸入肺部，通过肺泡进入血液，大部分与红细胞内的血红蛋白结合生成碳氧血红蛋白（HbCO）。由于血红蛋白与一氧化碳的亲和力比与氧的亲和力大 200~300 倍，而 HbCO 的解离速度仅为氧合血红蛋白（HbO_2）的 1/3 600，因此在吸入 CO 期间，血红蛋白向组织输送的氧将急剧减少。另外，CO 还能抑制血液到达组织时氧从血红蛋白分解的能力，从而加重组织尤其是中枢神经系统和心脏缺氧。

2）CO 中毒症状

（1）CO 中毒的剂量—效应关系。

CO 毒性效应与其暴露浓度和血液中 HbCO 的浓度密切相关。表 3-25 列出了 CO 暴露浓度、HbCO 水平与毒性效应的关系。

表 3-25　CO 暴露浓度、HbCO 水平与毒性效应的关系

CO 暴露浓度		HbCO/%	毒 性 效 应
mg/m^3	ppm		
0~68	0~60	0~10	无主观症状，但有视觉和心理运动的初期损害
69~137	61~120	11~20	前额发紧，轻微头疼，面色发红
138~205	121~180	21~30	太阳穴跳动性头疼，气短
206~274	181~240	31~40	严重头疼，头晕，视觉迟钝，恶心和呕吐
275~342	241~300	41~50	出现上述所有症状，心率和呼吸增加，可能出现虚脱
343~410	301~360	51~60	意识丧失，呼吸加快或不规则，脉搏加快，可能出现惊厥和昏迷
411~547	361~480	61~80	昏迷，惊厥，心跳、呼吸减慢，可能导致死亡

（2）CO 的慢性作用。

由于 CO 是非蓄积性毒物，只要脱离暴露，形成的 HbCO 可以逐渐解离，使其毒性作用停止。另外，长期接触低浓度 CO 可产生适应性，因此部分学者认为不存在 CO 慢性中毒。但是近年来的动物试验和流行病调查结果表明，长期接触低浓度 CO 会对健康产生危害，特别是对神经、心血管系统的损害。据报道，在模拟密闭环境的模拟舱内，当 CO 浓度达到 35 mg/m^3 时，受试者出现轻度感觉症状，对比视力下降、心电 T 波降低和操作工效下降。在 80 mg/m^3 和 115 mg/m^3 浓度下，上述变化更加明显且出现高频听阈升高。有研究发现，

在密闭环境内持续 8 昼夜接触 300 mg/m³ 的 CO 可以使小鼠心肌酶谱中的肌酸激酶（CK）、肌酸激酶同工酶（CK-MB）、乳酸脱氢酶（LDH）、α-羟丁酸脱氢酶（α-HBD）的数值增加且有统计学意义。低浓度 CO 可以通过影响心肌受体自身抗体这条途径来干扰心功能的免疫调节，主要表现为：CO 浓度在 33 mg/m³ 时就可以使心肌 $β_1$ 受体自身抗体含量具有阳性意义，110 mg/m³ 时才可以使心肌 M_2 受体自身抗体含量具有阳性意义，330 mg/m³ 时则主要通过升高心肌 $β_1$ 受体自身抗体含量来加速心肌衰老。其中，小鼠对 33 mg/m³ 和 110 mg/m³ 的 CO 所产生的不利影响表现出代偿功能，对 330 mg/m³ 的 CO 所产生的不利影响则表现出失代偿功能。

（3）CO 对神经系统的影响。

神经系统对缺氧最为敏感。血液中 HbCO 水平轻微升高，即可引起行为改变和工作能力下降。当血液中 HbCO 浓度为 2% 时，时间辨别能力发生障碍；HbCO 浓度为 3% 时，警觉性降低；HbCO 浓度为 5% 时，光敏感度降低。吸入高浓度 CO 时，可引起脑缺氧和脑水肿，继而发生脑部血液循环障碍，导致脑组织缺血性软化和脱髓鞘病变。有研究发现，CO 能影响中枢神经系统内单胺类神经介质的含量及代谢过程。

（4）CO 对心血管系统的影响。

心血管系统对 CO 非常敏感。日本曾报道，在长期吸入高浓度 CO 的 1 022 名居民中，患心瓣膜病的占 35.5%，其中大部分是中年妇女。动物试验也发现 CO 可诱发心血管疾病。猴吸入 110 mg/m³ CO，3～6 个月后引起心肌损伤；妊娠大鼠吸入 187.5 mg/m³（150 ppm）CO 24 h 后即可引起心血管系统异常。

（5）CO 对胎儿的影响。

CO 可经胎盘进入胎儿体内，胎儿对 CO 的毒性比母体更敏感。急性 CO 中毒后幸存的孕妇，在出生后可遗留神经障碍或出现死胎。文献报道，CO 污染对孕妇非特异性免疫功能有抑制作用，不仅会影响孕妇的身体健康，还会影响胎儿的生长发育。流行病学调查表明，吸烟孕妇的胎儿出生时体重减轻，并有智力发育迟缓的现象。动物试验发现，妊娠小鼠吸入 156.3 mg/m³（125 ppm）CO，24 h 后可致胚胎毒性。

2. 氨（NH3）

氨是一种无色气体，带有强烈的辛辣气味。氨很少导致全身性中毒，其主要毒性作用是刺激黏膜，引起眼、鼻和喉的灼痛感。当大量暴露事故发生时，氨以两种方式损害接触的组织：一种是溶解于黏膜上的液体中，形成氨的氢氧化物损害组织，引起组织液化作用，这类似于强碱烧蚀发生的情况；组织损伤的第二种机制是由氨溶解于黏膜上的液体中时释放的热量引起的。

急性氨中毒时，轻度患者出现流泪、咽痛、声音嘶哑、咳嗽和咳痰等症状，眼结膜、鼻黏膜及咽部出现充血、水肿现象，胸部 X 线征象符合支气管炎。中度中毒时上述症状明显加剧，并出现呼吸困难、紫绀，胸部 X 线征象符合肺炎或间质性肺炎。氨中毒严重者可发生中毒性肺水肿，或有呼吸窘迫综合征，患者剧烈咳嗽，出现呼吸窘迫、谵妄、昏迷、休克等症状，并可导致喉头水肿或支气管黏膜坏死脱落窒息。高浓度氨可引起反射性呼吸停止。表 3-26 列出了氨暴露浓度与毒性效应的关系。

表 3-26　氨暴露浓度与毒性效应的关系

浓度/（mg·m^{-3}）（ppm）	暴露时间	毒 性 效 应
13.8（20）	—	对眼和呼吸道有轻微刺激
20.7（30）	10 min	部分人有刺激感
34.5（50）	10 min	部分人有中等刺激感
69（100）	2 h	刺激感明显

据文献报道，进入脑内的氨主要在星形胶质细胞内进行解毒。当进入脑内的氨量超过了其解毒能力或影响了星形胶质细胞本身的功能代谢时，将导致氨在脑内的蓄积，引起肝性脑病的发生。观察结果显示，高氨可引起星形胶质细胞结构损伤，且在此基础上星形胶质细胞出现增生修复现象。星形胶质细胞在高氨环境下所出现的变化可能是氨中毒的主要后果之一。

氨所致的胃黏膜损伤可能与其诱发白介素 1β-转化酶 mRA（Interleukin 1β-Converting Enzyme，ICEmRNA）表达，引起胃黏膜上皮细胞凋亡有关。有研究表明，NH_4^+主要通过影响电压依赖性钙离子通道的开启而导致细胞内钙稳态失调。NH_3中毒时所引起的各种脑的功能、代谢及结构改变有可能通过细胞内稳态失调机制实现。动物试验表明，大鼠每天（24 h）吸入 NH_3 20 mg/m^3，84 天后（或 5~6 h/天，7 个月后）可引起神经系统功能紊乱、血胆碱酯酶活性抑制等。吸入 1 138.4 mg/m^3（1 500 ppm）NH_3，3 h 即可使大肠杆菌发生突变。

3. 甲醇（Methanol）

甲醇是一种无色液体，沸点为 64.5 ℃，可经呼吸道、消化道和皮肤吸收，进入体内后在肝中被醇脱氢酶氧化为甲醛，然后生成甲酸。因此，甲醇对机体的毒作用除其本身外，还包括代谢后的甲醛和甲酸。

急性甲醇中毒可对眼部和中枢神经系统造成损害，而且还会出现代谢性酸中毒。短时间内大量吸入甲醇对眼部有轻度刺激，可引起视神经及视网膜病变，其中毒早期和晚期的视觉电生理改变基本一致，轻者表现为中毒性弱视，如眼痛、视物模糊、复视、视力下降等；重者视力出现严重障碍，服入 15 mL 甲醇就足以使人失明。急性甲醇中毒对中枢神经系统有麻醉作用，经过一段潜伏期后会出现头痛、头晕、乏力、步态不稳、酒醉感以及意识蒙眬、谵妄甚至昏迷等症状，并会造成周围神经损害及植物神经功能紊乱。出现代谢性酸中毒时会导致二氧化碳结合力下降、呼吸加速等。

甲醇对人体的慢性影响主要表现为神经衰弱综合征、植物神经功能失调、黏膜刺激、视力减退、皮肤脱脂、皮炎等症状。

甲醇的暴露浓度与毒性效应的关系见表 3-27。

表 3-27　甲醇的暴露浓度与毒性效应的关系

浓度/(mg·m^{-3}) (ppm)	暴露时间	毒 性 效 应
512 (391)	—	引起头痛和视力模糊的最低有害效应水平
478~4 035 (365~3 080)	1~40 h	出现头疼、恶心、头晕和视力模糊
1 572~10 480 (1 200~8 000)	4 年	视力显著下降

动物试验表明，吸入高浓度甲醇对胚胎和母体均有影响。妊娠大鼠吸入 10 000 ppm 时胚胎重量下降，但对母体的重量、行为、水和食物消耗无影响；吸入 20 000 ppm 时会引起肌肉、骨骼、心血管系统和泌尿系统发育异常，可导致胚胎畸形、孕鼠步态不稳。

4. 甲醛（HCHO）

甲醛（HCHO）是最简单的醛类，具有易挥发的特性，熔点 -92 ℃，沸点 -19.5 ℃。甲醛为无色气体，具有刺激性的气味，密度比空气略大，常温下易溶于水，常用的是 40% 水溶液或多聚甲醛。常压下，当温度大于 150 ℃时，甲醛分解为甲醇和 CO，有光照时很易催化氧化为 CO_2。甲醛易与空气中的示踪物和污染物发生化学反应，白天无 NO_2 时，甲醛的半衰期为 50 min；有 NO_2 时，下降为 35 min。室内甲醛主要来自装修材料及家具、吸烟、燃料燃烧和烹饪，它的释放速率与家用物品所含的甲醛量有关外，还与气温、气湿、风速有关。气温越高，甲醛释放越快；反之亦然。甲醛的水溶性很强，如果室内湿度大，则甲醛易溶于水雾中，滞留室内；如果室内湿度小，空气比较干燥，则容易向室外排放。

甲醛对皮肤和黏膜有强烈刺激作用，能引起视力和视网膜的选择性伤害，当浓度为 1 mg/m³ 时，可被人嗅到，长期接触甲醛可出现记忆力减弱、嗜睡等神经衰弱症状，可以引起遗传物质的空变、损伤染色体。表 3-28 给出了甲醛暴露与健康效应的剂量反应关系。

表 3-28　甲醛暴露与健康效应的剂量反应关系

甲醛浓度/($mg \cdot m^{-3}$)	人 体 反 应	甲醛浓度/($mg \cdot m^{-3}$)	人 体 反 应
0.0~0.05	无刺激性和不适	0.1~25	上呼吸道刺激反应
0.05~1.0	臭阈值	5.0~30	呼吸系统和肺部刺激反应
0.05~1.5	神经生理学影响	50~100	肺部水肿及肺炎
0.01~2.0	眼睛刺激反应	>100	死亡

　　长期低剂量接触甲醛，可降低机体免疫水平，引起神经衰弱，出现嗜睡、记忆力减退等症状，严重者可出现精神抑郁症。呼吸道长期受到刺激后，可引起肺功能下降。近年研究发现，连续两年吸入 19.6 mg/m³ 的甲醛，可使 F-334 大鼠产生鼻腔扁平细胞癌。体外试验发现甲醛能引起人和哺乳动物体细胞基因突变、DNA 单体断裂、DNA 交链等遗传物质的损伤，而且甲醛与苯并 [α] 芘联合作用能使 DNA 的单链断裂出现增强效应。但是，甲醛能否引起人体致癌，至今仍缺乏充分的流行病学调查资料。

5. 苯（C_6H_6）

　　苯是具有特殊芳香味的油状液体，沸点为 80.11 ℃。高浓度苯对中枢神经系统有麻醉作用，可引起急性中毒。长期吸入苯可引起骨骼细胞遗传物质的损伤，且早于外周血白细胞总数的变化。长期接触苯对造血系统也有损害，可引起慢性中毒。苯对造血系统的毒性作用是多方面的，既可导致造血细胞数量上的改变，也可引起功能上的抑制，并且具有一定的遗传学毒性作用。苯可以引起小鼠胸腺细胞凋亡，表明苯可通过诱导淋巴细胞凋亡而引起免疫机能障碍。苯及其主要代谢产物均能在小鼠骨髓细胞中形成 DNA 加合物，苯的代谢产物形成的 DNA 加合物与骨髓毒性有关。

　　急性苯中毒中，轻者出现头痛、头晕、恶心、呕吐、轻度兴奋、步态蹒跚等酒醉状态；严重者发生昏迷、抽搐、血压下降，直至呼吸和循环衰竭。大量、急性暴露于苯中会引起死亡。慢性苯中毒主要表现有神经衰弱综合征，造血系统改变，白细胞、血小板减少，重者出现再生障碍性贫血。少数病例在慢性中毒后可发生白血病（以急性粒细胞性为多见），皮肤会受到损害，有脱脂、干燥、皲裂、皮炎等症状。苯可导致月经量增多、经期延长。美国将苯定为持久毒性化合物、有毒污染物。国际癌症研究中心认为苯是人类致癌物质。

6. 丙酮（C_3H_6O）

　　丙酮对眼、鼻、喉有刺激性，口服后，口唇和咽喉有烧灼感，然后出现口干、呕吐、昏迷、酸中毒和酮症。急性丙酮中毒主要表现为对中枢神经系统的麻醉作用，患者出现乏力、恶心、头痛、头晕、易激动等症状。中毒严重者可发生呕吐、气急、痉挛，甚至昏迷。长期接触丙酮可出现眩晕、乏力、易激动等症状，并有灼烧感，而且会导致咽炎、支气管炎。皮肤长期反复接触丙酮可导致皮炎。

7. 乙醛（CH_3CHO）

乙醛不仅来源广泛，而且还具有潜在的致癌性，是最具环境意义的典型醛类污染物之一。国际癌症研究中心已经将乙醛列为 2B 组致癌物。目前对于乙醛的致癌机理尚不明了，主要集中于对 DNA 的损伤研究。低浓度乙醛可引起眼、鼻、上呼吸道刺激症状及支气管炎。高浓度乙醛有麻醉作用，可导致头痛、嗜睡、神志不清及支气管炎、肺水肿、腹泻、蛋白尿、肝和心肌脂肪性变，严重时可致死。误服乙醛会出现胃肠刺激症状、麻醉作用及心、肝、肾损害。乙醛对皮肤有致敏性，反复接触乙醛蒸气可引起皮炎和结膜炎。慢性乙醛中毒类似酒精中毒，患者会出现体重减轻、贫血、谵妄、视听幻觉、智力丧失和精神障碍等症状。

有研究报道，0.1 mmol/L 乙醛即能影响肢芽细胞的增殖分化，而在 2.0 mmol/L 以上时细胞则大量死亡，显示其细胞毒性。其 IP50、ID50 分别为 6.84 mmol/L 和 5.50 mmol/L。增殖分化抑制曲线经拟合后判断乙醛是一种非特异性增殖分化抑制物，具有发育毒性作用。低剂量酒精、乙醛并不会影响星形胶质细胞膜脂荧光偏振度和流动度，中剂量以上则可影响星形胶质细胞的 Pr 值，导致荧光偏振度降低。而细胞膜脂质流动度增高，与酒精、乙醛剂量均显著相关。同剂量酒精、乙醛对星形胶质细胞作用和流动度增加无显著性差异，但酒精、乙醛均可导致星形胶质细胞膜脂质流动性增加，致使细胞膜的结构改变。

动物试验表明，乙醛对胎鼠有毒性。

8. 甲苯（C_7H_8）

甲苯对皮肤和黏膜有刺激性，短时间内吸入较高浓度的甲苯可出现眼及上呼吸道明显的刺激症状，如眼结膜及咽部充血，并有头晕、头痛、恶心、呕吐、胸闷、四肢无力、步态蹒跚、意识模糊等症状，严重者会发生躁动、抽搐、昏迷。长期接触甲苯可发生神经衰弱综合征、肝肿大、月经异常等病症。皮肤长期接触可出现干燥、皲裂和皮炎。甲苯对中枢神经系统有麻醉作用。

动物试验表明，甲苯可致妊娠大鼠胚胎毒性和肌肉发育异常。

9. 二甲苯（C_8H_{10}）

二甲苯对眼及上呼吸道有刺激作用，浓度高时对中枢神经系统有麻醉作用。短期内吸入较高浓度二甲苯可出现眼及上呼吸道明显的刺激症状，如眼结膜及咽充血、头晕、头痛、恶心、呕吐、胸闷、四肢无力、意识模糊、步态蹒跚等症状。严重者可出现躁动、抽搐或昏迷症状，有的还有癫病样发作。长期接触二甲苯可导致神经衰弱综合征、月经异常。皮肤长期接触可出现干燥、皲裂、皮炎。

动物试验表明，大鼠脑一氧化氮（NO）含量升高可能与二甲苯的神经毒作用有关。二甲苯可使大鼠在单位时间内的行走次数减少、学习记忆能力下降，而对肌肉协调能力无明显影响。妊娠大鼠吸入 19 mg/m³（最低中毒浓度 TCL_0，24 小时）可引起肌肉骨骼发育异常。

10. 乙苯（C_8H_{10}）

乙苯对皮肤及黏膜有较强刺激性，高浓度乙苯有麻醉作用。急性中毒中轻者有头晕、头痛、恶心、呕吐、步态蹒跚、轻度意识障碍及眼和上呼吸道刺激症状；重者发生昏迷、抽搐、血压下降及呼吸、循环衰竭，并损害肝。直接吸入乙苯液体可导致化学性肺炎和肺水肿，长期接触低浓度乙苯可出现眼及上呼吸道刺激症状、神经衰弱综合征、皮肤粗糙、皲裂甚至脱皮。

动物试验表明，乙苯可使妊娠大鼠胚胎发育迟缓。

11. 三氯乙烯（C_2HCl_3）

三氯乙烯主要对中枢神经系统有麻醉作用，亦可引起肝、肾、心脏及三叉神经损害。短时间内接触（吸入、经皮或口服）大量三氯乙烯可引起急性中毒，吸入极高浓度的三氯乙烯可迅速导致昏迷。吸入高浓度三氯乙烯后可出现眼和上呼吸道刺激症状，接触三氯乙烯数小时后会出现头痛、头晕、酩酊感、嗜睡等症状，严重者可发生谵妄、抽搐、昏迷、呼吸麻痹、循环衰竭。三氯乙烯急性中毒可导致以三叉神经损害为主的颅神经损害。心脏损害主要为心律失常，并会损害肝肾。慢性三氯乙烯中毒会出现头痛、头晕、乏力、睡眠障碍等症状，导致胃肠功能紊乱、周围神经炎、心肌损害、三叉神经麻痹和肝损害，并会损害皮肤。

动物试验表明，三氯乙烯可诱发小鼠及人外周血有核细胞 DNA 链断裂。三氯乙烯经消化道中毒时，对肝脏影响较大。妊娠大鼠吸入三氯乙烯可引起肌肉骨骼发育异常及其他发育异常。

12. 四氯乙烯（C_2Cl_4）

四氯乙烯有刺激和麻醉作用。急性中毒时患者有上呼吸道刺激症状、流泪、流涎，随之出现头晕、头痛、恶心、运动失调及酒醉样症状。口服四氯乙烯后出现头晕、头痛、倦睡、恶心、呕吐、腹痛、视力模糊、四肢麻木等症状，甚至出现兴奋不安、抽搐乃至昏迷，可致死。长期接触低浓度四氯乙烯有乏力、眩晕、恶心、酩酊感等症状，并可损害肝。皮肤反复接触，可导致皮炎和湿疹。

动物试验表明，四氯乙烯可使妊娠大鼠和妊娠小鼠有胚胎毒性。

13. 挥发性有机化合物

挥发性有机化合物（VOCs）是一类重要的室内空气污染物，是指在常温下饱和蒸气压约大于 70 Pa、常压下沸点在 260 ℃ 以内的有机化合物；从环境监测角度来讲，指以氢火焰离子检测器测出的非甲烷烃类总称，包括烃类、氧烃类、卤烃类、氮烃类及硫烃类化合物，主要指 C3 ~ C8 有机化合物。这类污染物主要来源于室内装修过程中使用的产品，包括装饰材料、胶黏剂、涂料、空气清新剂等，这类产品及原材料中均含有大量 VOCs，同时在室外大气中亦含有一定量的挥发性有机化合物，它们渗透进入室内的污染不应忽视。20 世纪 70 年代，在发达国家的一些办公室和学校相继出现一些非特异性症状，主要表现为眼、鼻和咽喉部刺激、干燥，甚至感到疲乏无力、不适、头痛、记忆力减退等，经过诊断和科学研究，认为是工作人员和学生长期暴露于含有 VOCs 的室内环境所致。至此，VOCs 对人体健康的影响才开始受到重视。

VOCs 的健康效应主要表现为刺激作用，尤其对眼、鼻、咽喉及头、颈和面部皮肤，引起头痛、头晕、神经衰弱和皮肤、黏膜的炎症。表 3-29 给出了总挥发性有机化合物（VOCs）暴露与健康效应的剂量反应关系。

表 3-29　VOCs 暴露与健康效应的剂量反应关系

VOCs 浓度 /(mg·m⁻³)	刺激和不适	暴露范围分类
0.2	无刺激性和不适	适应范围
0.2 ~ 3.0	其他暴露因素联合作用时可能出现刺激和不适	多因素暴露协同作用范围
3.0 ~ 25	出现刺激和不适；其他暴露因素联合作用时，可能出现头痛	
>25	除头痛外，可能出现其他神经毒性作用	中毒范围

由表 3-30 可知，VOCs 浓度小于 0.02 mg/m³ 时不会引起刺激反应和不适；而大于 3 mg/m³ 时就会出现某些症状；3 ~ 25 mg/m³ 时可导致头痛和其他弱神经毒作用；大于 25 mg/m³ 时呈现毒性反应。

14. 颗粒物

对人体健康的危害包括：对呼吸道的毒害作用，损害下呼吸道和肺泡的功能，影响机体的免疫功能；吸附有害气体产生协同毒害作用，吸收太阳辐射产生致突变性和致癌性等。图 2.2 和图 2.3 分别给出了 PM2.5 与儿童感冒、咳嗽患病率和支气管炎患病率之间的相关关系，可见两者之间呈正相关关系，即 PM2.5 污染程度越高，儿童感冒、咳嗽和支气管炎的患病率越高，对身体危害越严重。

15. 生物污染物

生物污染物是室内三大类污染物之一。室内的生物性污染对人体健康的影响已有几百年的研究历史。例如，我们已知的肺炎、结核、麻疹、流行性感冒等呼吸道传染病都是由生物性病原体引起的，此类呼吸传染病与室内空气不新鲜有很大关系。如果室内经常通风换气，就可以减少这些传染病的传播。随着建筑物密闭性的增强，出现了很多与室内生物污染相关的疾病。常见的生物性污染物及其带来的疾病有军团菌与军团菌病、真菌与变应性疾病、尘螨与变应性疾病及其他菌落与相应的变应性疾病。

1）军团菌与军团菌病

军团菌是革兰阴性杆菌，有 34 种之多，最常见的是嗜肺军团菌，每种团菌又可分出多种血清型，目前还在不断发现新的菌型。军团菌生存能力能强，生存的温度为 5 ℃ ~ 50 ℃，pH 值为 5.5 ~ 9.2。军团菌的生存范围很广，在天然的河水、池塘水、泉水中能生存几个月，在自来水中能生存一年以上，在蒸馏水中也能存活几个星期，能广泛存在于人工管道内的水中，例如大型储水器中的水、冷却水、冷凝水、温水、游泳池水、浴池水、加湿器水和喷雾器水等。若这类水以喷雾形式使用，则军团菌就会随水雾一起进入空气，成为军团菌病的致病源。军团菌的潜伏期长短不等，短的可在 1 天半内发病，长的可达 19 天，大多数人都在第 2 ~ 10 天内发病。军团菌能侵犯各年龄组的人群，但对老年人群更为严重。此病初期有不适感，发烧、头痛、肌痛等，很像流感症状，继而出现高烧、怕冷、咳嗽、胸痛，所以当按照常规的肺部感染进行治疗而不见效时，应考虑到是军团菌病。军团菌病的首选治疗药物是红霉素和利福平。由于经常少量感染军团菌，有些人已成为带菌者，成为隐性感染者，这些人自身已有一定的免疫力，但一旦抵抗力下降，也会发病。

2）真菌与变应性疾病

真菌除霉菌外，还有不发霉的菌株。人体变态反应主要是由真菌的孢子、菌丝和代谢产物引起的，其中最主要的是真菌孢子。真菌孢子的数量大、体积小、质量轻，最易脱落后扩散到空气中，在空气中四处飘浮，进入人体呼吸道的深部，引起人体变应性疾病。真菌是以吸入为主的变应原，主要引起呼吸道的过敏，个别病人可引起皮肤过敏或眼部过敏，出现皮肤瘙痒、麻疹或出现流泪、眼痒、眼周围红肿等。

真菌适宜生存在空气湿润、温暖、阴暗的地方，只要气候合适，即使只有极少量的有机物（营养条件）也能生长。近年来，由于气候条件和居住条件的变化，由室内真菌引起过敏的人数不断增多。

3）尘螨与变应性疾病

螨虫属于节肢动物，有很多种类，尘螨就是其中之一。尘螨也有很多种类，室内最常见尘螨的大小为 0.2～0.3 mm，在低倍显微镜下就能看到，能在室温 20 ℃～30 ℃ 环境中生存，最适宜温度是（25±2）℃，如果气温达到 44 ℃ 时，在 24 h 内能全部死亡，低于 10 ℃ 时不能生存。其合适的湿度是 75%～85%，湿度低于 33% 时会失水而死亡，在湿度高于 85% 环境中宜生长霉菌而不利于尘螨生存。尘螨适宜在空气不流通、温度和湿度适宜，而且密闭的环境中生存，但对环境的抵抗力很弱。尘螨普遍存在于人类居住和工作的环境中，是一类极强的变应原，能引起呼吸道过敏和皮肤过敏，主要症状是哮喘、过敏性鼻炎、过敏性皮炎和荨麻疹等。

尘螨主要滋生在室内的床上、被褥内和枕头下。近年来，由于室内使用空调，小气候合适，房屋的密封性更好，室内空气流通性更差，再加上室内的纺织品装饰增多，故尘螨还常滋生在窗帘、沙发、挂毯和地毯等物品内。

四、与污染相关疾病的诊断

对环境健康效应的诊断主要是以病史和临床调研为基础。医师已经意识到空气质量因素可能就是造成疾病或人体不适的主要原因，并清楚不同病原因素表现出来的最明显症状。完整病史及身体检查需要涉及的相关要素如下：

（1）对所识别的疾病类型的客观表述，如鼻炎、支气管炎、哮喘、超敏性肺炎、皮炎；

（2）相关状况（如黏膜发炎、疼痛），复杂因素（即伴随问题）；

（3）重视早先的状况（如遗传性过敏体质、哮喘等）；

（4）准确记录疾病的突发历史及与环境的关系，包括离开密闭舱室时的身体状况及每次疾病突发的时间图；

（5）可能影响到疾病的个人习惯（比如吸烟）；

（6）重视人们对空气质量的抱怨和对其他包含非确定症状的反映。

污染相关疾病可分为上呼吸道疾病、哮喘、超敏性肺炎（过敏性肺泡炎）、中毒反应、传染性疾病（病毒、细菌、真菌）、皮炎、非特定的环境过敏症、感官效应和其他神经系统效应、癌症和生殖效应等几大类。

（一）上呼吸道疾病

空气污染物或空气质量变化容易引起上呼吸道的解剖学变化或功能变化，鼻、咽、喉黏膜会直接或通过过敏机制受到影响。鼻炎是一种非常普遍的疾病，一旦产生过敏，会引起鼻窦炎和结膜炎，鼻窦中鼻息肉的增大会导致过敏性鼻窦炎的恶化，事实上当病人患有过敏性鼻炎和鼻窦炎时，经常伴随着眼部炎症、鼻窦鼓胀、头痛、鼻腔堵塞、打喷嚏、鼻流清涕、喉咙干燥、干咳等症状，此外还会出现佩戴隐形眼镜感到困难、眼睛流泪发痒并且早上经常会分泌一些凝胶状的黏膜物质。

上呼吸道疾病的鉴别诊断包括对嗜曙红细胞过多的非过敏性鼻炎（NARES）的诊断（其主要特征是鼻子分泌物中嗜曙红细胞增多）、正常 IgE 浓度测定以及对局部皮脂类固醇治疗和对抗组胺剂最低限度的反应等。当感染了分泌物中不含嗜曙红细胞的非过敏性鼻炎（血管收缩性鼻炎）时，会表现出由温度、湿度变化或情绪变化引起持续性的且与特定过敏原无关的症状。传染性鼻炎的主要特征是鼻子分泌出黏稠的脓，许多化学物质是柱状细胞的脱粒物质或组胺释放体，会引起与过敏性鼻炎相似的症状（表 3-30）。

表 3-30　上呼吸道感染的症状及诊断

症状	眼部炎症、鼻窦鼓胀、头痛、鼻腔堵塞、打喷嚏、鼻流清涕、喉咙干燥、干咳、佩戴隐形眼镜困难、发痒。 过敏性鼻窦炎（可能由鼻息肉引起）。 不常发生的疾病：眼睛流泪、发痒，并且早上经常会分泌一些凝胶状的黏膜物质，易怒、疲倦、失望引起的健康失衡
体格检查	鼻镜检查：浮肿的鼻甲骨上附着稀薄的分泌物，鼻黏膜肿胀、结膜充血及浮肿
试验测试	直接皮肤测试（抓、刺或皮层内测试）：过敏性皮肤测试结果为出现水疱、红斑。 冲洗鼻子发现嗜曙红细胞显著增加，可以用此来鉴别传染性鼻炎和非传染性鼻炎。 IgE 浓度通常会增加。但如果想通过 IgE 浓度来诊断特定的病原，则还需要进行放射性过敏吸附测试（RAST），或进行酶联免疫吸收剂分析（ELISA）。为了减少错误的阳性结果的影响，不能仅以皮肤测试结果或 IgE 浓度为依据进行诊断，还应注意皮肤刺激试验反应的临床史

续表

鉴别诊断	NARES（嗜曙红血球增多的非过敏性鼻炎）——常规的血清 IgE 浓度，可能仅很好地适用于局部皮质类固醇疗法。 无嗜曙红细胞增多现象的非过敏性鼻炎（血管收缩性鼻炎）——与特定暴露病原无关的长期症状：温度或湿度变化引发的症状。 传染性鼻炎——鼻子所排放的黏稠含脓物质中含有嗜中性粒细胞，与嗜曙红细胞相对。 许多化学物质属于柱状细胞脱粒剂或组胺释放体，引发的病症与过敏性疾病类似。 诱病因素是个人或家族的各种遗传性疾病

1. 哮喘

哮喘通常被定义为可逆的呼吸道阻塞，其特征为支气管不适及相关的呼吸道炎症。在过敏性哮喘中可能出现支气管直接或滞后的免疫反应，而在非过敏性哮喘中主要是非特定的支气管发炎。

哮喘诊断最早是根据一些历史事实提出的，当人们不工作或休假时呼吸系统病症（咳嗽、喘气或窒息）明显减轻。对个体病症的确定通常由测定一系列峰值呼吸速率得到，在职业哮喘病的研究中，该法得到了很好的建立和应用，随测量数量的不同，灵敏度可达 50% ~ 80%，当考虑到吸入类固醇因素时，敏感度会由只吸入支气管扩张物质时的 80% 降到 50%。针对 15 名由于受污加湿器引起职业哮喘病工人的研究表明：每周的第一天哮喘最厉害，一周内逐渐恶化；患有渐进式哮喘病的一组工人都被发现拥有严重的遗传性过敏性体质，且其中大部分人在进行对加湿器释放物的皮肤过敏性试验中呈阳性。室内甲基胆碱/组胺浓度的增加，也会导致职业哮喘病的发生。

2. 过敏性肺泡炎

过敏性肺泡炎（超敏性肺炎）是一种肺部发炎的疾病，它是由于长期或密集暴露于含有细有机尘埃的空气中引起的，主要特征是肺泡肿胀及发炎，临床表现有急性、亚急性和潜性等三种形式。急性症状的特征是发烧、头痛、不舒服、无精打采、发冷、咳嗽、呼吸困难、多痰、厌食、体重减轻等。研究表明，症状与环境之间存在着一种临时关系，即在暴露之后的 4 ~ 6 h 症状才会出现，而且两次暴露之间病人不显现症状。亚急性肺泡炎通常持续几周左右，其症状是咳嗽及呼吸困难，并在间歇阶段中会有急性病的出现。潜性肺泡炎的症状是逐渐加重的，可能会有间歇的急性时期及逐渐恶化的呼吸困难。

过敏性肺泡炎主要与空调系统通风有关，相关调研认为是由于嗜热放射菌污染了空调系统而造成的。它的诊断是通过支气管刺激、免疫学测试和肺部活组织切片检查来确定的。美国针对 93 个可疑家庭进行的流行病学调研表明，74%的家庭中都具备耐热放射菌滋生的良好条件。

（二）中毒反应

当人体暴露于微生物污染的室内空气中时，微生物的代谢副产物（毒汁菌素和大量的各种挥发性有机物）引起机体中毒，已分离出来能引起中毒反应的微生物有曲霉菌、青霉菌、金丝菌素的芽体、红酵母和酵母等，主要症状有伤风流感、咽喉疼痛、腹泻、头痛、疲倦、皮炎、局部秃头症以及身体不适等。

（三）皮炎

过敏性接触皮炎的主要征兆是湿疹皮炎或风疹皮炎，以及可能引起局部色素沉淀的红水肿、蜕皮、水疱等。如果是慢性暴露，则可引起苔藓样硬化红斑的蜕皮。过敏性接触皮炎一般在暴露后 1~2 天内发生过，1~2 天后恢复。特定的可能引起皮炎的因素主要包括空气流速、高温及空气中的纤维物质等。

（四）非特定的环境过敏症

不同个体对环境因子的敏感程度差异很大，只有少数人有着相似的敏感度，主要归因于个体对环境的超敏性或化学物的灵敏度不同。

研究表明，受过高等教育的人和女性更易患非特定的环境过敏症，症状通常是不确定且多样化的，主要包括举止异常、疲倦、沮丧、精神失调、肌肉疼痛、呼吸道及泌尿系统发炎等。感染人群的生病程度也各不相同，从轻微不适到全身残疾都有可能。

（五）感官效应和其他神经系统效应

感官效应是对暴露环境的感官反应。暴露于环境中的主要感觉包括听觉、视力、嗅觉、味觉以及皮肤、黏膜的常规化学感觉。在室内环境中存在两种主要的感知：第一种包括对周边物理、化学环境的感知；第二种指对体内或体表反应的感知。响应者经常不能将某个单一的感官系统识别为空气中化学物质干扰感觉的基础，感觉会受到许多因素的影响，如皮肤在环境中的暴露历史和黏膜的温度、感官刺激等。

众所周知，环境暴露能影响到神经系统，影响幅度从分子水平到行为异常。由于中枢神经系统的神经通常不能再生，故它们所受到的毒害作用通常也是不可治愈的。当氧气来源耗尽时神经细胞就变得相当脆弱，而且，如果神经细胞在化学物质中暴露很长时间，则这些物质可以进入中枢神经系统。由于神经细胞代谢物质侵入的速度比较慢，所以危险物质在中枢神经系统中积累的风险要大于在身体其他组织中的积累。许多溶剂会影响神经细胞和神经信号的传输，如使用麻醉剂会产生麻醉效果。研究表明，一些中枢神经引起的健康失调与环境中有毒污染物的暴露有关。

（六）癌症和生殖效应

在特定的暴露情况下的流行病学研究表明，一些空气污染物如甲醛等均与癌症有关，其中肺癌是与室内空气相关联的最主要的一种癌症。

研究表明，人类的生殖效应与环境中的化学物质是有关联的，但室内空气对其影响的程度到底有多大尚不清楚，有待进一步探讨。

五、乘员舱大气污染物最高容许浓度的制定

（一）概念

要求载人航天器舱室大气化学污染物的水平为零是不可能的，而且也是没有必要的。卫生毒理学者的任务之一，就是制定一个合适的污染水平作为航天员安全和健康的保障标准，这个污染水平的上限值称为最高容许浓度。舱内空气污染物的最高容许浓度（Spacecraft Maximum Allowable Concentration，SMAC），即在规定的暴露时间内不危害乘员生命安全、身心健康和工作效能的舱内污染物的最高浓度。不同的环境有不同的保障水平，相应就有不同的最高容许浓度，如车间大气有害物质最高容许浓度、居室大气有害物质最高容许浓度、潜艇舱室大气有害物质最高容许浓度等。航天最高容许浓度（英文缩写为SMACs）的概念是，在正常航天情况下，不引起任何病理变化、不产生明显不适的气味、不引起刺激性反应、不降低航天员完成必需任务的工作效率的浓度。在航天应急情况下，保障水平相应降低，航天应急容许浓度的概念是，在直到24 h的应急暴露状态下，对航天员完成特定的任务没有影响，不引起严重的或永久性的损害，但可引起可逆性的影响，这种影响将不能损害或妨碍航天员对诸如火灾事故等应急情况的判断和正常反应。

（二）制定方法

制定污染物 SMACs 的第一步是收集和审核该污染物所有有意义的资料，包括下列内容：化学-物理特性；结构-活性关系；活体外毒性研究；动物毒性研究；人体临床研究；流行病学研究。

人体暴露的剂量-反应资料最有意义，与来自动物暴露和体外试验资料相比，应优先采用人体吸入暴露的有效资料。当缺乏人体暴露毒性资料时，往往根据动物毒性资料的外推来评估对人的影响，这要求采用在药效学和药代动力学方面与人最相似的动物种属的毒性资料。从动物资料外推到人的安全水平时，通常采用"安全性"或"不确定性"系数，该系数的大小决定于用来确定"未观察到有害影响水平"（NOAEL）的动物资料的质量，通常为 $0.1 \sim 0.01$。在毒性资料审核和采用合适的安全系数的基础上，制定不同暴露时间的 SMACs。

通常从急性暴露毒性资料来推导 1 h 应急的 SMACs，然后根据 Haber 定律（即浓度与暴露时间的积为常数）从 1 h 应急的 SMACs 来推导出 24 h 应急的 SMACs。

从慢性暴露研究资料来推导 7 天、30 天或 180 天暴露的 SMACs。对于影响几个器官系统或多效应的污染物，所有的毒性终点都应被评价，包括生殖的、发育的、致癌的、神经毒的、呼吸毒的和其他有关器官影响，且注重最重要的和最敏感的影响。对于致癌污染物，它们的 SMACs 是建立在终生致癌风险度不大于暴露人群 0.01% 的评估基础上的。如果已知某污染物的毒性效应能被微重力因素增强，则还应考虑附加的安全系数。

（三）现行的航天最高容许浓度（SMACs）

苏联/俄罗斯及美国，在分析载人航天任务和调查载人航天器舱内污染状况的基础上，对各自的载人航天器分阶段制定了 SMACs。

作为第一载人航天大国，苏联/俄罗斯在 1995 年以前，提出了《航天器舱内有害微量污染物最高容许浓度及清除方法》（见表 3-31）。1995 年，俄罗斯系统总结了 30 余年的载人航天经验，形成了俄罗斯联邦国家标准《载人航天器中航天员的居住环境医学-工程总要求》，在该标准"对气体环境的要求"中规定了 109 种污染物 15~360 天的最高容许浓度（其中要求短期和中长期飞行均需关注的污染物有氨、一氧化碳、丙酮、C5~C8 碳氢化合物、乙二醇等，见表 3-32），规定了短时间（5 min~6 h）接触 11 种污染物的最高容许浓度（一氧化碳、2-丙酮、氨基化合物、氨、醋酸丁酯、乙基醚、酚、甲醛、氢氰酸、氯化氢、氟化氢，见表 3-33）。

表 3-31　苏联 10~15 天飞行舱内有害气体最高容许浓度（SMACs）及清除方法

mg/m³

污染物	SMAC	清除方法	污染物	SMAC	清除方法	污染物	SMAC	清除方法
一氧化碳	5~10	用催化剂	酮类（丙酮）	4	用活性炭	硫化氢	1	用活性炭
醛类	1	用活性炭	胺类（氨）	5	用活性炭	甲烷	0.5	用催化剂
脂肪酸（乙酸）	2~5	用活性炭	碳氢化合物	10~86	用催化剂	硫醇	0.2~2	用催化剂
			氮的氧化物	1	用活性炭	吲哚	0.5	用活性炭

表 3-32　苏联 15~360 d 飞行航天器舱内有微量污染物最高容许浓度

mg/m³

污染物	15 天	30 天	60 天	90 天	180 天	360 天
氨	5	2~5	2~5	1~5	1~5	1
一氧化碳	10	10	10	10	5	5
丙酮	5	3~5	1~5	1~5	1~2	1~2
C5~C8 碳氢化合物	100	50	50	50	20	20
乙二醇	100	—	—	—	—	1
二氧化碳	1.33	1.04	1.04	1.04	1.04	0.79
注："—"表示无数据						

表 3-33　俄罗斯航天器舱内有害污染物短时间接触的最高容许浓度

mg/m³

污染物	来源	5 min	20 min	30 min	1 h	2 h	4 h	6 h
一氧化碳	人, 材料	750	500	—	—	—	—	15
2-丙酮	人, 材料	—	—	3 000	1 500	750	375	50
氨基化合物	人, 材料	—	—	—	—	—	—	1
氨	人, 材料	—	—	—	—	—	—	5
醋酸丁酯	人	—	—	1 412	1 062	799	601	502
乙基醚	材料	—	—	1 642	1 194	868	631	524
酚	材料	—	—	—	—	—	—	0.3
甲醛	材料	—	—	—	1	—	—	—
氢氰酸	材料	—	—	—	5	—	—	—
氯化氢	材料	—	—	—	10	—	—	—
氟化氢	材料	—	—	—	5	—	—	—
注："—"表示无数据								

此外，该标准还明确要求：舱内排出的污染物应该用生命活动保障体系中的气体成分保障方法来进行，通过环境控制系统将舱内污染物的含量限制在最高容许浓度范围内。

该标准还规定：在舱内空气中同时含有相同毒性作用的几种污染物时，空气毒性综合指标（即各种污染物的实际浓度与最高容许浓度比值之和）应当<1。

美国在总结早期载人航天器水星号、双子星座号和阿波罗号飞船、空间实验室以及航天飞机的舱内污染物控制经验的基础上，于1993年确定了舱内28种污染物暴露接触1 h~180 d的SMACs及毒作用特性。在国际空间站第1个组件曙光号舱和第2个组件团结号舱发射成功后的第二年（即1999年），美国航空航天局（NASA）约翰逊航天中心（JSC）毒理学专题组（Toxicology Group）又公布了52种舱内污染物暴露接触1 h~180 d的SMACs及毒作用靶器官与毒效应。对比可知，有21种污染物在两次公布的污染物名单中均被涉及，详见表3-34。

1999年NASA/JSC毒理学专题组制定的52种污染物SMACs，与1993年的28种污染物SMACs相比较，多了24种，其中主要有与火灾热解产物有关的氯化氢、氢氰酸，与制冷剂泄漏有关的氟利昂11、12、21、22等，与材料脱出物有关的苯、氯仿、C3~C8脂肪族饱和醛等。提示，舱内电绝缘材料高温热解、制冷剂外漏、非金属材料有机污染物挥发等是舱内污染控制的重点。

在美国JSC20584《航天器舱内空气污染物最高容许浓度》标准性文件中，还提出了判断舱内空气质量是否可被接受的判据指标：组毒性综合指数T_{grp}。T_{grp}定义为毒效应相同的1组化学污染物（注：在实际使用时，包括所有检出污染物）中，各种污染物的实际浓度与最高容许浓度比值之和，即$T_{grp}=C_1/\text{SMAC}_1+C_2/\text{SMAC}_2+\cdots+C_n/\text{SMAC}_n$，并规定当$T_{grp}<1$时，舱内空气质量才是可接受的。截至JSC20584文件出台，NASA已经出版了VOLUME1~VOLUME4四本专著，对51种舱内污染物SMACs的制定进行了论述。此外，JSC毒理学专题组还收集了非官方的"族化合物最高容许浓度（group SMACs）"供查阅。这些情况反映出，随着载人航天的深入发展，对可能出现的舱内污染物的认识也在逐步加深。

欧盟作为国际空间站的主要伙伴，结合自己的实际，于1997年形成《航天器舱内微量污染物最高容许浓度》欧洲航天局标准。该标准列出了丙酮、氨、苯、哈龙1301、一氧化碳、肼、甲基肼、二氧化氮、四氧化二氮等26种污染物暴露接触6 h、10天的SMACs，详见表3-35。

表 3-34　美国载人航天器舱内 21 种主要污染物暴露时限最高容许浓度及污染物靶器官与毒效应（摘自 JSC20584）

序号	污染物	1 h				24 h				7 天				30 天				180 天			
		ppm	靶器官	mg/m³	毒效应	ppm	靶器官	mg/m³	毒效应	ppm	靶器官	mg/m³	毒效应	ppm	靶器官	mg/m³	毒效应	ppm	靶器官	mg/m³	毒效应
1	乙醛（致癌物）	12	黏膜	22	刺激	6	黏膜	10	刺激	2	黏膜	4	刺激	2	黏膜	4	刺激	2	黏膜	4	刺激
2	氨	30	黏膜	20	刺激	20	黏膜	14	刺激	10	黏膜	7	刺激	10	黏膜	7	刺激	10	黏膜	7	刺激
3	二氧化碳	13 000	中枢神经	23 000	换气过度 视力受损	13 000	中枢神经	23 000	换气过度 视力受损	7 000	中枢神经	13 000	换气过度	7 000	中枢神经	13 000	换气过度	7 000	中枢神经	13 000	换气过度
4	一氧化碳	55	中枢神经 心脏	63	中枢神经抑制 心律失常	20	中枢神经 心脏	23	中枢神经抑制 心律失常	10	中枢神经 心脏	11	中枢神经抑制 心律失常	10	中枢神经 心脏	11	中枢神经抑制 心律失常	10	中枢神经 心脏	11	中枢神经抑制 心律失常
5	甲醛（致癌物）	0.4	黏膜	0.5	刺激	0.1	黏膜	0.12	刺激	0.04	黏膜	0.05	刺激	0.04	黏膜	0.05	刺激	0.04	黏膜	0.05	刺激
6	氟利昂 113	50	心脏	400	心律失常	50	心脏	400	心律失常	50	心脏	400	心律失常	50	心脏	400	心律失常	50	心脏	400	心律失常
7	肼（致癌物）	4	—	5	死亡	0.3	肝脏	0.4	肝脏毒性	0.04	肝脏	0.05	肝脏毒性	0.02	肝脏 鼻	0.03	肝脏毒性 肝脏增生 癌症	0.004	肝脏 鼻	0.005	肝脏毒性 肝脏增生 癌症
8	氢	4 100		340	爆炸	4 100		340	爆炸	4 100		340	爆炸	4 100		340	爆炸	4 100		340	爆炸

序号	污染物	1h ppm	1h 靶器官	1h mg/m³	1h 毒效应	24h ppm	24h 靶器官	24h mg/m³	24h 毒效应	7天 ppm	7天 靶器官	7天 mg/m³	7天 毒效应	30天 ppm	30天 靶器官	30天 mg/m³	30天 毒效应	180天 ppm	180天 靶器官	180天 mg/m³	180天 毒效应
9	吲哚	1.0	中枢神经	5.0	恶心	0.3	中枢神经	1.5	恶心	0.05	中枢神经	0.25	恶心	0.05	中枢神经	0.25	恶心	0.05	中枢神经	0.25	恶心
10	汞	0.01	肺脏	0.1	刺激	0.002	肺脏	0.02	刺激	0.001	中枢神经/肾脏	0.01	神经毒性/肾脏毒性	0.001	中枢神经/肾脏	0.01	神经毒性/肾脏毒性	0.001	中枢神经/肾脏	0.01	神经毒性/肾脏毒性
11	甲烷	5 300		3 800	爆炸	5 300		3 800	爆炸	5 300		3 800	爆炸	5 300		3 800	爆炸	5 300		3 800	爆炸
12	甲醇	30	眼睛	40	视觉模糊	10	眼睛	13	视觉模糊	7	眼睛	9	视觉模糊	7	眼睛	9	视觉模糊	7	眼睛	9	视觉模糊
13	丁酮	50	黏膜	150	刺激	50	黏膜	150	刺激	10	黏膜	30	刺激	10	黏膜	30	刺激	10	黏膜	30	刺激
14	甲基肼（致癌物）	0.002	鼻	0.004	嗅觉受损	0.002	鼻	0.004	嗅觉受损	0.002	鼻	0.004	嗅觉受损	0.002	鼻	0.004	嗅觉受损	0.002	鼻	0.004	嗅觉受损
15	二氯甲烷（致癌物）	100	中枢神经	350	中枢抑制	35	中枢神经	120	中枢抑制	15	中枢神经	50	中枢抑制	5	肝脏	20	肝脏毒性	3	肝脏	10	肝脏毒性
16	硝基甲烷	25	血液	65	贫血	15	血液	40	贫血	7	血液	18	贫血	7	血液	18	贫血	5	血液	13	贫血
17	八甲基三硅氧烷	400	—	4 000	死亡	200	肝脏/肾脏	2 000	死亡/肝脏毒性/肾脏毒性	100	肝脏/肾脏	1 000	肝脏毒性/肾脏毒性	20	肝脏/肾脏	200	肝脏毒性/肾脏毒性	4	肝脏/肾脏	40	肝脏毒性/肾脏毒性

续表

序号	污染物	1 h ppm 靶器官	1 h mg/m³ 毒效应	24 h ppm 靶器官	24 h mg/m³ 毒效应	7 天 ppm 靶器官	7 天 mg/m³ 毒效应	30 天 ppm 靶器官	30 天 mg/m³ 毒效应	180 天 ppm 靶器官	180 天 mg/m³ 毒效应
18	2-丙醇	400 中枢神经 黏膜	1 000 中枢抑制 刺激	100 中枢神经 黏膜 肝脏	240 中枢抑制 刺激 肝脏毒性	60 中枢神经 黏膜 肝脏	150 中枢抑制 刺激 肝脏毒性	60 中枢神经 黏膜 周围神经	150 中枢抑制 刺激 传导减慢	60 中枢神经 黏膜	150 中枢抑制 刺激
19	甲苯	16 中枢神经	60 中枢抑制	16 中枢神经	60 中枢抑制	16 中枢神经 黏膜	60 中枢抑制 刺激	16 中枢神经 黏膜	60 中枢抑制 刺激	16 中枢神经 黏膜	60 中枢抑制 刺激
20	三氯乙烯（可疑致癌物）	50 中枢神经 心脏	270 中枢抑制 心律失常	11 中枢神经	60 中枢抑制	9 肾脏 肝脏	50 肾脏毒性 肝脏毒性	4 肾脏 肝脏	20 肾脏毒性 肝脏毒性	2 多种器官 肾脏 肝脏	10 肿瘤 肾脏毒性 肝脏毒性
21	二甲苯	100 黏膜 中枢神经	430 刺激 中枢抑制	100 黏膜	430 刺激	50 黏膜	220 刺激	50 黏膜	220 刺激	50 黏膜	220 刺激

注：表中"空白"，表示无内容。

（摘自 JSC20584）

表 3-35　欧洲航天局航天器舱内微量污染物最高容许浓度

污染物	6 h		10 天	
	ppm	mg/m	ppm	mg/m
丙酮	750	1 780	200	475
氨	25	18	25	18
苯	10	30	2	7
哈龙 1301	1 000	6 100	100	610
2-丁酮	200	590	50	140
一氧化碳	50	55	20	23
十甲基四硅氧烷	70	480	15	115
二氯甲烷	100	350	25	85
乙醇	1 000	1 900	240	450
氟利昂 11	1 000	5 600	100	560
正己烷	50	180	12	43
氢	12 250	1 000	3 000	245
肼	0.015	0.02	0.004	0.005
甲烷	5 000	3 280	5 000	3 280
甲醇	200	260	50	60
甲基肼	0.03	0.06	0.01	0.02
二氧化氮	—	—	0.5	0.94
四氧化二氮	3	6	0.7	1.4
2-丙醇	500	590	50	120
甲苯	100	375	20	75
三氯乙烷	350	1 900	80	450
三氯乙烯	50	270	12	65
氟利昂 113	1 000	7 600	100	760
对，间，邻二甲苯	100	435	20	87
注："—"表示无数据				

(四) 污染物最大容许浓度制定的主要依据

通过对 NASA/JSC 毒理学专题组网站公布的 11 份航天飞机和国际空间站舱内空气质量评价报告进行分析，发现受关注的舱内污染物主要有二氧化碳、醇类、甲醛、非甲烷挥发性有机物，同时引入了新的醇类化合物 SMAC 值

（<10 mg/m³）和新的非甲烷挥发性有机物 SMAC 值（<25 mg/m³），并将污染物毒性综合指数 T（T 值）和 NMVOCs（非甲烷挥发性有机物 SMAC 值，也称为 Acceptable Guideline）作为评价舱内空气质量的指标。在 T 值计算过程中剔除了二氧化碳和甲醛的贡献，在 NMVOCs 值计算过程中剔除了氟利昂 218（该污染物的 SMAC 为 85g/m³）的贡献。提示，中长期载人航天飞行期间环境工程控制技术难度加大且要求提高了。还说明，地面室内污染控制经验值得借鉴，因为"空气中的挥发性有机物总量有毒限值为 25 mg/m³"是由研究室内空气污染的丹麦学者提出的。

下面列出了部分污染物的 SMAC 值制定的主要依据。

（1）一氧化碳，主要是通过与血液中的血红蛋白（Hb）结合形成碳氧血红蛋白（COHb），阻止氧与 Hb 的结合，从而降低了血液输送氧的能力，引起组织缺氧使机体各项代谢发生紊乱。WHO 推荐，空气中 CO 浓度应以人群血液中 COHb 不超过 2.5% 为主要限制指标。河北省卫生防疫站调查指出，室内 CO 浓度<5 mg/m³ 时，不吸烟人群中 COHb 在 2% 以下。GB 3095—1996《环境空气质量标准》二级标准限值为 10 mg/m³（小时均值），NASA 选择 2%COHb 阈值用于 30 天和 180 天 SMAC，该值经计算为 15 ppm。

（2）甲醛，其对人体健康的影响主要表现在嗅觉异常、刺激、过敏、肺功能异常、肝功能异常、免疫功能异常等方面，且个体差异很大。WHO 以嗅阈值的中位数作为健康终点效应值，提出甲醛的空气质量浓度为 0.10 mg/m³，《香港地区办公室及公共场所室内空气质量管理指南-2000》规定甲醛的标准为 0.10 mg/m³，内地《室内空气质量标准》等效采用了该值作为室内空气中甲醛的浓度限值。

（3）乙醇，容许浓度被用于保护经常出现脸红反应的酒精敏感亚种群。这种脸红反应通过面部潮红、脉率增加、血压变化、皮肤温度升高及其他身体症状来证明（Shibuya 等，1989）。这些影响被认为是与乙醇的主要代谢产物乙醛的形成有关（Chan 等，1986），对于"脸红"反应，呼吸乙醛的最大无效应浓度为 10 ng/mL。由于遗传差异，醛脱氢酶活性也有差异，50%~80% 的亚洲人容易受到乙醇的这种不良反应，相比之下，白种人只有 5%~10%（Wolff，1972；Zeiner 等，1979）。鉴于这些统计数字，Tardif 等人（2004）将 5 个不吸烟的白人志愿者中暴露于 50 mg/m³、200 mg/m³ 和 2 000 mg/m³ 乙醇中，在评估 2 000 mg/m³ 乙醇吸入暴露（2~6 h）时，作者观察到 5 个志愿者中最高的呼吸乙醛浓度为 2.6 ng/mL，这个水平远低于 Zeiner 等人（1979）的 NOAEL（10 ng/mL）。Tardif 等人（2004）认为脸红敏感人群的呼吸乙醛浓度比非脸红人群高 3~5 倍为正常（Zeiner 等，1979；Jones，

1995）。因此，得出结论：在乙醇吸入暴露浓度为 2 000 mg/m³ 时，脸红敏感个体呼吸乙醛浓度 NOAEL 能达到 10 ng/mL。由此得到关于 7 天、30 天和 180 天时间范围的乙醇容许浓度为 2 000 mg/m³。

（4）可吸入颗粒物（PM10），日本、美国规定室内日平均标准为 0.15 mg/m³，欧洲为 0.09 mg/m³。我国在 GB 3095—1996《环境空气质量标准》二级标准中规定可吸入颗粒物的日平均浓度为 0.15 mg/m³。我国在制定《室内空气中可吸入颗粒物的卫生标准》时，对全国大中城市空气中颗粒物浓度与健康的关系进行了调查，结果显示，长期暴露于大气 PM10 浓度为 0.11 mg/m³ 以下的大气环境下，对人群呼吸道患病率和人体免疫功能的损伤不明显。长期暴露于 PM10 浓度为 0.20 mg/m³ 的环境下，可引起人群呼吸道患病率、人群就诊率以及小学生呼吸和免疫功能、小学生鼻咽喉炎患病率增加，并能诱导孕妇胎盘 AHH 酶活性增加。从毒理学、流行病学及我国各种燃料燃烧室内空气中 PM10 的浓度看，长期暴露在 0.10~0.15 mg/m³ 范围内对健康无显著危害，因此提出室内颗粒物的浓度为 0.15 mg/m³，我国《室内空气质量标准》等效采用了这一限值。

（5）其他挥发性有机物，其最大容许浓度采用 25 mg/m³ 限值要求。原因如下：

①我国室内空气质量标准中将总挥发性有机物（TVOC）8 h 暴露的最大容许浓度分为三个等级，分别为 0.2 mg/m³（一级标准，指高档舒适优良的室内环境，能保护易感人群和普通人群健康）、0.3 mg/m³（二级标准，指良好的室内环境，能保护易感人群健康，包括老人和儿童）和 0.6 mg/m³（三级标准，指可接受的室内环境，能保护普通人群健康），该标准和芬兰一致，美国为 0.2 mg/m³。

②Molhave（1986）研究得到的人体 TVOC 暴露剂量-效应关系：总挥发性有机物浓度低于 0.2 mg/m³ 时，人体无刺激和不适感；达到 0.2~3 mg/m³ 时，则可能与其他因素联合作用引起人体刺激和不适的症状；达到 3~25 mg/m³ 时，表现为刺激和不适，而且与其他因素联合作用时可能出现头痛；超过 25 mg/m³ 时，则除头痛外，还可能引起其他的神经毒性作用。

③考虑到航天员的基本身体素质（健康成年人，不属于易感人群），如果引用国家空气质量 TVOC 三级标准的最大容许浓度 0.6 mg/m³，则在载人航天器的工程实施中可能比较困难。

④NASA 的有害气体 SMACs 的技术文件中虽然没有规定总挥发性有机物含量限值，但是在实际评估中却使用了 TVOC（除外氟利昂）不超过 25 mg/m³ 的规定。

（6）氨，考虑到其溶解度较大，易溶于上呼吸道的水分中，因而吸入后仅很小的一部分能够到达肺组织，可造成眼睛、呼吸道和皮肤的刺激。Saifutdinov（1966）测定了 22 位最敏感者嗅阈为 $0.5 \sim 0.55$ mg/m³。苏联工业企业设计卫生标准（CH 245—71）中规定居民住区大气中氨的浓度限值为 0.20 mg/m³。我国 GB 3095—1996《环境空气质量标准》规定氨的浓度限值为 0.20 mg/m³。

考虑到航天员为健康成年人、非敏感人群，标准可适当放宽。瑞典的研究人员（Sundblad 等，2004）报道了 12 名志愿者的呼吸道反应，这些志愿者在室内（每次 1~4 人）经有控制地（每小时换气 18~20 次）随机 3 次暴露于 5 ppm 和 25 ppm（随机地）的空气或氨气中，每次 3 h，包括 1.5 h 休息时间和 1.5 h 锻炼时间（自行车测力计 50 w），每 30 min 改变一次活动，暴露间隔至少 1 周，在 5 ppm 时，报告眼睛不适、溶剂气味、头疼、头晕及醉酒的感觉等方面在统计上显著的增长。因此原 SMAC 值为 10 ppm（7 mg/m³）过宽，NASA 2008 年将 SMAC 值调整为 3 ppm（2 mg/m³），该值适用于 7 天以上暴露。

（7）苯，症状的严重性依据苯暴露的浓度和持久性而变化。据估计（但没有可靠的证据）暴露于浓度为 25 ppm 的苯环境 8 h 不会产生影响；暴露于浓度 50~150 ppm 的苯环境 5 h 会引起头痛、疲倦、虚弱；暴露于浓度为 7 500 ppm 的苯环境 30 min，将危及生命。

Rosenthal 和 Snyder（1985）证明十二次暴露于浓度为 ppm10 的苯环境下 6 h（总共是 72 h），没有增加大鼠易于受感染的概率。在浓度为 30 ppm 或者更高时，观察到 T 淋巴细胞和 B 淋巴细胞数量随浓度增加而减少，B 淋巴细胞数量减少得更多。在连续暴露方案中，暴露于浓度为 30 ppm、100 ppm 或者 300 ppm 的苯环境下，其活菌数量分别增加到原数量的 490%、750% 和 720%，在浓度为 10 ppm 时没有任何影响。因此苯的最小无效应浓度定为 10 ppm。由于免疫反应大多是由苯的有毒代谢产物所诱发的（其中对人与小鼠的免疫系统效应相似），因此得出物种倍数为 3。许多报道都证明了航天飞行对大鼠免疫功能的影响，因此航天飞行中采用 3 倍的物种外推法（Lesnyak 等，1993；Taylor，1993）。

毒理学专家认为，上述数据在外推到更长时间暴露时不合理。更长时间的暴露采用了 Green 等人（1981）数据。Green 等人发现，当老鼠暴露于浓度为 9.6 ppm 的苯环境下 50 天（其中 6 h/天，总共 300 h）后，其周边血液和骨髓没有发生任何变化。因此：

$$AC(180 \text{ 天}) = 9.6 \text{ ppm} \times \frac{1}{3} \times \frac{1}{3} \times 300/4\,320 = 0.07 \text{ ppm}(0.2 \text{ mg/m}^3)$$

式中，种间因子为 3，航天免疫因子为 3，大鼠实验总暴露时间 72 h，4 320 指的是 180 天×24 h/天。

（8）二甲苯，二甲苯长期暴露的 AC 是基于 Nylen 和 Hagman（1994）的研究，在该研究中，1 000 ppm 确定为在 12 kHz 频率听觉灵敏度损失的 LOAEL。大鼠被暴露于 1 000 ppm 混合二甲苯中 18 h/天、7 天/周，共 61 天。再调整 LOAEL 由不连续到连续暴露（18 h/24 h），以及采用由 LOAEL 到 NOAEL 的因子 10、种间外推因子 3 及根据 Haber 定律的时间外推因子 61 天/180 天后，对耳毒性的 180 天 AC 推导如下：

$$LOAEL(\text{调整的}) = 1\,000 \text{ ppm}(LOAEL) \times 18 \text{ h}/24 \text{ h}(\text{不连续到连续})$$
$$= 750 \text{ ppm}$$

$$AC(\text{耳毒性}, 180 \text{ 天}) = 750 \text{ ppm}(\text{调整的 } LOAEL) \times 1/10(\text{由 } LOAEL \text{ 到 } NOAEL) \times$$
$$61 \text{ 天}/180 \text{ 天}(\text{时间外推}) \times 1/3(\text{种间因子})$$
$$= 8.47 \text{ ppm}(\text{近似为 } 8.5 \text{ ppm})$$

因此，对耳毒性的 180 天 AC 为 8.5 ppm。综合以上考虑，二甲苯的 SMAC 值被设定为 8.5 ppm（37 mg/m³）。

（9）甲苯，费舍尔大鼠在一个 60 min 的甲苯蒸气的吸入暴露中的半数致死浓度为 26 700 ppm，而一个 60 min 的吸入暴露的全部致死浓度为 40 000 ppm（Pryor 等，1978）。

Vrca 等人（1995，1996，1997）发现：暴露在甲苯浓度为 40~60 ppm 中的职业工人视觉和听觉的诱发电位都有变化。假设听觉和视觉效果的 LOAEL 是 40 ppm，将 LOAEL 除以安全因子 10 得出 NOAEL 之后可以算出 AC 值。

该值被应用于所有大于 7 天的暴露时间。

$$AC(7 \text{ 天以上暴露的}) = 40 \text{ ppm}(LOAEL) \div 10(LOAEL \text{ 至 } NOAEL) = 4 \text{ ppm}$$
（15 mg/m³）

（10）三氯乙烯，在许多文献里描述了很多关于三氯乙烯急性中毒的案例（Cotter，1950），主要的生理反应是中枢神经系统（CNS）受到压抑，并出现酩酊、协调性失调、头晕、视力障碍、精神错乱、头痛、恶心、呕吐、失去知觉的症状（Waters 等，1977；Cotter，1950）。在一个三氯乙烯中毒事故中，2 个工人在之前接触过浓度不是很高的三氯乙烯后，再次进入一个含 330 ppm 的三氯乙烯环境中，很快失去了意识（Longley 和 Jones，1963）。

Prendergast 等人（1967）进行的研究包括了老鼠、天竺鼠、松鼠猴、兔子和狗暴露于浓度为 0 或者 35 ppm 的三氯乙烯环境下 90 天。暴露于三氯乙烯环境下的兔子其体重比没有暴露的兔子体重轻。除了狗以外，其他所有种类的动物暴露于三氯乙烯环境下，其成长会略微受到阻碍或抑制。但在没有检测到其他影响的情况下，轻微的生长抑制不被认为是不利影响，所以暴露于 90 天浓度为 35 ppm 被认为是无明显副作用的剂量。180 天暴露的容许浓度是以 90 天无明显副作用剂量 35 ppm 为基础的，种间因子为 10，时间系数为 2，180 天的容许浓度设置为 2 ppm（10 mg/m^3），以此来使肝脏和肾脏免受影响。

（11）二氯甲烷，随着暴露浓度的增加，二氯甲烷产生明显的中枢神经系统抑郁症状。Winneke（1981）报道，在浓度为 800 ppm 的二氯甲烷中暴露 4 h 会导致抑郁情绪和运动损伤，当浓度接近于 1 000 ppm 时，Stewart 等人（1972）报道三分之二的人类受试者抱怨说在暴露 1 h 后有轻度头晕目眩，二分之一出现了大舌头的感觉。Moskowitz 和 Shapiro（1952）报道，4 次意外暴露于浓度不明但是据推测非常高的二氯甲烷中 1~3 h 的案件，所有受害者变得神志不清，3 名男性在 3~6 h 后最终恢复，1 人始终没有苏醒并最终死亡。

NTP（1986）的研究表明，大鼠暴露在浓度为 1 000 ppm、2 000 ppm 或 4 000 ppm 的二氯甲烷环境时，6 h/天、5 天/周为期 2 年可能导致细胞质液泡化、血铁质，并在肝脏出现局灶性肉芽肿性炎症。Burek 等人（1984）发现，类似的大鼠暴露于浓度低至 500 ppm 的二氯甲烷中 2 年造成了细胞质液泡化和脂肪肝，因此，对非肿瘤性肝中毒的有害作用的最低剂量是 500 ppm。

$$AC(180 \text{ 天}) = LOAEL(2 \text{ 年}) \times 1/NOAEL \text{ 因子} \times \text{种间因子} \times \text{时间因子}$$
$$= 500 \text{ ppm} \times 1/10 \times 1/10 \times (6 \text{ h/天} \times 5 \text{ 天/周} \times 104 \text{ 周})/$$
$$(24 \text{ h/天} \times 180 \text{ 天})$$
$$= 3.6 \text{ ppm}(10 \text{ mg/m}^3)$$

（12）甲基肼，在莱特派特森空军基地的一项研究中，狗、仓鼠、大鼠和小鼠暴露于浓度为 0 ppm、0.02 ppm、0.2 ppm、2.0 ppm 和 5 ppm 的甲基肼蒸气中，6 h/天，5 天/周，持续 1 年（Kroe，1971）。观测到的非肿瘤症状包括：小鼠暴露于 0.02 ppm 时，出现鼻炎和下颌淋巴结浆细胞增多；暴露于 0.2 ppm 时，小鼠和仓鼠都出现肝脏囊肿，小鼠会出现肾脏囊肿和血管扩张，仓鼠会出现鼻炎和鼻孔黏膜下层囊肿；暴露于 2 ppm 时，仓鼠出现鼻息肉、肾间质纤维化和肺不张，小鼠出现胆管增生、肝细胞多形性、胆囊晶体和肾盂积水。

1975 年，美国航空航天局曾在白沙测试设施进行了气味面板测试，这项测试（Hoffman 和 Schluter，1976）的目的是确定人员能够辨别当前气味限值 0.2 ppm，42 名美国宇航局和洛克希德电子员工作为志愿者，其中有三分之二的受试者能够辨别到 0.2 ppm 甲基肼产生的气味；2 h 后，测试受试者鼻腔或咽喉是否有损伤的迹象，大多数人出现干燥，75% 的受试者测试后抱怨自己的鼻子刺痛或有刺激性感觉；42 个受试者当中有 12 名明显损伤黏膜，出现了明确的水疱或轻微出血的迹象，3 名受试者检测部位呈白色斑块和鼻窦充血。

浓度大于或等于嗅觉阈值时，最敏感的毒性结果是鼻损伤，在试验条件下因为 75% 的受试者闻到刺激气味，28% 的受试者有明显的鼻腔病理学改变，所以测试的浓度 0.2 ppm 过高，必须降低到一个预期不会产生任何不利影响的浓度。因为没有鼻损伤的剂量反应数据，所以安全因数 10 被用来预估 NOAEL。鉴于持续暴露和长期的潜在暴露可能带来更大的风险，额外的安全因数 10 被用来确保安全，180 天 ACs 最终结果浓度确定为 0.002 ppm。因为甲基肼毒性首先是造成鼻黏膜损伤，因为没有流行病学的数据证明长期暴露会导致累积作用，所以甲基肼引起的鼻黏膜损伤的 AC 确定为 0.002 ppm（0.004 mg/m^3），1 h 以上暴露最大容许浓度均为该值。

（13）偏二甲基肼（UDMH），Rinehart 等（1960）暴露每组三只狗于浓度为 5 和 25 ppm UDMH 中 26 周（6 h/天，5 天/周）。在较高浓度组，一只狗在第 3 天去世，但其他两只共暴露了 13 周。在此期间，观察到狗有抑郁、流涎、呕吐、腹泻、运动失调、痉挛、心动过缓、发烧等现象发生。在较低浓度组没有出现严重的症状。每周或每月对狗抽血以确定血液参数，发现暴露于 25 ppm UDMH 中 13 周的两只幸存的狗表现出 RBC 数目的大幅度减少和血细胞比容降低。3 只暴露于 5 ppm 的狗表现出 RBC 数目下降、血红蛋白下降及血细胞比容降低。血清胆红素从研究前的 0.2 mg 增加到 26 周后的 0.7 mg。

采用 5 ppm 下暴露 6 h/天、5 天/周，共 24 周（累计 30 天）作为 LOAEL。使用与上面相同的计算方法，LOAEL 到 NOAEL 的因子为 10，如下所示：

AC(贫血) = 5 ppm(LOAEL) × 1/10(物种) × 1/3(航天贫血) × 1/10(LOAEL 到 NOAEL) = 0.017 ppm

根据 Haber 规则，对贫血和肝毒性的 180 天 AC 可通过用 30 天 AC 乘以时间默认外推因子 30 天/180 天来进行估算，由此，AC 如下：

AC(贫血) = 0.017 ppm(30 天 AC，贫血) × 30 天/180 天(时间外推法) = 0.003 ppm(0.0075 mg/m^3)

（14）丙烯醛，丙烯醛是具有刺激性气味的挥发性液体。Wong（1996）指出，在 NASA 空间实验室任务的废气检测中报告了这种化合物（0.007 mg/天）（Geiger，1984）。

丙烯醛首要毒性效应是黏膜刺激（Lyon 等，1970；Weber - Tschopp 等，1977；Feron 等，1978；Steinhagen 和 Barrow，1984）。对于丙烯醛刺激，眼睛比鼻子更敏感（Weber-Tschopp 等，1977）。因此，1 h 和 24 h 的 SMACs 的目的是防止对眼睛和鼻子产生刺激。

丙烯醛 SMAC 是根据 Weber-Tschopp 等的报告（1977）建立的，该报告说明：当人暴露于 0.3 ppm（0.68 mg/m³）的丙烯醛中 1 h 后，眼睛受到中度刺激；Weber-Tschopp 等人的研究中进一步表明，当暴露于 0.15 ppm（0.34 mg/m³）的丙烯醛中 1.5 min 后，眼睛不受影响。此外 Darley 等人（1960）报道，在较低的丙烯醛暴露浓度下，眼睛受到的刺激会逐渐降低。他们观察到，当丙烯醛浓度下降 35%~40% 时，眼刺激性降低。Weber-Tschopp 等人（1977）观察到，当丙烯醛暴露浓度下降 4 倍（由 0.6~0.15 ppm）时，眼刺激由轻度刺激降低到无效果）。

Wong（1996）认为，人类在丙烯醛刺激中观察到的眼睛和鼻子的敏感性取决于暴露浓度和持续时间，在长时间暴露（1 h）下，对眼睛的刺激大于对鼻子的刺激，而在短时间暴露下，对鼻子的刺激更大（暴露于 ≤ 0.3 ppm、40~60 min）（Weber-Tschopp 等，1977；Wong，1996）。另外，暴露于 0.6 ppm 丙烯醛中 1.5 min 引起了人体眼鼻类似的刺激，但是暴露于 0.15 ppm 丙烯醛中 1.5 min 仅引起轻微的鼻刺激，而对眼睛的刺激则没有报道（Weber-Tschopp 等，1977）。Wong（1996）提出，在引起人类急性刺激时，丙烯醛暴露浓度比持续时间影响更大。

Sim 和 Pattle（1957）的研究报告说，当人体暴露于 0.8 ppm 丙烯醛中 20 s 时会引起流泪，而在 1.2 ppm 丙烯醛中引起相同的反应只需 5 s，Sim 和 Pattle（1957）的这份报告表明，由丙烯醛引起的刺激并不符合 Haber 的理论。Wong（1996）将安全系数为 4 应用到 Weber-Tsechopp 观察到的 LOAEL 中，理由是，丙烯醛浓度减少 4 倍仅轻度刺激眼睛（短期 SMACs 可接受效果）。

因此，1 h 的 SMAC 建立在 0.075 ppm（0.17 mg/m³）时，该浓度预计对机组人员只造成轻度的眼刺激。

基于眼刺激的 1 h SMAC：

1 h AC(黏膜刺激) = 0.3 ppm(LOAEL) × 1/4(安全系数) = 0.075 ppm

7 天、30 天的丙烯醛 SMAC 是根据将无刺激的 1 h 的丙烯醛 SMAC 拓展，从 LOAEL 外推到 NOAEL（4 倍）和一个表示人类个体差异的额外的安全系数 $10/n^{1/2}$，用于调整研究样本量小导致的获得的数据的不确定性。这类 AC 估算的原理是基于黏膜刺激与暴露时间无关。Lyon 等的研究支持暴露时间的独立性，他发现当狗连续 1 周或重复接触丙烯醛后，黏膜刺激降低（Lyon 等，1970）。

基于眼刺激的 7 天、30 天 SMAC：

AC(黏膜刺激,7 天、30 天) = 0.075 ppm(1 h AC) × 1/4(LOAEL 到 NOAEL) × $\sqrt{53/100}$(n) = 0.015 ppm

而慢性丙烯醛暴露可能带来肺部病理变化，用 0.4 ppm（Feron 等，1978）的 LOAEL 作为起始点，提出了 0.008 ppm（0.018 3 mg/m³）修订的 180 天丙烯醛 SMAC。Feron 等人采用的暴露时间是不连续的，将动物每天暴露 6 h，每周 5 天，持续 13 周（91 天）。外推因子 0.25 和 0.71 则用于调整连续暴露条件。将不确定因子 3 用于从 LOAEL 外推至 NOAEL，种间外推因子为 3，采用种间修正因子 3 的依据是刺激的相似性以及物种（啮齿类动物与人类）间浓度-反应之间的关系。

修订的 180 天 SMAC：

$$AC(黏膜刺激,180 天) = 0.4 \ ppm(LOAEL) \times \left(\frac{6}{24} \times \frac{5}{7}\right)(外推时间) \times 1/3$$
(LOAEL 到 NOAEL) ×1/3(种间) = 0.008 ppm

（15）C2~C9 烷烃。

C2~C9 烷烃可能以某些航天器有效载荷形式存在，并且在一些飞行硬件（如探测器）中发现其少量存在。例如，俄国分析了联盟 6 号返回前收集的 AK-1M 管（2003 年 11 月），报告说，大部分 C5~C9 烷烃以低于 0.1 ppm 的浓度存在。2003 年，俄国报道了来自补给舱的空气样本更高浓度的烷烃（总碳氢化合物浓度为34 mg/m³，主要成分为戊烷异构体）。

在大鼠吸入暴露于正庚烷的研究中，Simonsen 和 Lund（1995）在大鼠中观察到耳毒性，该耳毒性用听觉脑干反应的变化来衡量。他们将大鼠暴露于0 ppm、800 ppm 和 4 000 ppm 正庚烷中，每天 6 h，共 28 天。在 4 000 ppm 暴露组中的大鼠发生了听觉脑干反应的变化，听觉阈值增长了约 10 dB。与对照组相比，800 ppm 组中的大鼠没有发现明显的不同。因此，800 ppm 被用作该效应的 NOAEL，并计算了 30 天和 180 天 AC。不确定因子 10 用于调整种间差异；用时间调整的方法外推到连续暴露（6 h/天），但这种方法在调整暴露持续时间方面还存在一些不确定性。Simonsen 和 Lund（1995）指出，正庚烷是一个相对较弱的耳毒性试剂，可能与三氯乙烯和甲苯作用相似（Pryor 等，1984；Rebert 等，1991），后者在动物试验中存在阈值，低于该值即使是长期暴露也不会产生耳毒性。

30 天 AC(耳毒性) = 800 ppm(NOAEL) ×1/10(种间因子) ×6 h/24 h(时间外推) = 20 ppm

180 天 AC(耳毒性) = 800 ppm(NOAEL) ×1/10(种间因子) ×[6 h/24 h×28 天/180 天](时间外推) = 3 ppm

（16）丁醇。

丁醇在国际空间站（ISS）大气样本中的浓度一直低于 0.1 ppm，据推断，其来源为舱内材料释放。James（1996）报道了一件涉及 ISS 内正丁醇污染的重大事件，它来源于活性炭过滤器的热降解。该过滤器用于吸收空气污染物，放置了超过 6 个月后，解吸出来的化合物包括了大量的正丁醇，产生的浓度比其气味阈值大数倍，引发了空间站美国舱段的紧急事件。宇航员在 ISS 俄国舱段躲避了 30 h。

丁醇的首要毒性为黏膜刺激，刺激的强度和影响水平是从 20 世纪 40 年代发表的 3 个人体研究中获得的，这些研究对眼睛刺激的阈值为 50~100 ppm，因此，对于 1 h 暴露，50 ppm 的浓度被认为是可接受的。考虑到存在一些在较长时间工作中出现了刺激增强的证据，24 h 暴露的可接受浓度（AC）被定为 25 ppm。由于人体对正丁醇存在一定适应性，故长期 AC 被定为 25 ppm（80 mg/m³），以防止眼被刺激。

根据（TRL 1986）对于小鼠 90 天口服的研究，在剂量为每天每千克体重口服 500 mg（500 mg/kg/d）丁醇时，没有发现病理结果。使用体表模型进行计算，这等于人类呼吸浓度为 250 ppm。使用 10 倍的物种因素得到了 25 ppm 的 AC，用于避免暴露累积 90 天引起的全身效应（80 mg/m³）。对 180 天 AC 被设定在该值的一半（90 天/180 天），得到了 12 ppm 作为 180 天 AC。

（17）氯仿。

氯仿在化学工业中用作原料，如碳氟化合物、树脂和塑料的制造；也可以用作动植物油、油类、油脂、树脂、涂料、橡胶、生物碱、树胶、腊、马来树胶、青霉素、维生素、风味调料、地板蜡和黏合剂的萃取剂；还可以用来作制药溶剂、干洗剂、染料和农药合成的中间体（ATSDR 1997）；过去氯仿还用来作为一种普通的麻醉剂、灭火器、牙膏和止咳糖浆的增味剂（ACGIH 1991）。微量的氯仿存在于饮用水和来自污水处理厂的污水中，作为氯的副产品用来杀菌。微量的氯仿在环境中几乎无处不在，少量的氯仿有时被携带到航天器上作为舱内实验的一部分。

NASA 航天飞机空气中已发现有氯仿，27 次任务中有 6 次发现有，其浓度为 0.002~0.1 mg/m³（Huntoon，1987，1993；James 等，1994）。

30 天可接受浓度从 Phoon 等（1983）的数据计算出来，他将 18 个工人暴露于一个平均浓度为 32 ppm 的氯仿下持续 1~4 个月，每周暴露时间没有明确说明，试验表明有 8 个人在第一个月就患上黄疸病。当地当时典型的工作时间安排至少是每天 8 h，每周 6 天，每月 206 h（8 h/天×6 天/周×4.3 周/月）暴露，观察到有害作用的最低剂量水平是 32 ppm，因此，有

SMAC（7 天）= 32 ppm /10（无可见有害作用水平）= 3 ppm

SMAC（30 天）= 32 ppm /10（无可见有害作用水平）×（206 h×1 月/24 h/天）/30 天 = 1 ppm

在 1958 年的研究中，17 个工人在工厂职业暴露于浓度在 23~71 ppm 的氯仿下 10~24 个月后显示出肝毒性的证据，22 ppm 被认为是一个长达 24 个月、

每天 4 h 暴露所引起的亚临床肝毒性的观察到有害作用的最低剂量水平；180 天暴露最小有效应浓度定为 22 ppm，由其除以 10 来推断无效应浓度，并且随着暴露时间而调整时间因子。因此，

SMAC(180 天) = 22 ppm /10(无可见有害作用水平) × (4 h/天 × 5 天/周 × 104 周)/(180 天 × 24 h/天) = 1 ppm

(18) 二氯乙烷。

二氯乙烷被用于制造氯乙烯和作为溶剂、脱脂剂以及熏蒸剂，这种化合物存在于国际空间站和航天飞机的空气中，是试验和系统硬件的气体外泄的结果。

一篇俄罗斯论文（Kozik，1957）描述了二氯乙烷暴露对俄国飞机制造业职业暴露的影响。该研究提供了 1951—1955 年期间搜集到的飞机制造业的工人的流行病学调查数据，发现抱怨有 GI 失调、CNS 影响（手眼协调测试错误增多）以及报告生病的工人的数量取决于该行业中工人的工作年限。与上述症状影响有关的工作场所二氯乙烷的浓度的时间加权平均（TWA）是 15 ppm（NIOSH 1976）。使用 15 ppm 作为 CNS 影响的最低可观察到的反应水平（LOAEL），Wong（1996）使用 CNS 影响作为有害终点计算了 1 天 AC。因为暴露持续了几个月到几年，尽管这项研究不是急性暴露研究，但 Wong（1996）认为，这一水平的 EDC 可以用于评估所有暴露时间的 CNS 影响。其原理是基于吸入 EDC 的药代动力学行为，特别是以下发现，在暴露于 150 ppm 或以上 EDC 中的 2 h 内，血液浓度达到稳定（Reitz 等，1982），继续暴露不会在血液中累积，这意味着 CNS 影响不需要时间调整因子。将因子 10 用于从 LOAEL 外推到 NOAEL，即 1 天 AC 被推导为 1.5 ppm。

Wong（1996）还用了俄国职业暴露研究中的 GI 影响数据来导出 180 天 AC，他采取了 1 h、24 h、7 天和 30 天的 GI 症状，考虑每周 40 h 作为工作时间。计算如下：

AC(GI 症状，7 天以上) = 15 ppm(LOAEL) × 1/10(LOAEL 到 NOAEL) × 40 h/周(EDC 暴露时间) ÷ (24 h/天 × 7 天/周)(不连续到连续) = 0.36 ppm(近似为 0.4 ppm)

(19) 乙苯。

乙苯（EB）是一种透明、无色、易燃液体，具芳香气味（Windholz，1976；Sandmeyer，1981；AGGIH，1991）。乙苯存在于石油原油中，在商业上由乙烯烷基化产生，是生产苯乙烯的一种物料，使用于汽油和许多工业溶剂中。

EB 在国际空间站中经常能检测到，浓度达 0.12 ppm，可能是由于非金属

材料脱气所致（Liebich 等，1973；Rippstein 和 Coleman，1983）。

Bardodej 和 Bardodejova（1961）报道了 9 名志愿者实验中，对眼睛的刺激的最大无效应浓度为 100 ppm，由于样本量偏小，故最大容许浓度修订为 30 ppm。

在 Wolf 等人（1956）的研究中，将 10~25 只老鼠一组放在乙苯浓度分别为 2 200 ppm、1 250 ppm、600 ppm 和 400 ppm 的环境里，每组 5~10 个豚鼠放在乙苯浓度分别为 1 250 ppm、600 ppm 和 400 ppm 的情况下，一只公兔子放在暴露浓度为 400 ppm、600 ppm 和 1 200 ppm 的乙苯下，将一个公猴子置于浓度为 400 ppm 和 600 ppm 的乙苯下，每周 5 天，每天 7~8 h，总共 180 天。在把猴子和兔子暴露于 600 ppm 的乙苯试验中，乙苯诱发了轻微的组织病理学上的变化，主要是睾丸的生发上皮的退化；在公兔子置于 400 ppm 的乙苯下试验里没有看到睾丸毒性；不论是豚鼠还是老鼠，放在任何一个暴露浓度下都没有睾丸毒性。Ivanov（1964）将兔子暴露在乙苯浓度为 2.3 ppm、23 ppm 和 230 ppm 的环境中为期 7 个月，平均每天 4 h，该研究发现了血液学的变化、血蛋白质和乙酰胆碱酯酶水平的变化以及肾和肝脏的观察变化，但是并没有提到对睾丸的影响。保守计算，最大无效应浓度定为 400 ppm，动物到人的物种差异为 10 倍，根据哈伯规则，共相当于连续暴露 54 天（7 h/天×186 天＝54 天）。

SMAC(180 天)＝最大无效应浓度/10(物种)×(54 天/180 天)＝400 ppm/10×0.3＝12 ppm

（20）呋喃。

呋喃是一种易挥发且透明无色的液体，久置后会变成棕色，它可溶于酒精，不溶于水（Windholz，1976；Sax 和 Lewis，1989）。呋喃存在于含香精或树脂的松树升华而来的油里（Windholz，1976）。呋喃的工业性生产是丁二烯氧化（NTP，1993）。

呋喃广泛应用于工业生产，主要用作涂料、黏合剂以及溶剂。

呋喃的衍生物如四氢呋喃和 2-甲基呋喃有时能在太空舱内大气中检测到（James，1991）。在 ISS 俄罗斯舱段偶尔能检测到较低浓度（0.12 mg/m³）的呋喃。

NRC SMACs 小组委员会指出 2 mg/kg/天、5 天/周，共 9 个月暴露是呋喃导致老鼠患癌症的观察到有害作用的最低剂量水平，估算的无可见有害作用水平是 0.08 mg/kg/天。因为暴露时间是 5 天/周，故剂量是 0.4 mg/kg/周。

假设航天员平均体重是 70 kg，吸入了 20 m³/天（140 m³/周）的气体。人类吸入无可见的有害作用水平如下：

无可见的有害作用水平(吸入的)＝(0.4 mg/kg/周×1/3 ×70 kg)/(140 m³/周)

SMAC(30 天和 180 天) = 0. 025 ppm

这里物种外推法系数定为 3，是根据 Kedderis 和 Held（1996）的人与老鼠之间染毒关系的研究结果得出的。

（21）肼。

肼是一种清澈、无色、易挥发、油状、吸湿、强极性、具氨水气味的易燃液体，易在物体表面被吸收或凝固，有极强的亲水性和强的刺激性。用于商业用途的肼基本上都是化学合成的。

肼在商业用途中一般是作为一种聚合催化剂、发泡剂、还原剂，在锅炉水处理中作为一种氧气净化剂，它也会被运用于马来酰肼的合成和药物制造上，肼在航天中被用作火箭助推燃料。肼也被应用于国际空间站中，在 ISS 一次出舱活动中，肼沉积在了航天服上，再进入舱内后气化进入空气中（Eiceman 等，1993）。

在一项浓度0. 8 ppm 的持续肼暴露中，90 天后，试验动物由于吸入经由空气传播的肼而引发的肝部中毒包括脂肪变性（House，1964）。

推算 180 天和 30 天的肝中毒 AC（可接受浓度）值时使用的是 Haber 原则，依据的是一项诱发 10 只受试猴子中的 7 只发生脂肪变性的为期 90 天、浓度为0. 8 ppm的肼暴露试验的数据。在运用外推法时，由动物到人体使用了不确定因数 10，由有效应浓度到无效应浓度使用了不确定因数 10。

SMAC(180 天) = 0. 8 ppm×(90 天/180 天) ÷10÷10 = 0. 004 ppm

SMAC(30 天) = 0. 8 ppm×(90 天/30 天) ÷10÷10 = 0. 02 ppm

（22）异戊二烯。

异戊二烯是一种无色、易挥发的液体或具弱芳香气味的气体（IARC，1994），它广泛存在于自然界中，也是一种很重要的工业化学物质。

在工业上，异戊二烯被用来生产异戊橡胶以及丁基橡胶（IARC，1994）。在商业上异戊二烯对于特定的萜类的合成起很重要的作用，这些合成通常用于调味品和香水的制造（IARC，1994）。

航天器舱内空气样品中经常检测到异戊二烯，一般浓度都低于 0. 1 mg/m³（0. 036 ppm）（James 等，1994）。在 Mir17（和平号空间站）采集到的 7 个空气样本中，其浓度在 0. 17~0. 35 mg/m³ 之间（0. 061~0. 12 ppm），而在 Mir18 过程中通过 GSCs 采集到的 12 个空气样本浓度低于 0. 11 mg/m³（0. 039 ppm）（J. T. James 等，1995）。

脊髓变性是其首要毒性，在家鼠中 70 ppm 浓度被作为其 NOAEL，这一结果来自家鼠总共 780 h 的暴露试验（每周 30 h），因为该浓度没有发现功能性损伤（Melnick 等，1994），物种间的差异因数定为 10，人体的 NOAEL 值被估算为 7 ppm 或 2 mg/m³。因此 30 天暴露的 AC 值定为 7 ppm。由于没有数据表明神经毒性不会随着暴露期的延长而加剧,因此在设定 180 天 AC 值时就默认地使用了 Haber 法则。

$$AC(180 天) = 7 \ ppm \times (30/180) = 1 \ ppm$$

(23) 汞。

汞是一种在常温下呈银白色、略带挥发性的液态的重金属,汞在环境中以三种形式存在:元素(金属)汞,(Hg°);无机汞(Hg⁺⁺)和含汞化合物或者汞离子;有机汞化合物(Stokinger,1981)。

液体汞是一种普遍用于温度计、气压计、压力表及医疗测量仪器的物质(Stokinger,1981),它还广泛用于电子设备,包括灯具、开关、整流器和电池。舱内这些工具或设备的破损都可能会导致液体汞的释放和挥发,导致舱内乘员暴露于潜在毒性水平的蒸气中。

兔子、大鼠和狗暴露于 0.1 mg/m³ 浓度的汞蒸气中为期 83 周,没有发现组织病理学变化(Ashe 等,1953)。在 83 周的研究中,发现大脑组织的汞浓度比肾脏的浓度要低一个数量级,但是没有最终证明汞不在大脑组织聚积,因此,浓度 0.1 mg/m³ 被认为是无毒性反应剂量,种间差异为 10,因此暴露 7 天、30 天和 180 天的神经毒性的容许浓度为 0.01 mg/m³。Smith 等人(1970)流行病学调查发现,工人长期暴露浓度为 0.1 mg/m³ 的汞蒸气中,没有产生明显的毒性反应,但是有一些主诉的症状,因此,0.1 mg/m³ 被认为是观察到有害作用的最低剂量,推导得到人类最大无效应浓度为 0.01 mg/m³。

(24) 异丙醇。

异丙醇是一种无色的、在室温下具挥发性的液体(Rowe 和 McCollister,1982)。

异丙醇(IPA)在商业上作为制造丙酮的溶剂,用于生产乳液、化妆品和药品(Rowe 和 McCollister,1982)。空气中的气味临界值是 22 ppm(Amoore 和 Hautala,1983)。异丙醇不断地在航天飞机飞行期间的空气样本中被检测到(James 等,1994),其浓度在 0.1~10 mg/m³ 范围内,源自飞行硬件的逸出;同时异丙醇经常被作为一种消毒剂和清洁剂使用。

10 个人类受试者暴露于浓度为 200 ppm、400 ppm 和 800 ppm 的异丙醇中 3~5 min,在浓度为 400 ppm 时导致轻微刺激性,因此认为浓度 200 ppm 对于 8 h 暴露可以接受(Nelson 等,1943)。对于长期暴露来说刺激不可接受,由于志愿者人数有限(n=10),需要乘以小样本系数,故:

$$AC(依据刺激效应) = 200 \ ppm \times (10^{1/2}/10) = 60 \ ppm$$

30 天和 180 天的允许浓度都设定为 60 ppm。

（25）氯乙烯。

氯乙烯是一种具有高易燃性、像乙醚一样气味的无色气体，主要用于聚氯乙烯树脂的生产（ACGH，1986）。它也被用于有机物的合成。

根据 Bi 等人（1985）的资料，老鼠长期暴露于含氯乙烯环境中会引发睾丸损伤，老鼠暴露于 100 ppm 或者 3 000 ppm 的氯乙烯环境中 6 个月（其中 6 天/周，6 h/天）后，发现其睾丸质量减轻了，通过老鼠暴露于浓度为 0 ppm、10 ppm、100 ppm 及 3 000 ppm 的氯乙烯环境中 3 个月、6 个月、9 个月及 12 个月后出现死亡的相关方面的病理学科资料，Bi 等人发现暴露于浓度为 100 ppm 或者 3 000 ppm 的氯乙烯环境中，会引发老鼠细胞融合和睾丸中细精管退化，因此无明显副作用的浓度为 10 ppm。

以睾丸毒性为依据设置的氯乙烯的容许浓度 = NOAEL×1/物种系数 = 10 ppm×1/10 = 1 ppm

（26）四氯化碳。

CCl_4 是典型的肝脏毒物，但接触浓度与频度可影响其作用部位及毒性。高浓度时，首先是中枢神经系统受累，随后累及肝、肾，而低浓度长期接触则主要表现为肝、肾受累。乙醇可促进四氯化碳的吸收，加重中毒症状。另外，四氯化碳可增加心肌对肾上腺素的敏感性，引起严重的心律失常。根据 IARC 资料，四氯化碳长期作用可以引起啮齿动物的肝癌，被列为"对人类有致癌可能"一类的化学物。

人对 CCl_4 毒性易感性差别很大，吸入高浓度 CCl_4 蒸气后，可迅速出现昏迷、抽搐等急性中毒症状，并可发生肺水肿、呼吸麻痹；稍高浓度吸入，有精神抑制、神志模糊、恶心、呕吐、腹痛、腹泻症状；中毒第 2~4 天后呈现肝、肾损害征象；严重时出现腹水、急性肝坏死和肾功能衰竭；少数可有心肌损害、心房颤动、心室早搏。慢性中毒表现为神经衰弱症候群及胃肠功能紊乱，少数可有肝肿大及肝功能异常。

根据四氯化碳的理化性质和常规用途，鉴于其在环境中很稳定，不考虑其在气路中反应合成的可能，更大的可能为气源或管路污染，主要考虑以下三种可能的污染来源：

①作为电子工业清洗剂或去污剂在厂房或管路清洁的过程中进入气源；

②作为有机溶剂使用的过程中污染了气源；

③作为制冷剂氟利昂 F11 和 F12 的生产原料，在生产过程中污染气源。

对四氯化碳的相关国内外标准进行了调研。

①国标 GBZ/T 2—2002《工作场所有害因素职业接触限值》中规定，经皮肤吸收四氯化碳的限值标准，短时加权平均阈限值（TWA）为 15 mg/m³，短时间接触阈限值（STEL）为 25 mg/m³。无吸入限值标准。

②美车间卫生标准规定，其 TWA 为 31 mg/m³［皮］，短时间接触阈限值（STEL）为 63 mg/m³［皮］。

③根据 RTECS 化学物质毒性作用记录，吸入浓度阈值为 10 mg/m³/年。长期或多次接触本物质可刺激皮肤，接触后可引起皮肤发红、肿胀、形成水疱、脱皮和皮肤肥厚，长期接触本物质会引起胚胎的躯体畸形。

（27）戊二醛。

戊二醛是一种高活性化合物及水溶性油状液体，戊二醛是带有刺激性气味（Stonehill 等，1963）的气体。

戊二醛被大量用作防腐剂、黏合剂、密封剂、含有调味剂的微胶囊、在电子显微镜学里作为一个组织切片固定剂、用于纸张与制革行业和 X 光片的显影液；戊二醛也被用作塑料的灭菌剂；用作橡胶、温度计、内窥镜及其他外科、牙科医疗设备的灭菌剂。

Kiri（1992）发表的一项 13 周间断暴露（6 h/天，5 天/周）小鼠吸入研究中，0.062 5 ppm 戊二醛被认为是 LOAEL 值，该暴露相当于连续暴露 16 天，因为啮齿类动物对戊二醛的敏感性可能比人类更大，因此，没有引入种间差异因子。

30 天 AC = 0.062 5 ppm/10(LOAEL 至 NOAEL)×(16 天/30 天) = 0.003 ppm

180 天 AC = 0.062 5 ppm/10(LOAEL 至 NOAEL)×(16 天/180 天) = 0.000 6 ppm

六、乘员舱化学污染的监测

监测航天器舱室大气污染物是为了了解舱室大气的污染水平，在污染物超标的情况下及时提示航天员或地面指挥员采取必要的防护措施，保障航天员的安全和健康。监测数据还可作为净化系统工程设计和卫生毒理学评价的依据。

（一）载人航天器舱内污染物的监测要求

载人航天器舱内污染物的种类很多，为了保证舱内航天员呼吸到安全和洁净的空气，在严格筛选舱用材料的基础上，必须对舱内出现的污染物进行有效的监测和控制。舱内污染物的监测要求涉及目标污染物种类、监测设备性能等内容。

1. 俄罗斯舱内污染物的监测要求

俄罗斯《载人航天器中航天员的居住环境医学-工程总要求》标准规定，应该利用反应迅速的气体分析仪对舱内空气中的污染物进行有效监控：测量一氧化碳、氢氰酸、氟化氢、氯化氢、氨、甲醛在舱内的浓度。当污染物浓度超过 SMAC 限值时，应当采用清洁气体环境的补充措施，并且使用个人防护装置。

因此，俄罗斯要求，应该预先考虑到载人航天器密闭生活舱中的气体成分保持问题，同时也应当预先考虑在出现危害航天员健康的严重空气污染故障之后，对气体环境进行快速清洁或更换气体环境（全部或部分）。

为了对舱内气体进行有效控制，俄罗斯《载人航天器中航天员的居住环境医学—工程总要求》还给出了航天员个体 24 h 耗氧量的波动范围（1 500 ~ 7 000 L/h或21~93 g/h）、24 h 二氧化碳排出量的波动范围（1 200~6 000 L/h 或 25~125 g/h）、24 h 一氧化碳等 11 种代谢污染物的排放量。如，航天员个体24 h 的一氧化碳排放量为113.0 mg±16.6 mg。

2. 美国对舱内污染物的监测要求

美国要求，在 7 天及以上的载人航天器飞行期间，环境控制和生命保障系统对舱内 7 种气体应当进行优先监测和控制：氢、一氧化碳、甲烷、氧、水汽、二氧化碳、氮。

JSC 和 MSFC（Marshall Space Flight Center，马绍尔航天飞行中心）对舱内污染物提出的监测要点如下：

（1）监测的目的是在占有详尽资料的基础上，确保航天员的健康、工效和舒适。

（2）主要的空气组分在居住舱应做到实时监测，对氧浓度的监测范围为 5% ~ 45%、精度为±0.5%；二氧化碳浓度的监测范围为 0.3 ~ 20 torr①，精度为±0.3 torr；氢的监测范围是 40 ~ 4 000 ppm；甲烷的监测范围是 50 ~ 5 000 ppm。

（3）广谱分析舱内空气中的微量污染物，特别要关注新舱运行和新乘员工作时舱内的污染物：首先关注最常见的（如氧、二氧化碳、一氧化碳等），其次关注较常见的（如甲醛、氨、吲哚、乙醇、乙二醇、苯等），最后关注少见的；污染物监测上限应该是 1 h 限值的 2 倍或 7 天限值的 10 倍，监测下限应该是 180 天限值的 1/20 和 7 天限值的 1/50（底线为 5 ppb 以下）；分析精度在下限和 10 倍下限范围内，允许误差为±50%，在 10 倍下限和 1/10 上限范围内，允许误差为±30%，在 1/10 上限和 1 倍上限范围内，允许误差为±20%。

（4）必要时，对居住舱空气中的悬浮颗粒物进行监测，颗粒物的限值依据是否可以吸入和颗粒物中包含的化学成分来确定，直径<10 μm 的为可吸入颗粒物，其限值为 0.01 ~ 10 mg/m³，测量精度为±20%。

（5）对可能突然释放到舱内的污染物或热解产物，应当具有快速检测的能力：监测一氧化碳（CO）、氢氰酸（HCN）、氯化氢（HCL），当舱内浓度达到 7 天限值时要"告警（warning）"，当舱内浓度达到 1 h 限值时要"报警（alarm）"；对三种热解产物的监测范围和精度要求是：CO 监测范围和精度分

---

① 托，压力单位，1 torr≈133.322 Pa=1.333 mbar。

别为 1～500 ppm 和 1 ppm，HCN 监测范围和精度分别为 0.1～50 ppm 和 0.1 ppm，HCL 的监测范围和精度分别为 0.11～50 ppm 和 0.2 ppm。

（6）对于从环控管路液体系统、载荷试验、舱外活动、废物储存罐内突然释放到舱内的污染物应当具有快速检测能力，如肼的检测等，要求检测器放置在可能发生泄漏和释放之处，以防止这些污染物进入舱内造成污染。

（7）应建立计算机模型，预报特定污染物的环境行为特性和环境控制和生命保障系统对突然释放到舱内的污染物的去除能力。该模型的预测结果必须得到试验的证实，并且能在 0.5 h 内给出模拟结果，其精确度的允许误差为 ±30%。特定污染物主要指的是二氧化碳、氨、乙二醇、甲醛、戊二醛等其他可能的舱内污染物。

此外，为了方便载人航天器舱内污染控制系统的设计，NASA 在《国际空间站安全需求文件》中给出了 126 种舱内污染物的产生速率，其中包含甲醇、乙醇、异丁醇、正丁醇、乙醛、戊醛、甲烷、丙酮、硫化氢、吲哚、氢、氨、一氧化碳等 13 种人体代谢污染物的产生速率，如航天员个体 24 h 的一氧化碳排放量为 23 mg。

因此，明确载人航天器内乘员和舱用材料向舱内排放的污染物，是航天器居住舱环境工程设计的要素之一。乘员和材料作为基础污染源，向舱内排放的污染物是不可能被完全清除的，基于这个基本事实，必须在了解舱内污染物环境行为特性的基础上，有的放矢地设计生产和装备具有动态控制能力的空气净化系统，目的是保证舱内乘员能够呼吸到可接受的洁净空气。

（二）监测技术

监测航天器乘员舱大气污染是一项特别困难的任务，因为需要监测的污染物种类多、范围广和灵敏度高，监测装置的质量、体积和能耗也受到一定的限制。此外，还应满足可靠性、精确性、安全性和可维修性的基本要求。

1. 离线监测技术

离线监测技术是在航天时采集乘员舱大气样品，返回后在地面实验室对样品进行检测分析的技术，采样方法有"全气采样法"和"吸附剂采样法"两种。前者是用采样泵将舱室大气抽到特制的不锈钢瓶内，或将不锈钢瓶预先抽成真空，采样时打开瓶口的控制阀将舱内大气吸入瓶内，因此又叫"不锈钢瓶采样法"。这属于瞬时采样，其优点是气体成分没有改变，也没有损失，能真实反映采样时刻大气污染物的成分和浓度；其缺点是可供检测的样品量少，且采样器的体积和质量都较大，使其在航天器上的应用受到限制。吸附剂采样法，是利用活性炭或高分子聚合物作吸附剂制成采样管进行采样的方法。其优点是对污染物成分起到预浓缩的作用，体积小、质量轻，且特别适合挥发性有机物（VOC）的检测；其缺点是吸附剂对污染物有一定的吸附选择性，对一氧化碳、硫化氢等无机物不吸附。吸附剂采样管又分为两种，一种是需要动力源的泵吸式采样管，另一种是无须动力源的扩散式采样管，前者在美、俄载人航天器上得到普遍应用，后者在灵敏度和定量等方面还存在一定的问题。

2. 在线监测技术

在线监测技术是在航天过程中，实时监测乘员舱大气污染物的技术。在NASA-STD-3 000中，关于长期航天大气污染物监测设计方案中提出：

（1）对舱室大气中全部有机污染物提供实时监测；

（2）对目标物提供间断定性定量监测；

（3）浓度超标时发出声音或光报警。

早在20世纪80年代，NASA肯尼迪航天中心就对航天器大气监测系统的技术方案进行了评估性研究，最后推荐：

（1）采用远程傅里叶变换红外仪（Long-path FTIR）作为高危险的目标污染物定向快速检测；

（2）采用质量选择检测器或离子阱检测器的气相色谱/质谱（GC/MS）分析仪作为长时间低浓度（10^{-3} ppm 水平）污染监测；

（3）采用气相色谱/质谱/傅里叶变换红外仪系统作为 10^{-3} ppm 水平上最佳的定性定量监测。

"自由号"（Freedom）空间站采用了1台GC/MS仪监测微量污染物、1台非色散红外光谱仪监测一氧化碳和1台激光颗粒物计数器监测悬浮颗粒物。

在航天飞机飞行任务中，从STS-40开始就采用电化学原理（传感器）的燃烧产物分析器，监测非金属材料热解事故的目标物：氯化氢、氰氢酸、氟化氢和一氧化碳。对于悬浮颗粒物的监测，航天飞机采用2种监测仪器：一种是悬浮颗粒物采样器，收集4个范围的颗粒物（$0 \sim 2.5$ μm、$2.5 \sim 10$ μm、$10 \sim 100$ μm 和大于 100 μm），返回地面后用重量测量法检测颗粒物的质量浓度；另一种是悬浮颗粒物监测器，它是采用光度计和计数器的原理对颗粒物进行实时监测的。

七、乘员舱化学污染的控制与防护

（一）人体代谢产物的控制

人体代谢产物的成分和排出量与饮食有密切关系，碳水化合物不足或脂肪过高都能导致呼出气和尿中丙酮排出量增加；高糖饮食能增加挥发性脂肪酸的排出量；高蛋白饮食能降低挥发性脂肪酸的排出量；豆类饮食能使肠气增加 $10 \sim 20$ 倍。因此在航天员食谱中，除了要考虑热能和营养的需要外，还应从降低代谢产物排出量的观点考虑三大营养素的合理比例。

前面提到，储存尿液的挥发性成分中有许多是由细菌分解尿中的有机物所形成的，因此，抑制细菌生长就能降低尿中挥发物的排出强度。通常用各种重金属离子（如 Cu^{2+}、Fe^{3+} 等）和氧化剂（如 CrO_3、H_2O_2 等）作防腐剂处理储存尿液，对防腐剂的基本要求是杀菌效率高，不产生气味和二次污染，不产生沉淀物堵塞尿再生系统的管道，不腐蚀金属。在众多的防腐剂中，以氧化铬、含酚制剂、硫酸铜、氯化铜和秋兰姆效果较好。

为了抑制储存大便的恶臭和有毒化学物质，需要应用消毒剂来处理大便。常用的含氯制剂和酚制剂由于有强烈的气味、明显的毒性和腐蚀金属，故不适合在航天器中使用，取而代之的是氟化银、硝酸银、硫酸银、硫酸铜和碘晶等，它们能显著降低大便的特殊气味，但不能消除气味。

另外，设计与制造密封性能优良的收集和储存大小便的装置，也是控制人体代谢挥发物的重要环节。

（二）乘员舱用非金属材料脱出污染物控制

1. 乘员舱用非金属材料的选择

通过对非金属材料的卫生毒理学评价，选择无污染或低污染的舱用材料，是预防乘员舱大气污染的重要措施之一。基本目标是通过各种卫生化学和卫生毒理学的评价，选择出低气味、低脱气、低毒性和高的热稳定性的材料装备乘员舱。

乘员舱非金属材料选择的卫生学要求：

1）一般要求

（1）应选择防火、防静电和阻燃性能好的材料；

（2）应选用出厂后正常存放 3 个月以上的材料；

（3）材料使用过程中，脱出有害气体的浓度不应超过"乘员舱有害气体最高容许浓度"；

（4）材料使用过程中，不应产生超标准的悬浮颗粒物。

2）详细要求

（1）排出刺激性和特殊气味的材料，其气味等级评分值不大于 1.5（有气味但不强烈）；

（2）材料脱出的一氧化碳不大于 25 μg/g（正常大气成分，101.3 kPa，50 ℃，72 h）；

（3）脱出总有机物不大于 100 μg/g（正常大气成分，101.3 kPa，50 ℃，72 h 戊烷当量）。

2. 乘员舱用非金属材料的预处理

预处理是根据材料的性质，采用合适的物理化学方法处理材料，在不影响使用性能的情况下，最大限度地降低或消除材料的有害脱出物和不良气味。表3-36列出了对材料进行预处理的基本方法和原理。

表3-36　提纯聚合材料的方法

方法名称	方法原理
1. 化学方法 　(1) 用化学试剂或溶剂处理 　(2) 游离基作用 　(3) 成分替代作用 　(4) 扩散稳定作用 　(5) 氢化作用	(1) 借用于溶剂或试剂从聚合材料中消除低分子化合物。 (2) 复合作用形成不挥发的化学稳定化合物。 (3) 在聚合材结构内注入不挥发的和无毒的化合物。 (4) 用氧化抑制剂来扩散处理聚合物。 (5) 用金属氢化物处理聚合物消除不适的气味
2. 物理方法 　(1) 恒温作用 　(2) 在惰性气流中热处理 　(3) 镀合成树脂 　(4) 超声波处理 　(5) 热真空法 　(6) 用离子处理的真空法 　(7) 红外线和紫外线处理	(1) 在热作用下消除挥发性成分。 (2) 在惰性气体环境中，在热作用下比较充分地发生聚合作用。 (3) 给材料加上一层不透气的覆盖物。 (4) 在超声波作用下，比较充分地发生聚合作用，从而减少挥发性成分。 (5) 在真空作用下，加速热恒温过程。 (6) 在真空和离子轰击作用下，加速排除低分子成分。 (7) 通过较完整的聚合作用改变聚合物结构和消除低分子成分
3. 物理化学方法 　(1) 渗析和电渗作用 　(2) 辐射聚合作用	(1) 利用渗析和电渗从聚合物中消除低分子化合物。 (2) 利用辐射作为聚合作用的起爆剂

（三）乘员舱大气污染物的净化措施

为了消除乘员舱大气中的化学污染物，通常采用物理吸附、化学吸收、催化氧化、冷凝和大气过滤等多种净化措施。

吸附是利用多孔性固体吸附剂处理气体混合物，使其中所含的一种或数种组分吸附于固体表面上，从而达到分离的目的。吸附操作已广泛应用于基本有机化工、石油化工等生产部门，成为一种必不可少的单元操作。吸附方法在环境工程中也得到了广泛的应用，因为吸附剂的选择性高，故它能分开其他方法难以分开的混合物，有效地清除浓度很低的有害物质，净化效率高、设备简单、操作方便，所以该法特别适合于室内空气中的挥发性有机化合物、氨、H_2S、SO_2、NO_x 和氡气等气体状态污染物的净化。

本节简要介绍吸附的一些基本概念，即物理吸附和化学吸附、吸附剂、吸附平衡及吸附速度等问题。

1. 吸附

1）物理吸附与化学吸附

吸附是一种固体表面现象，固体表面的分子与固体内的分子所处的位置不同，其表面上的分子至少有一侧是空着的，处于力不平衡态，因此固体表面力是不饱和的，对表面附近的气体（或液体）分子有吸力，即吸附作用。气体在固体表面上的吸附可分为物理吸附和化学吸附，两者是完全不同的。

（1）物理吸附。

物理吸附因分子间的范德华力引起，它可以是单层吸附，亦可是多层吸附。物理吸附的特征如下：

①吸附质与吸附剂间不发生化学反应；

②对吸附的气体没有选择性，可吸附一切气体；

③吸附过程极快，参与吸附的各相间常常瞬间达到平衡；

④吸附过程为低放热反应过程，放热量与相应气体的液化热相近，因此物理吸附可看成是气体组分在固体表面上的凝聚；

⑤吸附剂与吸附质间的吸附力不强，当气体中吸附质分压降低或温度升高时，被吸附气体很容易从固体表面逸出，而不改变气体原来的性状。

用活性炭吸附沸点高于 0 ℃的有机物，如大部分醛类、酮类、醇类、醚类、酯类、有机酸、烷基苯类和卤代烃类，即属物理吸附法，随着有机物分子尺寸和质量的增加，活性炭对它们的吸附能力增强。

（2）化学吸附。

化学吸附因吸附剂与吸附质之间的化学键力而引起，是单层吸附，吸附需要一定的活化能。化学吸附的吸附力比物理吸附强，主要特征如下：

①吸附有很强的选择性，且吸附是不可逆的；

②吸附速率较慢，达到吸附平衡需相当长的时间；

③升高温度可提高吸附速率。

对于沸点低于 0 ℃的气体，如甲醛、乙烯等，吸附到活性炭上较易逃逸，这时就要用化学处理过的活性炭或者活性氧化铝之类来进行吸附处理，例如，用溴浸渍炭去除乙烯和丙烯、用硫化钠浸渍炭去除甲醛、用高锰酸钾浸渍的活性氧化铝去除乙烯等，皆属于化学吸附。

应当指出，同一污染物可能在较低温度下发生物理吸附，而在较高温度下发生化学吸附，即物理吸附发生在化学吸附之前，当吸附剂逐渐具备足够高的活化能后，才发生化学吸附。亦可能两种吸附同时发生。

2）吸附剂

（1）对吸附剂的要求。

如何选择、使用和评价吸附剂，是吸附操作中首先要解决的问题，对于吸附剂的一般要求如下：

①具有高度疏松的结构和巨大的暴露表面，吸附剂的有效表面包括外表面和内表面，而内表面总是比外表面大得多；

②对不同的吸附质具有选择性吸附作用，只从气流中分离出欲去除的物质；

③足够的机械强度和均匀的尺寸或构造；

④来源广泛，成本低廉。

（2）常用吸附剂。

常用的吸附剂有活性炭、活性氧化铝、分子筛和硅胶，其物理性质及其应用如表 3-37 和表 3-38 所示。

表 3-37　常用吸附剂的物理性质

物理性质	活 性 炭	活性氧化铝	沸石分子筛	硅 胶
真密度/$(kg \cdot m^{-3})$	1.9~2.2	3.0~3.3	2.0~2.5	2.1~2.3
表观密度/$(kg \cdot m^{-3})$	0.7~1	0.8~1.9	0.9~1.3	0.7~1.3
填充密度/$(kg \cdot m^{-3})$	0.35~0.55	0.49~1.00	0.60~0.75	0.45~0.85
空隙率	0.33~0.55	0.40~0.50	0.30~0.40	0.40~0.50
比表面积/$(m^2 \cdot g^{-1})$	600~1 400	95~350	600~1 000	300~830
微孔体积/$(cm \cdot g^{-1})$	0.5~1.4	0.3~0.8	0.4~0.6	0.3~1.2
平均微孔径/$(10^{-10}m)$	20~50	40~120	—	10~140
比热容/$(J \cdot g^{-1} \cdot K^{-1})$	0.84~1.05	0.88~1.00	0.80	0.92
导热系数/$(kJ \cdot m^{-1} \cdot h^{-1} \cdot K^{-1})$	0.50~0.71	0.50	0.18	0.50

表 3-38　常用吸附剂的应用举例

吸附剂	污 染 物
活性炭	苯、甲苯、二甲苯、醋酸乙酯、乙醚、丙酮、煤油、汽油、光气、苯乙烯、氯乙烯、恶臭物质、HCHO、C_2H_5OH、H_2S、Cl_2、CO、SO_2、NO_x、CS_2、CCl_4、$CHCl_3$、CH_2Cl_2
浸渍活性炭	烯烃、胺、酸雾、碱雾、硫醇、SO_2、Cl_2、H_2S、HF、HCl、NH_3、Hg、HCHO、CO
硅 胶	NO_x、SO_2、C_2H_2
分子筛	NO_x、SO_2、CO、CS_2、H_2S、NH_3、C_nH_m、HF
活性氧化铝	H_2S、SO_2、C_nH_m、HF
浸渍活性氧化铝	HCHO、Hg、HCl（气）、酸雾

①活性炭：活性炭是许多具有吸附性能的碳基物质的总称，几乎所有的含碳物质如煤、木材、锯木、骨头、椰子壳、果核、核桃壳等，在低于600 ℃下进行炭化，所得残炭再用水蒸气、热空气，或氯化锌、氯化镁、氯化钙和硫酸作活化剂进行活化处理，都可制得活性炭，其中最好的原料是椰子壳，其次是核桃壳或水果核等。

活性炭良好的吸附性能归因于其丰富的孔结构，其具有较大的比表面积，大部分来源于微孔，微孔适合小分子的吸附，而中孔适合吸附色素分子之类的大分子，大孔和中孔通向微孔的被吸附分子的扩散通道，它支配着吸附分离过程中吸附速度这一重要因素。一般认为活性炭的微孔结构为狭缝型细孔，严格来说，由于微石墨并没有完全平行排列，故应该是楔形孔。实际上，在活性炭中上述细孔单元相互之间在三维方向相互连接，故比单元孔更大的细孔亦可存在。

②活性氧化铝：活性氧化铝是由含水氧化铝，经加热脱水活化而制成，有粒状、片状和粉状。与其他吸附剂相比，其机械强度较高。

③沸石分子筛：沸石分子筛是一种人工合成的泡沸石，与天然的泡沸石一样是水合铝硅酸盐晶体，其化学式为 $Me_{x/n}[(Al_2O_3)_x(SiO_2)_y]\cdot mH_2O$，式中 x/n 是价数为 n 的金属阳离子 Me 的数目，m 是结晶水的分子数。

分子筛在结构上有许多孔均匀的孔道与排列整齐的孔穴，这些孔穴不但提供了很大的比表面，而且它只允许直径比孔径小的分子进入，而比孔径大的分子则不能进入，从而使大小及形状不同的分子分开，起到筛分分子的作用，故称为分子筛。根据孔径大小，以及 SiO_2 与 Al_2O_3 的分子比的不同，分子筛有不同的型号，如3A（钾A型）、4A（钠A型）、5A（钙A型）、10X（钙X型）、13X（钠X型）、Y（钠Y型）、钠丝光沸石等。

分子筛与其他吸附剂相比，其优点在于：

a. 吸附的选择性强，这是由于分子筛的孔径大小整齐均一，又是一种离子型的吸附剂，因此它能根据分子的大小及极性的不同进行选择性吸附；

b. 吸附能力强，即使气体的组成浓度很低，仍然具有较大的吸附能力；

c. 高温吸附能力强，在较高的温度下仍然具有较大的吸附能力，而其他吸附剂的吸附能力受温度的影响很大。

④硅胶：硅胶是一种硬而多孔的固体颗粒，其分子式为 $SiO_2\cdot nH_2O$。制备方法是将水玻璃（硅酸钠）溶液用酸处理，沉淀后得到硅酸凝胶，再经老化、水洗（去盐）和干燥处理。硅胶是工业和实验室常用的吸附剂，其特征是空隙大小分布均匀、亲水性强，它从气体中吸附的水量可达自身质量的50%。

（3）活性炭纤维。

活性炭纤维具有优异的结构与性能特征，其比表面积大，孔径分布高，是近几十年来迅速发展起来的一种新型高效吸附材料。由于活性炭纤维的外表面积、比表面积均比粒状活性炭大，所以其吸附速度和解吸速度也比粒状活性炭大得多，同时因阻力小，气体或液体易于通过，所以作为活性炭的新品种，活性炭纤维在室内空气净化方面的应用受到人们的广泛关注，有必要着重介绍。

活性炭纤维（Activated Carbon Fiber，ACF）是有机纤维经高温碳化活化制备而成的一种多孔性纤维状吸附材料。活性炭纤维与普通碳纤维的区别在于：前者的比表面积高，约为后者的几十至几百倍；碳化温度较低（通常低于1 000 ℃），拉伸强度小于500 MPa，而且此类碳纤维经活化后形成的活性炭纤维表面存在多种含氧官能团。

活性炭纤维是20世纪60年代随着碳纤维工业的发展而发展起来的，活性炭纤维首先以编织形式制备，黏性编织物被用作前驱体，热解并经活化而制成活性炭纤维织物；随后，相继研制出黏胶基、酚醛基、聚氯乙烯基、PVA基、聚酰亚胺基、聚苯乙烯基等活性炭纤维，并广泛应用于各个领域。

目前，已形成工业规模的活性炭纤维包括纤维素纤维、酚醛树脂纤维、聚丙烯腈纤维、沥青系纤维基活性炭纤维等多个品种。活性炭纤维的制备包括预处理、碳化和活化三个阶段。预处理的目的是使某些纤维在高温碳化时不致熔融分解，以及能改善产品的获得率和性能。一般采用两种预处理方法：一种是低温预氧化，使其形成稳定的结构（如对聚丙烯腈、沥青纤维）；另一种是使有机纤维浸渍无机盐溶液，提高纤维的热稳定性或降低纤维的碳化温度（如对黏胶纤维）。不同纤维采用不同预处理提高其高温稳定性能的原理已有许多研究。碳化是在惰性气氛中加热升温，排除纤维中可挥发的非碳组分，残留的碳经重排，局部形成类石墨微晶。活化是指碳化纤维经活化剂处理，产生大量的空隙，并伴随有比表面积增大和质量损失，同时形成一定活性基团的过程。活化过程是控制活性炭纤维结构性能的关键。常用的活化剂有热的水蒸气或二氧化碳，也有采用其他化学物质，如一些金属氯化物、强酸强碱等进行活化的。前者习惯上称为物理活化，后者习惯上称为化学活化。活化一般在600 ℃ ~ 1 000 ℃温度下进行，活化时间一般为10 ~ 100 min。用氧化性气体对碳纤维进行活化，一般认为它们首先与比较活泼的无定形碳进行化学反应。

$$C+O_2 = CO_2$$
$$2C+O_2 = 2CO$$
$$C+H_2O = CO+H_2$$
$$C+2H_2O = CO_2+2H_2$$
$$C+CO_2 = 2CO$$

在活化过程中，并非所有的表面碳原子都被蚀刻而使纤维的直径变细，而是氧化剂选择性地与非晶碳、晶格缺陷处和晶棱上的碳发生反应，形成挥发性气体而使碳消耗，并向纵深处蚀刻，在纤维上留下孔洞。化学活化的机理有所不同，温度也较低，因而可获得高的收率。像 $ZnCl_2$ 或路易斯酸碱等化学活化剂的作用是催化有机纤维在低温下发生脱水、裂解—交联反应，并在碳纤维中占据一定的空间，当温度进一步升高时，这些化学活化剂成为气体挥发，而留下丰富的孔洞。活性炭纤维主要由碳原子组成。在碳化活化时，原纤维的结构被破坏，碳物质芳构化，局部形成类石墨微晶。X 射线衍射谱在 $2\theta = 23°$ 附近出现强的衍射宽峰，在 $45°$ 附近出现弱的衍射宽峰，表明活性炭纤维中石墨微晶的存在。但微晶片层在三维空间的有序性差，平均微晶尺寸也较小，即呈所谓的紊乱碳层类石墨微晶结构。

活性炭纤维在表面形态和结构上与粒状活性炭（GAC）有很大的差别。粒状活性炭含有大孔、中孔和微孔，而活性炭纤维主要发育了大量的微孔。微孔的分布狭窄且均匀，孔宽大多数分布在 $0.5 \sim 1.5$ nm，微孔体积占总孔体积的 90% 左右。因此，活性炭纤维具有很大的比表面积，多数为 $800 \sim 1500$ m²/g，适当的活化条件可使比表面积达 3000 m²/g。改变活化条件可以改变所得 ACF 的孔结构，进而制造孔径从亚纳米级的活性炭纤维至纳米级的通用活性炭纤维。要使在 ACF 中形成中孔，可采用在原纤维中添加金属化合物再碳化、活化，或在 ACF 中添加金属化合物后二次活化等方法。

ACF 吸附有机物或其他吸附质后，其孔结构会发生变化。活性炭纤维的主要成分是碳，但也存在一些微量的杂质原子，包括 O、H。此外，还有 N、S 等。它们与碳结合形成相应的官能团，其中以含氧基团在活性炭纤维表面含量较为丰富。这些含氧基团主要为羧基、羟基、羰基和内脂基，此外还有醚基、胺基、亚胺基、巯基、黄酸基、膦酸基等。其所含活化基团的种类和数量取决于原材料及处理方法。通过适当的表面改性，如用氧化剂处理 ACF，可以改变 ACF 表面化学基团的种类和含量，以及改变 ACF 表面的亲水性能。通常有许多方法来表征 ACF 的孔结构和表面化学特征。孔结构的表征有间接的方法如等温吸附法、分子探针、X 射线小角衍射、吕子散射等；直接的方法如隧道扫描显微镜（STM）、透射电镜（TEM）等。表面化学性质的表征除传统的滴定法外，还有 X 射线光电子能谱（XPS）、扩展 X 射线吸收精细结构（EXAFS）等。

与粒状活性炭相比，活性炭的吸附容量大、吸附脱附速度快、再生容易、不易粉化。由于活性炭具有较大的比表面和合适的微孔结构，故对有机蒸气的吸附量比粒状活性炭大几倍甚至几十倍，对无机气体如 SO_2、H_2S、NO_x、CO 等也有很强的吸附能力，对水溶液中的有机物如酚类、染料、稠环芳烃类物质的吸附性也好得多。

活性炭纤维对气相物质吸附数十秒至数分钟可达平衡，液相吸附几分钟至几十分钟可达平衡，在此情况下，其比活性炭的吸附速度高 2~3 个数量级。活性炭纤维之所以能快速吸附，一方面是由于它对吸附质的作用强，另一方面是由于它的微孔直接与吸附质接触，缩短了扩散路程。另外，由 ACF 的直径算出其外表面积约为 0.5 m²/g，比粒状活性炭的 0.01 m²/g 大得多，与吸附质的接触面积也相应大得多，因此 ACF 的吸、脱附速度很快，这有利于再生及有用物质的回收。同时由于活性炭纤维具有强的耐酸、耐碱及耐溶剂性能，且具有一定的机械强度，故再生时不易粉化，减少了微尘的产生，不会造成二次污染。

此外活性炭纤维的吸附力强、吸附完全。活性炭纤维对有机质具有很强的相互作用力，特别适用于吸附去除 10^{-6}、10^{-9} 量级乃至更低浓度的有机物，因而在室内空气净化方面的应用前景非常广阔。

3）影响气体吸附的因素

（1）操作条件。

低温有利于物理吸附，适当升高温度有利于化学吸附，增大气相主体压力，即增大吸附质分压，能加快吸附进程。

（2）吸附剂的性质。

孔隙率、孔径、粒度等会影响比表面积，从而影响吸附效果。

（3）吸附质的性质与浓度。

临界直径、分子量、沸点、饱和性等会影响吸附量。若用同种活性炭作吸附剂，对于结构相似的有机物，分子量和不饱和度越大，沸点越高，越易被吸附。

（4）吸附剂的活性。

吸附剂的活性是吸附剂吸附能力的标志，常以吸附剂上已吸附吸附质的量与所用吸附剂量之比的百分数来表示，其物理意义是单位吸附剂所能吸附的吸附质量。

吸附剂的活性可表示为静活性和动活性。静活性是指在一定温度下，与气体中被吸附物（吸附质）的浓度达平衡时单位吸附剂上可能吸附的最大吸附量，亦即在一定温度下，吸附达到饱和时，单位质量（或体积）吸附剂所能吸附吸附质的量；动活性是吸附过程还没有达到平衡时单位质量（或体积）吸附剂吸附吸附质的量。气体通过吸附剂床层时，床层中吸附剂逐渐趋于饱和。一般认为，当流出气体中发现有吸附质时，吸附器中的吸附剂层已失效，这时单位质量（或体积）吸附剂所吸附的吸附质量叫动活性。

（5）接触时间。

在进行吸附操作时，应保证吸附质与吸附剂有一定的接触时间，以便充分利用吸附剂的吸附能力。

2. 催化氧化

物理吸附对消除臭味和有害蒸气最有效，常用活性炭作吸附剂，它对消除中、高沸点碳氢化合物和气味物质是有效的，但对低沸点卤代烃、一氧化碳、氢和甲烷等成分几乎无效，对这类污染物必须采用催化氧化法，将其转变成无毒或易于控制的成分再加以消除。美国航天飞机乘员舱大气净化系统中采用铂处理活性炭催化氧化一氧化碳、氢和肼；废物处理系统中采用酸处理活性炭清除氨、胺、吲哚和粪臭素等有臭味的物质。

3. 化学吸收

氢氧化锂（LiOH）作为化学吸收剂，对清除大气中二氧化碳（CO_2）是有效的，它吸收 CO_2 的重量比为 1.35 : 1.0，即每千克 LiOH 吸收 0.75 kg 的 CO_2；LiOH 还能部分地清除诸如二氧化硫（SO_2）、二氧化氮（NO_2）、硫化氢（H_2S）、氯化氢（HCl）和氟化氢（HF）等酸性气体。LiOH 作为 CO_2 吸收剂，优点是效率高，吸收量大，吸收性能不受温度和 CO_2 浓度的影响；缺点是不能再生和重复使用，根据乘员的多少，在航天飞机上以 6~12 h 的间隔更换 LiOH 罐，其粉尘对人体黏膜和皮肤有刺激性。

超氧化钾（KO_2）吸收 CO_2 的能力不如氢氧化锂，但它在吸收 CO_2 的同时能释放氧气，并能部分吸收其他污染成分。

上述三种大气净化技术的性能比较见表 3-39。

表 3-39 净化技术的性能比较

污染物	净化技术		
	活性炭吸附	化学吸收	催化氧化
乙醇	+	−	+
乙醛	+	+	+
乙腈	+	−	−
乙醚	+	−	+
芳香烃	+	−	+
低沸点卤代烃	−	−	+
高沸点卤代烃	+	−	−
低沸点烷烃	−	−	+

污染物	净化技术		
	活性炭吸附	化学吸收	催化氧化
高沸点烷烃	+	−	+
甲酮	+	−	+
酯类	+	−	+
硫酸二甲酯	−	+	−
注："+"号表示可清除；"−"号表示不可清除			

4. 冷凝

舱室温控系统中的冷凝热交换器在除湿和调节温度的同时，也通过水蒸气的凝结自然清除大气中大多数水溶性（如醇和氨等）和较高沸点的有机污染物。

5. 大气过滤

采用微粒和烟雾滤器来清除大气中的微粒、尘屑和棉绒等悬浮颗粒物。

6. 其他措施

舱室大气的自然泄漏是航天器特有的污染物清除方式，虽然在结构设计上应防止泄漏，但存在最小的泄漏率是不可避免的。对于产生速率小的污染物，自然泄漏有明显的控制作用，但当污染物水平突然发生变化时，自然泄漏就不会起太大的作用。另外，在结构设计上应考虑发生严重污染事件时，具有将出事现场与其他部分迅速隔离的措施和应急真空管装置，后者用来清除局部燃烧产生的有毒气体和烟雾。

八、月尘

月尘暴露对健康危害的问题是制约人类重返月球的关键因素之一。在接近真空环境下的月尘因其颗粒表面覆盖着"不饱和"化学键，故使它们变得非常容易起反应，当吸入这些月尘后，它可能与肺表面和肺部细胞起反应。当登月航天员在月球基地进行任务操作时，这些微小的、可吸入肺的灰尘会使他们中毒。

"阿波罗"航天员飞行后的任务报告表明：虽然航天员在返回指挥舱前用清扫航天服和真空吸尘器的方法尽力除去月尘，但仍有很多月尘进入航天器，例如，航天员哈里森·施米特抱怨月尘引起了"花粉热"，并导致太空船与航天服不同接合点和封口处出现了一些问题。在这些报告中，"阿波罗"航天员提供的月尘暴露引起的几方面问题如下：

（1）"阿波罗-11"乘员的描述说："到处是月尘颗粒，甚至在我们采用了最好的清除方法之后，它们依然存在。""当脱掉头盔时，闻到明显的火药一样的气味。""像石墨一样。"

（2）"阿波罗-12"飞行任务期间，乘员对登月舱中月尘引起的一些问题报告说："指挥舱和登月舱内有月尘污染。""当我摘掉头盔时，登月舱中十分脏，满是月尘，我几乎看不见东西，我最先看到的是垃圾。""就好像这里飘浮着一片细灰云"。登月舱与指挥舱对接后，月尘进入指挥舱，乘员对此时月尘污染的描述是："无法清理掉指挥舱背部系统附近的月尘，因此它在飞船中到处弥漫。""因为我们周围飘浮着碎粒和月尘，我们尽可能地待在航天服的循环环境中。""为了防止我们的眼睛发炎和鼻子吸入这些小颗粒，我们仍然戴着头盔。"

（3）"阿波罗-14"乘员说："对我们来说，舱内的灰尘不是问题。""灰尘控制程序很有效。"

（4）"阿波罗-15"乘员说："当我们第一次舱外活动后进入登月舱时，舱内的气味像火药味。""在飞船内飘浮着颗粒物质。""月尘可溶解在水中。""真空吸尘器可以很好地清除登月舱内的灰尘。"

（5）"阿波罗-16"乘员提意见说："在第一次出舱前登月舱是十分干净的，后来就变得很脏了。""我怀疑真空吸尘器是否在很好地工作。""生活在飘浮着月尘和碎片的登月舱内是很危险的，大部分时间我的眼睛蒙有灰尘和颗粒，有一次我感到我的眼睛好像被擦伤了。"

（6）"阿波罗-17"乘员回忆道，"月尘令你感到你生活在登月舱里的很阴沉的大气环境中。""考虑到我们吸入的灰尘量，清除灰尘是十分重要的问题。""我摘掉头盔后感到月尘对我的鼻孔和鼻窦有些刺激，但 2 h 后这些刺激明显减少。""我摘下头盔后就感到有些后悔，因为月尘确实还在刺激着我的眼睛和喉咙，我品味着这些月尘，将它们吃下去。""我从 1 号通道往上爬，发现登月舱内有很多灰尘，你可以闻到它"。

一名随船乘医贝尔·卡彭特医生在他的观察报告中提到他自己和其他乘员在飞行后出现过敏反应，据卡彭特医生回忆，乘员暴露于月尘后出现嗜酸红细胞和嗜碱血细胞增加，这表明出现了变态反应。

虽然没有大量的证据可以说明月尘能影响航天员的工效，但可以想象，如果一名航天乘员因为月尘和漂浮的碎粒"几乎失明"和不得不尽可能地"躲在航天服里"，那一定会影响工作。

在"阿波罗"任务中，月尘被带入飞船是一个重要的问题，随着重返月球并长期留守月球计划的提出，月尘的毒性和污染问题将比"阿波罗"任务时更为严重，人体证据也支持在月面居住时，月尘可以危害到人的健康。月球的重力只相当于地球重力的 1/6，这使得灰尘停留在空气中的时间增长，因而增大了吸入尘粒的概率。

Schlesinger 等（2006）在一篇综述中列举了可以产生不利影响的月尘特性，包括：尺寸分布、质量浓度、粒子表面积、粒子数目的浓度、酸度、粒子表面化学特性、粒子反应性、金属含量、水溶性和几何形状，其中粒子表面化学特性研究最为困难。因为月球表面的环境与地球环境不同，故很难了解月尘表面的化学特性，在地球的实验室中，不容易重现影响月球粒面反应的过程。其中有一点：矿物质表面的断裂可以增加其毒性，新断裂的石英对大鼠呼吸系统的影响比陈旧的石英要大。

（一）月尘的性质

自从"阿波罗"登月任务开始以来，由于航天乘员短暂暴露于月尘环境下，促进了地球颗粒物毒理学的研究。1971 年，美国环境保护署（EPA）公布了第一个国家环境空气质量标准（NAAQS），提出了每单位容积中总悬浮粒子（TSP）的标准；1987 年，NAAQS 标准明确提出，可吸入颗粒物是指那些空气动力学粒径（PM10）小于 10 μm 的粒子，这样大小的粒子可能达到支气管和肺的深处；1997 年，EPA 提出空气动力学直径（PM2.5）小于 2.5 μm 粒子的标准，这主要是建立在流行病学调查的基础上，这些粒子可以导致死亡率增加、呼吸困难加重并使因心肺症状入院治疗的人数增加。

在"阿波罗-17"的一次出舱活动期间，航天员哈里森·施米特使用一个可调节的取样勺采集月尘标本，目的是了解月尘的特性，预防它进入航天器和居住舱，从而降低今后月球任务中吸入颗粒、损伤皮肤和眼睛的危险，如图 3-11 所示。

图 3-11 在"阿波罗-17"的出舱活动

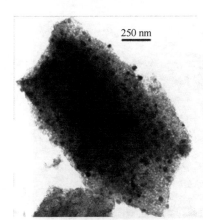

图3-12　月尘中的铁元素

（注：黑点是0价铁）

Apollo任务采回的月尘样品分析结果表明：月尘中类玻璃聚合物含量超过50%，另外Fe^0含量相当丰富（见图3-12），其中粒径小于2.5 μm的颗粒物含量高达80%以上，会导致肺部纤维化和其他疾病，100 nm以下的颗粒物能直接进入血液循环，且其中的Fe^0会降低血色素中的Fe^3含量；表面多为尖锐的锯齿状，比表面积大。

由于月尘颗粒物粒径较小，比表面积大，故比较容易富集重金属、推进剂；同时月尘表面形状和地球表面颗粒物不同，还可能有空间辐射残留，会严重影响航天员的健康；同时由于太空微重力环境的影响，气溶胶呈现和地面完全不同的动力学过程，粗粒子不会沉降，飘浮在空气中，可能影响舱内设备的正常工作，如金属颗粒可能导致电器短路，较大颗粒吸附在光学镜头表面会影响光学成像设备的工作，另外还需要考虑颗粒物作为细菌和微生物的载体可能对航天员产生协同毒性效应。

2008年，NASA在月尘特性的研究方面取得重大进展并开发出月尘毒性的测试方法。了解月尘在尘土形态、化学性质、反应能力、对细胞的影响以及对整个动物影响各个方面的毒性情况，这些发现让人们开始了解月尘的毒性并给出定量的结果，这个结果有助于制定暴露标准。

NASA的一个研究小组已经找到几种产生可吸入大小的月尘粒子的方法，这些粒子用于吸入性毒理研究。采用该方法可使研磨过程中产生的污染物降到最低，而且可以生成大小合适、具有部分活性表面的粒子。

图3-13所示为表面沾满月尘的登月服。

太阳侵蚀的月球表面及美国月尘采样装置分别如图3-14和图3-15所示。

图3-13　表面沾满月尘的登月服

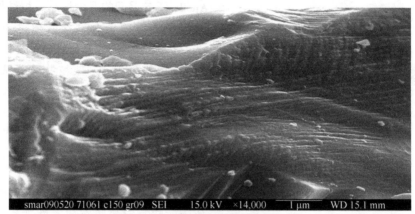

图 3-14　太阳风侵蚀后的月球表面

图 3-15　美国月尘采样装置

（二）月尘的毒性

在了解颗粒物的毒性时，关键的问题是研究各种尺寸粒子的沉积点，这与其毒性直接相关。粒子沉积的粒径为 1～10 μm，在肺中这种尺寸范围的颗粒能够沉积 20%～80%。在重力减小时，沉积的部分和模式会发生改变。研究数据表明，0.5～1 μm 范围的月球粒子在呼吸系统的沉积少于地球重力条件下的沉积。

末梢气道粒子沉积遇到的第一个反应是出现支气管衬液（BALF），当粒径范围为 0.1 ~ 0.9 μm，肺泡囊扩张和收缩时，肺中支气管衬液的浓度发生改变，在生物学粒子（例如细菌）作用时，这种液体可以使粒子更容易被巨噬细胞吞噬，非生物学的炭粒子有类似的过程。

粒子在肺区的沉积与它们的表面积和化学成分有关，如果一个粒子相对可溶解，它的溶解产物将随血流排出而相对不容易溶解的粒子则被巨噬细胞吞噬，并被黏膜纤毛或淋巴系统清除。部分沉积在上气道的极其微小粒子（<0.1 μm）被转移到脑，而到达肺区的类似粒子可以被转移到邻近的器官（例如肝）。粒子对呼吸系统的作用可能引起临床疾病和使已有的疾病恶化，例如，尘肺是一种众所周知的职业病，流行病学的研究表明，城市周围环境的灰尘水平可以恶化呼吸状态，引起哮喘和慢性阻塞性肺病。

除了呼吸系统外，小颗粒的粒子对心血管系统也有影响。流行病学的研究认为，暴露于粒子环境下，心绞痛、心律不齐和心肌梗死的发生率增加，以及与粒子"事件"有关的急性死亡率增加主要是由心血管疾病引起的。临床研究证明空气粒子浓度的增加可以引起血液中纤维蛋白原的增加和心率变异下降。Sandu 等人（2005）对 C-反应蛋白在调节周围环境粒子引起冠状动脉疾病发生中的作用进行了综述；Batalha（2002）注意到粒子有引起小肺动脉血管收缩的能力，来自"阿波罗"任务的证据说明月尘可以引起一些高敏感性的人出现心血管变化，这些变化类似于暴露于污染空气中的改变。

在进行登月飞船系统设计时，一个关键性的问题是目前还没有月尘暴露的公认健康标准。为此，NASA 成立了月尘毒理学评价专家小组（LADTAG），LADTAG 是由月质学专家、吸入毒理学专家、生物医学专家、细胞化学专家和生物学专家组成的，他们是来自于 NASA 和美国上述领域的专家。

LADTAG 建议进行月尘对肺（肺毒理学）、眼（眼毒理学）和皮肤（皮肤毒理学）毒性的研究，此研究通过月尘毒性研究计划（LDTRP）来实施。在 2005 年举行的 LADTAG 研讨会上，专家们发现他们对制定吸入标准无法取得统一的意见，这些专家对吸入标准的建议差别达 300 倍（即 0.01 ~ 3 mg/m³）。迫切的工作是确定吸入标准，这样才能进行月球舱环境系统的准确设计。LDTRP 计划组回顾了"阿波罗"登月航天员在其执行任务期间暴露于月尘环境下的第一手资料和地球上人在矿业灰尘和火山灰尘作用下的资料。

(三) 地面研究结果

地面证据源自以下人群：暴露于工业矿石灰尘中的职业人员、生活在靠近活动火山附近的居民。

采矿产业中工作的人常常暴露在新断裂的矿床环境下，当这些采矿工人没有使用或者使用不适当的呼吸防护装置时，后果是很严重的。一个例子是在1927年开始的西弗吉尼亚州霍克斯内斯特角的采矿活动，在那里进行硅石沉积物的勘探和开采，工人没有使用呼吸防护装置，结果几年后2 000名暴露在这种环境下的人中有30%死亡。硅肺病的这种迅速致命型疾病被称为"急性硅肺病"，它的主要病理特征是肺泡蛋白沉积和间质性炎。它对呼吸系统的影响不全像一般硅肺病，一般硅肺病是长期暴露在较低浓度的硅石灰尘中，数十年后才发病，其病理特征是出现矽结节，此结节与周围组织截然不同，周围常常有炎症反应。

火山灰来自火山爆发过程中进入大气的火山灰，或者由于火山表面火山灰流的渗出和冷却时的带电灰尘，或者其中的一些化合物。通常人体吸入火山灰前会有数小时到数天的时间，火山灰与大气中的氧或水蒸气起反应，使其所有表面都出现钝化。火山灰的矿物质成分取决于岩浆的成分，不同的火山或者同一火山不同的爆发期，其粒子大小、矿物质成分和矿物质类型都有很大差别。

1980年，圣海伦斯火山爆发后不久，很多专家开始研究火山灰对暴露于其中的人群健康的影响，火山灰中石英的含量为3%~7%，主要的影响是致人产生哮喘、气管炎，以及眼不适导致的急诊人数增加，入院人数增加持续近3周，对免疫系统的影响甚至持续到1年后。1995年，英国西印度火山爆发，火山灰流降落的灰尘中含有10%~24%的石英，从记录中可以看到暴露于火山灰下的孩童哮喘发病率增加。

动物研究主要是在实验控制条件下，研究圣海伦斯火山灰或石英暴露引起的慢性吸入影响，结果表明这两种物质有明显的剂量反应，发现来自火山的石英有明显的毒性和促纤维化的特性，相比之下，火山灰的毒性较小。在其他动物试验中也得到类似的结果，因此，研究人员认为对肺的毒性来说石英大于火山灰。但是，吸入空气中的火山灰可以增加上皮疼痛感受器的"组胺敏感性"和抑制肺泡巨噬细胞防御感染能力的作用。

Lam等人（2002）评价了火山灰对胸腔灌注鼠的毒性作用，将来源于亚利桑那州的圣弗朗西斯科区域（模拟月尘）和夏威夷火山（模拟火星灰）的火山灰毒性与二氧化钛和石英毒性进行比较，在接受月球模拟灰尘1 mg剂量80

天后，小鼠肺出现慢性炎症、隔膜变厚和一些纤维化；在接受 0.1 mg 灰尘的鼠中没有发现任何变化；在火星模拟试验中，除了 0.1 mg 鼠出现炎症反应和纤维化外，其他反应类似于月球模拟。在另一项研究中，观察了上述同样模拟条件对人肺泡巨噬细胞的影响，月尘模拟组的细胞生存能力降低与细胞凋亡和二氧化钛（TiO_2）组相似，两组的毒性低于石英组，两种模拟在细胞毒性方面出现剂量依赖性增加的情况。

与陈旧的石英灰相比，吸入新的石英灰可以明显增加动物的肺损伤。新石英灰可以增加起反应作用的硅氧自由基，已经发现暴露于石英灰条件下的动物出现抗氧化酶浓度下降的现象；含有铁的不纯石英灰可减少细胞的谷胱甘肽，由于粒子的作用和源自细胞的活性氧（ROS），故出现氧化特性的损伤，Castranova 等人（1997）认为含有微量铁的石英灰的毒性可能比单纯的石英大。

石英暴露的研究表明，在形成硅肺病中，氧化剂和一氧化氮的产生起重要作用，它们可以引起鼠肺的炎症；其他的研究表明，石英细胞毒性的作用模式和致病性与引起脂肪过氧化反应有关；与暴露于陈旧石英灰条件下相比，暴露于新石英灰条件下对呼吸的影响是可以引起巨噬细胞产生更多的活性氧，故证明新石英灰比陈旧石英灰的毒性更大。

表面活性可以增加毒性，采用模拟激活月球表面灰尘的方法（即在真空中进行紫外线照射）来激活灰尘产生的活性氧，毒性要高于没有采用这种方法激活的灰尘。此外，用质子和 α 粒子轰击矿石样本来模拟太阳风的作用可以增加活性氧。

石英新断裂面会增加毒性，且碎裂的硅石打开了 Si-O 键，产生了 Si 和 SiO 游离基，之后在水环境中产生 OH 游离基；陈旧的石英仍然可以产生游离基，但游离基的水平较低。

Vallyathan 等人（1988）证明地面硅石暴露在空气中，表面硅基游离基在水介质中羟氢氧基的消失速度呈双峰衰退，半衰期约 30 h，在 4 周后，石英表面还存在 20% 的活性，类似于空气中新断裂石英 24 h 半衰期产生 OH 游离基的能力。虽然石英不是月尘，碾磨只是为了代替月尘表面的激活，但表面活性半衰期对于了解表面激活的月尘的钝化的是必不可少的。

图 3-16 所示为月尘颗粒的扫描电子显微镜图。图 3-16（a）所示为一个典型的月球黏块，可以看到它锋利的边缘、凹面和微坑，在这个黏块上还附着有直径不到 1 μm 的小颗粒，此外，在图的上部还可以看到一些劈裂纹；图 3-16（b）所示为从哈里森·施米特舱外航天服外表面取下的黏合在一起的月尘碎片。

（a）   （b）

图 3-16　月尘颗粒的扫描电子显微镜图

（a）月球黏块；（b）月球碎片

| 参考文献 |

［1］J. M. Waligora. The Physiological Basis for Spacecraft Environmental Limits ［R］. Houston：NASA Scientific and Technical Information Branch，1979.

［2］James J T. Toxicology of Airborne Gaseous and Particulate Contaminants in Space Habitats ［M］. Volume2，Washington：AIAA，1994.

［3］NASA CR-1205. Compendium of Human Responses to the Aerospace Environment ［R］. Volume3，Sections l3. Washington：NASA，1968.

［4］Kustov V V. Problems of Space Biology：The Toxicology of Products of Vital Activity and Their Importance in the Formation of Artificial Atmospheres of Sealed Chambers ［M］. Volume11，Moscow：Nauka Press，1969.

［5］James J T. Volatile Organic Contaminants Found in the Habitable Environmental of the Space Shuttle：STS-26 to STS-55. Aviation Space and environmental Medicine ［R］. Section 1，1994，65（9）：851-857.

［6］NASA/SP-2010-3407. Human Integration Design Handbook （HIDH）［R］. Washington：NASA，2010.

［7］NASA-STD-3001. NASA Space Flight Human-System Standard，Volume2：Human Factors，Habitability，and Environmental Health ［S］. 2011.

［8］ JSC 63414. Spacecraft Water Exposure Guidelines（SWEGs）［R］. Houston：Johnson Space Center, 2008.

［9］ 张铣，刘毓谷. 毒理学［M］. 北京：北京医科大学、中国协和医科大学联合出版社，1997.

［10］ 张汝果. 航天医学工程基础［M］. 北京：国防工业出版社，1991.

［11］ 纪云晶. 实用毒理学手册［M］. 北京：中国环境科学出版社，1993.

［12］ GB 5749—2006 生活饮用水卫生标准［S］. 中华人民共和国卫生部与国家标准化管理委员会发布，2006.

第四章

航天再生水毒理

　　水在载人航天中一方面依靠地面供应，另一方面依靠再生系统提供。当前，NASA 在国际空间站飞行任务中再生水能够提供 50% 的水分，而有效提高水的再生能力是 NASA 于 2010 年年底起草的载人航天综合路线图中提出的一项重要任务，NASA 期望到 2022 年，95% 的航天用水可以再生。要想实现上述目标，首先必须解决的是再生水质污染问题，因此，NASA 明确提出，目前亟待解决的技术挑战是稳定垃圾回收处理技术以获得再生水，并控制病原体、微生物生长，防止产生异味。

　　面向我国空间站的长期飞行任务，提供卫生、洁净且无毒无害的再生水已成为一项必然的选择，其同样需解决再生水的污染问题。本章分析了再生水中污染物的主要来源，并从再生水水质要求、水质的监/检测与评价、再生水净化等方面对再生水污染的防治策略进行了讨论。

|第一节　空间站水的需求|

一、总量需求

　　载人航天过程中，水主要应用于饮用水、食品和饮料复水、卫生用水、医用水、任务结束返回时携带水、EVA 用水。NASA 用水需求见表 4-1。

表 4-1　国际空间站用水需求统计（NASA-STD-3001）

目的	数量	说明	备注
饮用水	2.0 L/（人·天）	饮用水需要量取决于体重、运动负荷等，目前国际空间站人均用水量是 2.0 L/（人·天）	
食品复水	0.5 L/（人·天）	目前 ISS 携带食品复水需要量，需要根据食品加工状态调整	
个人卫生用水	0.4 L/（人·天）	用于皮肤、头发、口腔卫生，部分用于湿毛巾	
液体负荷	1.0 L/人	用于任务末期供应液体，并用于推迟 24 h 着陆时所需，防止再入及着陆后血液动力学不适应现象	
医用水	（5 L+0.5 L）/人	5 L 用于医学处置，包括冲洗眼睛和伤口，0.5 L 用于眼睛中尘土和异物冲洗	
EVA 用水	0.24 L/h 附加	出舱活动期间，着舱外服呼吸和排汗增加，每小时需要额外增加 0.24 L 饮用水，尤其是登月时，能量消耗增加，强烈建议增加饮用水量	
着陆后备水	4.5 L/人	1 L/（8 h·人），36 h 等待救援共需 4.5 L/人	应急储备用水 12 L/（人·天），便携式应急用水 2 L/人

注：出舱活动或运动会增加用水量

对国际空间站用水需求情况进行统计分析可见，维持正常飞行活动中的航天员一日工作和生活所需水分约 2.9 L；如有出舱活动，则按 6 h 出舱活动计算，还需增加 1.4 L；此外，还需为每名航天员提供 5.5 L 的医疗用水、再入前的 1.0 L 补液用水。"礼炮"6 号使用"进步号"货运飞船补给的物资中，水是其中一个重要的补给物资，按三人乘组连续驻留一年为基准，其饮水需求量为 3 t。

如此庞大的需求，使得水再生技术成为各载人航天国家共同致力研究的一项重要课题。

二、水温控制

为了航天员的健康，饮用水、食品复水、饮料、医用水都有温度要求，尤其是长期飞行中，航天员对冷、热饮的偏好越来越重要，见表4-2。

表4-2 国际空间站不同用途水温要求（NASA-STD-3001）

用途	水温范围	备注
冷饮水温	最高15.6℃，冷水温度2℃~7℃	3天以上飞行
食品和热饮	68.3℃~79.4℃	在此温度范围，食品复水后不需要另外加热，超过68.3℃可防止微生物生长
个人卫生	29.4℃~46.1℃	身体清洁用水
医用水	18℃~28℃	可防止冲洗时对组织的热伤害

|第二节　再生水|

目前，国际空间站仅从冷凝水和尿液中再生水，再生水的提供能力占总需水量的50%。水再生与管理的寿命周期受到水再生系统的可靠性和消耗品使用量的限制。由于存在着物理、化学和微生物的可能污染，故必须在再生水的实现过程中进行稳定处理，一方面可避免设备受到生物和化学污垢引起的故障，防止排出气体污染物；更重要的是，要对再生水进行消毒，确保其安全存储，同时保证其中的杀菌剂等成分不会危害航天员的健康。

NASA希望通过提高再生生保系统的可靠性，从多种源水中（包括卫生保健水、洗衣水中）再生水，增加总的水的再生百分比，并提供可靠的监测方式，对再生饮用水进行消毒和微生物控制，确保航天员健康。在当时其具体的规划为：2014年前实现55%的水再生；2019年达到98%的水再生；到2029年98%的再生水主要由生物系统提供。

长期载人飞行中，存在着多种导致再生水污染的可能，按照污染物的来源分，污染物可来自地面携带水中污染物、飞行过程污染物、航天器水中的添加剂等。表4-3给出了再生水中可能的污染源及其污染过程。

表4-3 再生水的化学污染源

水污染源	污染过程	特别污染物
地面携带水中的污染物	携带水源中的污染物、水处理过程中引入的污染物、水箱和水管中溶出的污染物	—
飞行过程中的污染物	空气中溶入冷凝水中的可溶性污染物	空间站载荷和材料中脱出的污染物、空气中微生物和化合物
	人体新陈代谢产生	有机酸和酯、药物代谢、药物代谢副产品
航天器水中的添加剂	特别添加剂	灭菌用的碘或银、添加的矿物质（钙、镁）等

　　按照污染物的种类分，可分为微生物污染、重金属离子污染、有机化合物污染、无机化合物污染等。饮用水微生物污染被认为是传染性疾病的根源，因为水为微生物生长和病原体滋生提供了载体。与普通的水系统相比，即使使用了杀菌剂，再生水系统把各种各样的微生物带入的可能性也是存在的。在国际空间站上，不同再生水源中均检测出了多种不同的污染物，详见表4-4。

表4-4 不同再生水源中检测出的污染物

ISS 美国舱段冷凝水	航天飞机	俄罗斯货运飞船
苯甲醇	镍	氯仿
乙醇	乙醇	锰
甲醇	碘	银
醋酸酯	挥发性气体	浑浊度
甲酸酯	镉	—
丙酸酯	铅	—
锌	己内酰胺	—
镍	—	—
甲醇	—	—
乙二醇	—	—
丙二醇	—	—

　　按照污染发生的过程分，可分为常规飞行中的污染、故障与应急事件污染、飞行中有效载荷及空间试验中的污染等。在长期航天飞行中，系统固有的长寿命增加了毒性污染物积累的可能性，而系统材料的降解等会产生各种污染物，进而污染水源。在长期航天飞行中实施的大量空间医学、生物学试验及有

效载荷试验等，均可能构成一个不确定的水系统污染源，增加了水源的不稳定性。飞行中的应急事件和故障情况也可能会带来额外的污染风险。

第三节　水质要求

制定再生水水质要求，是控制再生水污染、保证航天员健康的第一要素，故国际载人航天工程对再生水提出了相应的水质要求。通常而言，再生水水质要求主要包括物理化学指标限值、微生物限值和感官指标（味觉、气味、浑浊度、颜色、pH 值）等，但针对再生水的用途不同（如饮用水、个人卫生用水、医用水等），水质要求并不相同。

一、感官指标

感官指标一般包括颜色、味道和气味、浑浊度及其他物理参数。

（一）颜色

可直接根据颜色判定水质是否对身体清洁有影响或者是否已遭受污染。美、俄等国均制定了相应的水质颜色判别的标准（见表 4－5），我国在 GB 5749—2006《生活饮用水卫生标准》中也明确了水质判别的方法和要求。

溶解于水中的物质吸收白色光，同时发出特定波长的光，因而在水中形成了色度，色度是影响饮用水外观的重要美学参数。根据水体色度，可以直接判定水质是否清洁，或者水体是否遭受污染。

在我国 GB 5749—2006《生活饮用水卫生标准》和 NASA/SP－2010－3407（HIDH）（2010 年）中，均规定饮用水色度指标为 15（铂钴色度单位）。饮用水色度指标为 15，可以满足航天员的健康要求。

（二）口感和气味

气味和口感的评价取决于人的感觉，饮用水口感的可接受性对人的心理健康和生理健康都很重要。在以往的美国载人任务飞行中，提供的饮用水安全、无味，但并不受欢迎，这些水淡而无味，可能类似于高质量的三次蒸馏水。在再生水的处理过程中，使用杀菌剂时可能会遗留令人讨厌的味道，研究证据表明，灭菌过程和树脂净化过程会产生少量化合物，如三丁基胺，虽然这些化合物对人体无毒性，但会影响水的口感。长期飞行中再生饮用水的提供，既要保证水质安全、无毒无害，也要注重口感、味道等方面的可接受性。

表4-5　一般性状参数指标数据统计

参数	GB 5749—2006 生活饮用水卫生标准（2006年）	NASA-STD-3001（VOLUME 2）（2011年）	NASA/SP-2010—3407（HIDH）（2010年）	美国国家科学院《航天器水标准制定方法》（1998年）		俄罗斯联邦国家标准《载人航天器中航天员的居住环境》（1996年）	国际空间站俄罗斯舱段水质标准	
				NASA	俄罗斯		上行罐装水	再生饮用水
色度	15（铂钴色度单位）	15（铂钴色度单位）	15（铂钴色度单位）	15（铂钴色度单位）	20度	≤20度	20度	20度
浑浊度	1（NTU）（水源与净水技术条件限制时为3）	1（NTU）	1（NTU）	1（NTU）	1.5 mg/L	≤1.5 mg/L	1.5 mg/L	1.5 mg/L
气味（臭和味）	无异臭、异味	3（TON）	3（TON）	3（TON）	2级	≤2级	2级	2级
口感（味道）	—	3（TTN）	3（TTN）	3（TTN）	2级	≤2级	2级	2级
游离气体和溶解气体	—	0.1%（飞船大气压力,37℃）	0.1%（飞船大气压力,37℃）	5%（1 atm①,20℃）	5%（1 atm,20℃）	—	5%（1 atm,20℃）	5%（1 atm,20℃）
pH值	6.5<pH≤8.5	4.5~9.0	4.5~9.0	5.5~9.0	5.5~9.0	5.5~9.0	5.5~9.0	5.5~9.0

注：美国国家科学院《航天器水标准制定方法》的 pH 值为加碘前的数值范围。

① 1 atm=101 kPa。

我国《生活饮用水卫生标准》要求饮用水无异臭、异味，实际评价不好实施，且未提出口感指标要求。

NASA 2010 年相关标准中规定气味要求为 3（TON，气味阈值），口感要求为 3（TTN，味觉阈值）；俄罗斯 1995 年国家标准中提出水的气味要求为 2 级，口感要求为 2 级，但未说明测试方法和测试单位。

（三）浑浊度

浑浊度直接反映水质感观性状的好坏，是水中微生物和无机物等悬浮物颗粒污染程度的指标。过多的悬浮物颗粒将从感观上导致航天员的拒用；其次，非生物颗粒还会影响对水质的杀菌效果。此外，大的颗粒内部可能还会隐藏微生物，造成水质的潜在隐患。

我国《生活饮用水卫生标准》及 NASA 浑浊度指标均为 1（NTU）；俄罗斯规定浑浊度指标为 1.5 mg/L，其测试方法和测试单位与我国饮用水标准不一致。

（四）游离气体和溶解气体

游离气体和溶解气体一般指溶解或游离在水中的二氧化碳、氧气等，在 NASA 和俄罗斯在轨飞行用水标准中，均对此项指标作了规定，但对其指标意义未做说明。考虑再生水作为飞行用水的重要组成，水中游离气体或溶解气体过多，航天员在出舱活动等低压化境作业时，水中气体体积膨胀或析出过多，导致胃肠胀气或排气过多的风险增加。

我国《生活饮用水卫生标准》无游离气体和溶解气体要求，NASA 游离气体和溶解气体要求为 0.1%，俄罗斯为 5%。

（五）其他物理参数

温度、导电性和 pH 值等是影响水质可接受性的重要的物理参数，也应制定相应的限值标准，以提高水质的可接受性。

pH 值是指水的酸碱度指标，是水质标注的基本参数，我国《生活饮用水卫生标准》规定 pH 值：6.5~8.5；NASA 航天器饮用水规定 pH 值：4.5~9.0。

二、化学指标限值

由于污染物的出现率和含量在不同的废水回收技术中是不同的，来源不同的废水成分又是极易变化的，所以要确定产出水的各种成分非常困难。但从人的安全、健康角度，其中最关心的是再生水的有机物含量。化学指标参数数据统计记录 4-6。

表 4-6 化学指标参数数据统计

mg/L

参数	GB 5749—2006 生活饮用水卫生标准（2006年）	NASA/SP-2010-3407（HIDH）（2010年）	美国国家科学院《航天器水标准制定方法》		俄罗斯联邦国家标准《载人航天器中航天员的居住环境》（1996年）	国际空间站 俄罗斯舱段水质标准	
			NASA	俄罗斯		上行罐装水	再生饮用水
钡	—	10	1	1	—	1	1
镉	0.005	0.022	0.005	0.005	—	0.005	0.005
锰	0.1	0.3	0.05	0.05	—	0.05	0.05
镍	—	0.3	0.1	0.1	—	0.1	0.1
铬	0.05（六价）	2	0.1	0.1	—	0.1	0.1
铈	—	—	—	—	—	—	—
汞	0.001	0.4	0.002	0.002	—	0.002	0.002
银	—	2	0.5	0.5	—	0.5	0.5
锌	1.0	1	5	5	—	5	5
氨	—	—	1.5	2	2	2	2
氟化物	1.0	2	1.5	1.5	1.5	1.5	1.5
烷基胺（单）	—	2	—	—	—	—	—
烷基胺（双）	—	0.3	—	—	—	—	—
烷基胺（三）	—	0.4	—	—	—	—	—
乙二醇	—	4	12	12	—	不得检出	12
1,2丙二醇	—	1 700	—	—	—	—	—
2-巯基苯并噻唑	—	30	—	—	—	—	—

续表

参数	GB 5749—2006 生活饮用水卫生标准（2006年）	NASA/SP—2010—3407（HIDH）（2010年）	美国国家科学院《航天器水标准制定方法》		俄罗斯联邦国家标准《载人航天器中航天员的居住环境》（1996年）	国际空间站 俄罗斯舱段水质标准	
			NASA	俄罗斯		上行罐装水	再生饮用水
n-苯基-β-萘胺	—	260	—	—	—	—	—
2-丁酮	—	54	—	—	—	—	—
三氯甲烷	0.06	6.5	—	—	—	—	—
苯	—	0.07	—	—	—	—	—
苯酚	0.02	4	—	—	—	1	1
苯乙烯	—	—	—	—	—	—	—
丙酮	—	15	—	—	—	—	—
甲醇	—	40	—	—	9	—	—
甲醛	0.9（使用臭氧时）	12	—	—	—	—	—
甲酸盐	—	2 500	—	—	—	—	—
二(2-乙基己基)邻苯二甲酸盐	—	20	—	—	—	—	—
二-n-丁基-邻苯二甲酸盐	—	40	—	—	—	—	—
己内酰胺	—	100	—	—	—	—	—
二氯甲烷	—	15	—	—	—	—	—
四氯化碳	0.002	—	—	—	—	—	—
总有机碳	—	3	0.5	20	25	20	20

确定再生水中各种各样有机物的含量限值是一个难题，因为这些化学物质与地球上水中的化学物质不同（地球上水中的化学物质是杀虫剂、石油制品、工业废物、城市和农业流水）。慢性暴露必须考虑因水的再循环而引起的重复接受水中污染成分的可能性，在水再生和消毒过程中，无毒的化学衍生成分发生化学变化而成为有毒产物（如有机卤化物）的可能性增大，长期飞行任务和持续居留时必须把慢性效应和急性毒性一起考虑。

水中污染物最大容许浓度要求既要保护航天员健康，又要防止净化装置过度设计。最大容许浓度基于以下考虑：

（1）航天员是经过筛选的健康群体；

（2）水服用时间比地面上短很多；

（3）必须考虑航天环境对航天员的特殊生理改变，比如空间飞行可能导致红细胞数量减少，水的容许限值制定过程中需考虑航天员患贫血症的可能性；

（4）航天员平均体重在 70 kg 左右；

（5）航天员平均消费约 2.8 L 水（包括食物中水分）。

NASA 基于国际空间站任务需要，制定了饮用再生水中 27 种化学成分 1 天和 10 天饮用的应急容许浓度限值，该容许浓度允许适度风险的存在、允许航天员出现一定的不满意度、允许引起航天员轻微的不适（恶心、头痛等）。另外制定了 100 天、1 000 天长期饮用的最大容许浓度限值，该浓度限值不允许出现确定的毒性效应。

各国标准中给出的化学指标参数有较大差别，在确定化学指标参数时，主要依据以下思路：

（1）常见、毒性较大、有累积效应、难以从体内排出的化学指标；

（2）再生水处理系统与输运环节中可能溶出的成分（金属离子、有机物等）；

（3）既往任务中，有害气体评价经常检测出的化学指标；

（4）人体挥发物的主要成分；

（5）添加剂（碘、银离子等）；

（6）对污染物总量进行控制的化学指标参数（TOC）。

以下列出了一些主要污染物最大容许浓度制定的依据。

1. 钡

钡在自然界以金属钡和钡盐的形式存在，钡盐的主要形式为 $BaSO_4$，主要用于生产润滑剂。钡以盐的形式几乎存在于所有地表水中，浓度为 2～340 μg/L，公共自来水含钡盐的浓度为 1～172 μg/L。世界卫生组织报道每天摄入的钡为 300～1 770 μg。

钡盐的慢性毒性主要表现为肾脏毒性，而长期毒性效应主要影响人体的进水量。根据 NTP（1994）持续的 2 年的大鼠试验，确定最大无效应浓度为 15 mg/kg/天，考虑影响进水量因素，长期飞行最大容许浓度（AC）计算如下：

AC =（15 mg/kg/天×70 kg）÷[10×2.0 L×（1 000 天/730 天）×3] = 12 mg/L

式中，70 kg 为标准体重；10 为种间因子；2.0 L 为标准饮水量；1 000 天/730 天为时间推算因子；3 为航天飞行因子。

俄罗斯容许限值为 1 mg/L，NASA 容许限值为 10 mg/L。

2. 镉

镉一般以氧化物或盐的形式存在，用途广泛。普通人一般通过食品和水接触镉，镉还可以从运送自来水的铜管中析出。美国饮用水中镉的浓度约为 2 μg/L。

在"和平号"任务的冷凝水样中发现镉，平均浓度为 27 μg/L，最大浓度为 240 μg/L，但在冷凝水的处理过程中，没有发现镉浓度超过 1 μg/L。在国际空间站太空厨房乘员饮用水出口采集的水样中检出过一次 36 μg/L 浓度镉。因为镉是最常用的锌涂层成分，因此要考虑制定镉的航天水暴露限值，以防多重过滤层工作故障或再生水系统的其他组件释放该成分。

Buchet 等人（1990）流行病学调查资料发现，1 699 个年龄处于 20 ~ 80 岁的比利时个体镉污染地区流调数据表明，只有 5 个个体的肾功能紊乱与尿液中镉超标相关，估计当地镉摄入量为 1 μg/kg/天，考虑到非镉污染区饮食中镉摄入量为 0.14 μg /kg/天左右，因此饮水中容许镉摄入量为 1 μg/kg/天 − 0.14 μg/kg/天 = 0.86 μg/kg/天，故长期摄入水中镉容许浓度为

AC = 0.86 μg/kg/天×70 kg÷2.0 L/天 = 30 μg/L

俄罗斯容许限值为 0.005 mg/L，NASA 容许限值为 0.022 mg/L。

3. 锰

在大多数食品和水中都检出锰，在铁合金和煤炭燃烧过程中也会向环境中释放锰。锰也是人体及动物的必需元素，锰的缺乏会引起脑功能、骨骼等多方面的异常。食物是锰的主要来源，主要有坚果和谷物。

多项关于地表水的检测都检出不同浓度的锰，美国环保局给出的限值为 50 μg/mL。

有报道锰的慢性毒性效应可能出现神经性毒性，Vieregge 等人（1995）发现德国北部饮用水中锰浓度达到 0.3 mg/L，但长达 40 年的摄入对神经系统无影响，因此其最大无效应浓度（NOAEL）值设定为 0.3 mg/L。

俄罗斯规定的锰容许限值为 0.05 mg/L，NASA 容许限值为 0.3 mg/L。

4. 镍

国际空间站广泛使用不锈钢管系统用作废水处理、水体分配管线、湿气热交换器等，镍是不锈钢材料的一个关键组分，因此水处理系统中可能有镍的存在。镍可引起慢性皮炎，因此，在航天饮用水中存在溶解性镍的状态下，应该制定镍的医学限值并实施评价。

Dieter. s 等人（1988）给予小鼠 0 mg/kg/天、44 mg/kg/天、108 mg/kg/天、150 mg/kg/天的 $NiSO_4$ 的饮用水 180 天，在两组高剂量组出现显著的胸腺萎缩、免疫系统改变、饮水量减少、骨髓细胞减少、轻微的肾小管损害；44 mg/kg/天组出现轻微症状。因此认为其最低有效应浓度（LOAEL）为 44 mg/kg/天，LOAEL 到 NOAEL 的转化因子为 10，种间因子为 10，航天因子为 3，部分人群镍过敏因子为 3。按照平均体重 70 kg、每天饮水量为 2 L 计算，其长期飞行容许浓度限值为

AC＝44 mg/kg/天×70 kg÷2 L÷10÷10÷3÷3×1 000÷180 天＝0.3 mg/L

GB 5749—2006 未制定镍的容许限值，俄罗斯容许限值为 0.1 mg/L，NASA 容许限值为 0.3 mg/L。

5. 铬

铬在不锈钢材料中广泛存在，再生水处理系统中可能引入铬，因此需制定铬的容许浓度。铬的毒性主要是血液系统毒性，《生活饮用水卫生标准》中，铬的容许限值为 0.05 mg/L，国际空间站俄罗斯舱段容许限值为 0.1 mg/L，NASA 1998 年制定的铬的容许限值为 0.1 mg/L。

6. 锑

锑通常用于灯泡和电缆保护壳的原材料，部分合金中含有锑，同时它还是颜料和阻燃剂的原材料之一，在水中以 $SbCl_3$ 等形式存在。NASA 曾在国际空间站使用的日本生产的水储存袋中检出锑。

锑的慢性毒性主要体现为肝、肾和胃肠毒性，长期毒性效应为血液系统异常。Poon 等人（1998）研究发现，锑会导致红细胞数量减少，认为锑的基准剂量为 29 mg/kg/天。

AC＝[29 mg/kg/天×70 kg×1/10（种间因子）×1/3（航天因子）×90 天/1 000 天（时间因子）]÷2.0 L/天（每日饮水量）＝3 mg/L

GB 5749—2006《生活饮用水卫生标准》中锑的容许限值为 0.005 mg/L，NASA 容许限值为 2 mg/L。

7. 汞

汞是照明灯管以及温度计等的原材料之一，空间站载荷中可能存在汞源，因此需制定汞的容许浓度。汞的毒性主要是中枢神经毒性、肾脏毒性，GB

5749—2006《生活饮用水卫生标准》中，汞的容许限值为 0.001 mg/L，国际空间站俄罗斯舱段容许限值为 0.002 mg/L，NASA 1998 年制定的汞的容许限值为 0.002 mg/L。

8. 银

在"和平号"空间站，银用来在冷凝水处理过程中消毒饮用水。在国际空间站，俄罗斯和美国乘员消耗的饮水中含银浓度为 0.5 mg /L。银被添加到随"进步号"飞船上行至国际空间站的饮用水中，在"和平号"空间站的冷热水中，水样的银浓度为 8~670 μg /L。因使用银离子作为消毒剂使用，因此再生水中必然存在银。

银的慢性毒性效应主要表现在神经毒性、银沉着病及心血管系统影响。银的肾脏沉积作为银沉积病的症状，通常伴随动脉粥样硬化；银于眼睛沉积通常伴有夜间视觉下降；其他器官的沉积包括肾脏基底膜、脑、脊髓等，同时伴有神经功能的改变，例如协调功能障碍和惊厥、脑电图改变、小脑共济失调。

研究（Gaul 和 Staud，1935；Hill 和 Pillsbury，1939）表明，1 年摄入 1 g 银离子可能导致银质蓝血症，推算到日剂量为 0.39 mg/kg/天，LOAEL 到 NO-AEL 转换因子为 10，推算其长期飞行容许浓度限值为

$$AC = (0.39 \text{ mg/kg/天} \times 70 \text{ kg}) \div (10 \times 2.0 \text{ L/天} \times 1\,000 \text{ 天}/365 \text{ 天}) = 0.5 \text{ mg/L}$$

GB 5749—2006 未制定银的容许限值，俄罗斯容许限值为 0.5 mg/L，NASA 容许限值为 0.4 mg/L。

9. 锌

在自然界的水体中，锌以多种形式存在，如 $ZnCl_2$、$ZnSO_4$ 等。锌也是一种人体必需的元素。

据报道，1995—1998 年在"和平号"空间站的冷凝水中锌浓度为 1.26~5.3 mg/L，循环水中的浓度为 10.4~475.0 mg/L，且被频繁检出。这些锌可能来源于水处理系统输水管线、冷凝水热交换器（侵蚀状态），此外可能还可由离子交换树脂交换功能障碍产生。

锌的慢性毒性主要表现在血液系统病变，通常根据肾上腺皮质及胰腺增大计算锌长期飞行的最大容许浓度。

根据 Bentley 和 Grubb（1991）等人的研究，兔子暴露于 175 mg/kg/天的锌环境中 22 周，出现显著的血红蛋白和铜水平下降，在没有更多数据支撑的情况下，175 mg/kg/天被认为是 22 周（155 天）暴露的最小有效应浓度，因此，锌的容许浓度为

$$AC = (175 \text{ mg/kg/天} \times 70 \text{ kg}) \div [10 \times 10 \times 2.0 \text{ L/天} \times (1\,000 \text{ 天}/154 \text{ 天}) \times 3]$$
$$= 3 \text{ mg/L}$$

式中，最小有效应浓度到最大无效应浓度因子为 10；种间因子为 10；2.0 L 为每日饮水量；1 000 天/154 天为暴露时间推算因子；3 为航天因子。

俄罗斯容许限值为 5 mg/L，NASA 容许限值为 2 mg/L。

10. 氨

氨是人体排出的重要化学组分，在航天飞行器大气环境中，氨很少被检出，但在地面模拟试验中，氨保持在一个小于 0.2 mg/m³ 的浓度。在国际空间站的冷凝水中检出了氨，浓度为 0.002~42 mg/L。

氨的染毒试验表明，暴露在 40 mg/kg/天以上的浓度中，必定会引起不良反应，此浓度被认为最小有效应浓度；20 mg/kg/天被认为最大无效应浓度，此浓度换算为水中浓度为 700 mg/L。

但考虑水中氨浓度的平均气味阈值仅为 1.5 mg/L，超过该阈值会导致航天员不愿饮水，因此制定限值要求时必须考虑长时间乘员愿意饮用充足的饮水量。

11. 氟化物

空间站使用的非金属材料如氟橡胶、氟塑料等可能逸出微量的含氟化合物，这些化合物会进入冷凝水中，因此需制定氟化物的容许浓度。氟化物的主要毒性效应为低钙血症、神经毒性等。

GB 5749—2006《生活饮用水卫生标准》中，氟化物的容许限值为 1 mg/L，国际空间站俄罗斯舱段容许限值为 1.5 mg/L，NASA 1998 年制定的氟化物的容许限值为 1.5 mg/L。

12. 单、双、三烷基胺

烷基胺有一些共同的性质，包括脂肪溶解性、高碱性、高挥发性等，刺激皮肤和黏膜，被归类于危险化学品，微生物降解食物可产生这些胺类。

美国约翰逊航天中心的食品与水分析实验室（WAFAL）评价了 8 种在航天器水样中发现的烷基胺，这些胺包括甲胺、乙胺、丙胺、二丁胺、三甲胺、三乙胺、三丙胺、三丁胺。对冷凝水处理系统及"和平号"空间站 55 个水样进行检测，其中未处理的冷凝水中甲胺的平均浓度为 0.092 mg/L（28 个样品有 8 个检出）、二丁胺的平均浓度为 0.003 mg/L（28 个样品有 6 个检出）、三乙胺的平均浓度为 0.002 mg/L（28 个样品有 6 个检出）。在 27 个太空厨房水样中，有一个水样检出三乙胺，浓度为 0.012 μg/L；在储存的水中未检出胺类。WAFAL 研究表明，水样中胺类最有可能的来源是药物的分解以及微生物的作用。

烷基胺的慢性毒性主要表现在肝毒性和酶活性改变，其毒性效应浓度限值为 120 mg/L，比其气味阈值大得多，在航天再生水限值要求制定方面，主要考虑烷基胺的气味刺激对航天员饮水量的影响，根据 Amoore 和 Hautala

(1983)，Baker（1963），Trubko（1975），Le Din Min（1976）等对单烷基胺、双烷基胺和三烷基胺嗅觉阈值进行的相关研究，以每组最低的嗅觉阈值作为烷基胺的限值要求，该要求与摄入时间无关。

单烷基胺 AC＝2 mg/L；

双烷基胺 AC＝0.3 mg/L；

三烷基胺 AC＝0.4 mg/L。

13. 乙二醇

乙二醇用于制冷剂、墨水、溶剂等，航天器中用乙二醇作为制冷剂的主要成分，易溶于水。国际空间站美国舱段虽未使用乙二醇作为制冷剂，但在冷凝水中仍检测到 11 mg/L 的乙二醇存在。

乙二醇的慢性毒性主要作用于肝、肾和血细胞，另外会影响生殖和发育。Robinson 等人（1990）研究认为乙二醇的基准剂量为 27 mg/kg/天，长期口服若时间增加 10 倍，则毒性增加 5 倍，因此其长期飞行任务容许浓度为

AC＝27 mg/kg/天×1/10(种间因子)×1/3(个体差异)×70 kg(成人体重)÷2.0 L/天(每日饮水量)÷5(时间因子)＝6.2 mg/L

GB 5749—2006 中无乙二醇指标，NASA 指标为 4 mg/L。

14. 1，2-丙二醇

1，2-丙二醇用于食品、药品和化妆品的添加剂，制冷剂中也会有少量存在。

1，2-丙二醇的毒性主要体现为中枢神经毒性、肾和血液毒性等，长期毒性主要考虑血液毒性，Weil 等人（1971）用狗作为试验动物，研究认为其长期暴露血液毒性 NOAEL 值为 2 g/kg/天，因此其长期飞行任务容许浓度为

AC＝[2 g/kg/天(NOAEL)×70 kg(成人体重)×(1/10)(种间因子)×(1/3)(航天因子)]÷2.0 L/天(每日饮水量)＝2.3 g/L

GB 5749—2006 中无 1，2-丙二醇指标，NASA 为 1 700 mg/L。

15. 2-巯基苯并噻唑（MBT）

作为橡胶材料的逸出组分，MBT 在飞行器空气中存在，可以通过冷凝水进入再生水系统。在"和平号"空间站 27 个循环水样中被检出 5 次，在美国 Mir-18 到 Mir-25 任务的 28 个冷凝水样中被检出 6 次，浓度最高达 155.7 μg/L。

高浓度 MBT 慢性毒性潜在表现为肾脏毒性，低浓度 MBT 是一种过敏源，过敏浓度与摄入量无关，只与摄入浓度有关，Dieter（1988）通过大鼠 2 年摄入 MBT 的研究认为，其 LOAEL 剂量为 375 mg/kg，换算为水中浓度为

AC＝375 mg/kg(LOAEL)×70 kg(成人体重)÷[3(癌变保护因子)×10(种间因子)×10(LOAEL 到 NOAEL)×2.0 L/天(每日饮水量)]＝44 mg/L

NASA 制定的容许浓度为 30 mg/L。

16. 苯基-β-萘胺（PBNA）

苯基-β-萘胺（PBNA）用于橡胶工业，用来增加橡胶的抗热性及在自然环境中的抗裂纹特性，商业级的 PBNA 含有膀胱致癌物质 β-萘胺（BNA）。在"和平号"空间站再生水水样和冷凝水水样中多次检出 PBNA，来源并不明确。在 Mir-18 和 Mir-19 任务中，在 4 个再生水水样中检出 PBNA 的浓度为 0.3 ~ 13.1μg/L。在 Mir-20 任务中，在一系列水箱收集的冷凝水水样中检出 PBDA，浓度为 0.3 ~ 0.5 μg/L；在其他任务中，也不同程度地检出 PBDA。

动物试验的慢性毒性表现为体重下降。NTP（1988）开展的两年的染毒试验的研究证明，肾脏是 PBNA 的靶向毒性器官，可造成不同程度的肾脏病变与损害；增加染毒剂量会导致动物的癌性病变。

依据 NTP（1988）的研究，给予 F-344N 雄性大鼠 225 mg/kg 和雌性大鼠 261 mg/kg 的染毒试验，发现有肾脏损害，肾功能障碍 NOAEL 值为 103 mg/kg，因此长期飞行任务容许浓度为

$$AC = (103 \text{ mg/kg} \times 70 \text{ kg}) \div (10 \times 2.0 \text{ L/天}) = 360 \text{ mg/L}$$

GB 5749—2006《生活饮用水卫生标准》未制定 PBNA 容许浓度，NASA 制定的容许浓度为 260 mg/L。

17. 2-丁酮

丁酮广泛用作溶剂，主要来自舱用非金属材料散发，易溶于水。国际空间站饮用水中偶尔会检出微量丁酮。

丁酮的毒性主要体现为黏膜刺激、影响感官，H. Garcia（2007）研究认为，丁酮的气味阈值为 540 ppm，该阈值下未观察到其他毒性效应，慢性暴露的安全因子设为 10，因此其长期飞行任务容许浓度为

$$AC = 540 \text{ ppm}(\text{LOAEL}) \times 1/10(\text{安全因子}) = 54 \text{ ppm}(54 \text{ mg/L})$$

18. 三氯甲烷

NASA 在 27 次航天飞行任务中，有 7 次在航天飞机大气环境中发现三氯甲烷，浓度在 0.002 ~ 0.03 mg/m³；在最近的飞行任务中，在大约 10% 的空气样本中检出三氯甲烷，浓度在 0.01 ~ 0.1 mg/m³。国际空间站的饮用水没有经过氯化消毒，通过碘化或加银类灭菌。三氯甲烷产生于卫生用水、尿液、冷凝水的循环利用过程，或者是航天飞机或俄罗斯"进步号"飞船携带上行的水引入。

De Salva 等人（1975）进行了 59 人的流行病学调查，这些人使用了 5 年的含三氯甲烷 0.425% 牙膏（0.34 mg/kg/天），未观察到肝毒性，按三氯甲烷摄入量 25% 以及日饮水量 2.0L 计算，换算为浓度 8.5 mg/L，因样本量小于 100，故使用了小样本量校正公式。

$$容许浓度 = 11.9 \ mg/L \times 59^{1/2}/10 = 9 \ mg/L$$

GB 5749—2006《生活饮用水卫生标准》三氯甲烷容许浓度为 0.06 mg/L，NASA 为 6.5 mg/L。

19. 苯

苯是航天器舱内气体中的主要污染物成分之一，微溶于水，可能通过冷凝液的方式进入再生水系统。苯的慢性毒性主要体现在中枢神经毒性、血液毒性、免疫系统毒性以及致癌等。

苯的 SMAC 值换算为口服剂量为

$$4 \ mg/天(总摄入量,180 天 SMAC) \div (100\%/30\%)(吸收扩散系数) = 1.2 \ mg/天$$

$$AC = 1.2 \ mg/天 \div 2.0 \ L/天(每日饮水量) \times 180 天/1 \ 000 天(时间调整因子)$$

$$= 0.1 \ mg/L$$

GB 5749—2006 中苯的容许限值为 0.01 mg/L，NASA 指标为 0.07 mg/L。

20. 苯酚

苯酚主要用来制造酚醛树脂。在国际空间站 2001 年的一个任务中，再生饮用水水样中苯酚被检出，浓度为 15 μg/L，在其他任务中没有被检出。

苯酚慢性毒性主要表现为胃肠刺激和异味刺激。Amoore 和 Hautala （1983）研究认为，人体能够鉴别水中异味的苯酚浓度为 8 mg/L，因此为防止航天员饮水量减小，其容许浓度设置为 4 mg/L，此浓度与 EPA 的人体健康指导浓度一致。国际空间站俄罗斯水质标准为 1 mg/L。

21. 苯乙烯

苯乙烯来源于橡胶、塑料等非金属材料，可能通过冷凝进入再生水系统。再生水生产工艺中可能引入苯乙烯，因此需制定苯乙烯的容许浓度。GB 5749—2006《生活饮用水卫生标准》规定苯乙烯的容许浓度为 0.02 mg/L。

22. 丙酮

丙酮是一种人和动物正常的代谢产物，在正常人体血液中有微量的丙酮检出，浓度为 7.0 ~ 14.0 μmol/L（0.4 ~ 0.8 μg/mL），尿液中的浓度为 4.0 ~ 35.0 μmol/L（0.2 ~ 2.0 μg/mL）。在航天飞行中，丙酮还可能作为试验试剂使用，几乎在每次任务的飞行器大气中都能检出丙酮。

丙酮的慢性毒性主要表现在神经毒性、肾毒性、脾脏毒性、肝毒性、免疫系统和血液系统毒性及致癌性。

Dietz 等人（1991）和 NTP（1991）用雄性大鼠丙酮暴露 13 周，结果发现 200 mg/kg/天以上剂量会导致出现轻微贫血，因为试验只持续了 90 天，需考虑时间累积因子，种间因子为 10，因为微重力会诱发红细胞数量的减少，这将加重大红细胞贫血，因此容许浓度应引入航天因子 3。长期飞行任

务容许浓度为

$$AC = 200 \text{ mg/kg/天} \div 10(\text{种间因子}) \times 70 \text{ kg} \div (2.0 \text{ L/天} \times 3) \times 90/1\,000 = 23 \text{ mg/L}$$

NASA 制定的容许浓度为 15 mg/L。

23. 甲醇

甲醇广泛作为溶剂使用，另外人、动植物会散发微量甲醇，地面携带上行的饮用水中也有少量甲醇存在，易溶于水。国际空间站下行水样中也曾检测到微量甲醇存在。

甲醇的慢性毒性主要是中枢神经受损，因为甲醇的排泄能力强，故其毒性主要取决于血液中的浓度，累积效应不明显，Chuwers 等人（1995）研究认为：甲醇在血液中的最大无效应浓度（NOAEL）为 0.33 mg/天/L，换算为饮水约为 40 mg/L。

24. 甲醛

甲醛广泛存在，甲醛也是人体内源性代谢的产物，血液中的甲醛浓度估计为 2.6 μg/g。饮食也是接触甲醛的一个途径，例如动物产品、水果、蔬菜、奶酪、海产品等，甚至有时它还被作为食品添加剂。

甲醛作为一种污染物，可以直接或间接地排放到航天器大气环境中，从地面运送至国际空间站的饮用水中偶尔也会检出甲醛，2004 年 Schultz 上的冷凝水中检出甲醛浓度为 9 000 μg/L。很多非金属材料会释放甲醛，由于甲醛的易溶解性，大气中高浓度的甲醛会进入冷凝水中，从而增加冷凝水的甲醛浓度。

甲醛的慢性毒性为全身效应，如体重减轻、食量和饮水量减少、胃肠刺激、胃溃疡等。

根据 Til 等人（1988）的研究，通过开展不同剂量的染毒试验，他们最终确定 15 mg/kg/天为甲醛的最大无效应剂量。

$$ACs = 15 \text{ mg/kg/天}(\text{NOAEL}) \times 70 \text{ kg} \div [2.0 \text{ L/天} \times 10(\text{种间因子}) \times 3(\text{个体差异因子})] = 18 \text{ mg/L}$$

GB 5749—2006《生活饮用水卫生标准》中甲醛的容许浓度为 0.9 mg/L，NASA 制定的容许浓度为 12 mg/L。

25. 甲酸盐

甲酸盐用作食品的防腐剂等，用途广泛。在国际空间站上，甲酸盐被添加到纯净水中以改善口感。国际空间站上，一般美国提供的常温水会添加甲酸盐，俄罗斯供给的热水不含甲酸盐，如果全部饮用含甲酸盐的水，一个航天员每天消耗 2.0 L 的水，则每天摄入甲酸盐量为 172 mg。

未见关于甲酸盐慢性毒性效应的报道，所以制定其长期摄入容许浓度，须依据合理的假设，从短期暴露数据推算。依据 Nicholls 确定的甲酸盐最低限值 45～1 350 μg/mL，当细胞内甲酸盐浓度达 45 μg/mL 时，可引起 50% 细胞色素

c 氧化酶活性可逆性抑制。按照血液甲酸盐浓度达到 45 µg/mL 计算，需要饮水 670 mL，一个人的体内含水量约为 50.4 L，另外考虑内源性产生的甲酸盐为 10 µg/mL，因此长期飞行任务容许浓度为

$$AC = (45 \text{ µg/mL} - 10 \text{ µg/mL}) \times 50\,400 \text{ mL} \div 670 \text{ mL} = 2\,633 \text{ µg/mL}(归一化为 2\,500 \text{ µg/mL})$$

26. 二（2-乙基己基）邻苯二甲酸盐（DEHP）

在 NASA 及 MIR 任务中，在循环水中发现有 DEHP，平均浓度为 2 µg/L，最高值为 28 µg/L；航天飞机的冷凝水中发现有 DBP，浓度可达 460 µg/L。塑料包装的食品和水可能会增加航天员摄入 DEHP 的量。

DEHP 的慢性毒性主要体现在睾丸毒性，NTP（2000）研究认为其最大无效应浓度为 2.2 mg/kg/天，长期飞行任务容许浓度为

$$AC = (2.2 \text{ mg/kg/天} \times 70 \text{ kg}) \div (2.0 \text{ L/天} \times 3) = 25 \text{ mg/L}$$

GB 5749—2006《生活饮用水卫生标准》未制定二（2-乙基己基）邻苯二甲酸盐容许浓度，NASA 制定的容许浓度为 20 mg/L。

27. 邻苯二甲酸二丁基酯（DBP）

在 NASA 及 MIR 任务的循环水中发现有 DBP，平均浓度为 14 µg/L，最高值 297 µg/L；航天飞机冷凝水中的 DBP 浓度为 20~42 µg/L。

食品的塑料包装可能增加航天员摄入 DBP 的量，NASA 普遍用聚乙烯包装食品，乘组从食品中摄入的 DBP 量非常小，可能远没有一般公众从大多数商业包装食品中摄入的量多。邻苯二甲酸二丁基酯慢性毒性主要体现为血液毒性。

Smith（1953）持续一年的研究认为大鼠 NOAEL 为 125 mg/kg/天，种间因子为 10，航天因子为 3，时间因子为 2.7（1 000 天/365 天），长期飞行任务容许浓度为

$$AC = (125 \text{ mg/kg/天} \times 70 \text{ kg} \times 2.7) \div (2.0 \text{ L/天} \times 10) \div 3 = 54 \text{ mg/L}$$

GB 5749—2006《生活饮用水卫生标准》未制定邻苯二甲酸二丁基酯容许浓度，NASA 制定的容许浓度为 40 mg/L。

28. 己内酰胺

己内酰胺作为单体，用来制造聚合物尼龙、纤维、树脂、合成革等。己内酰胺被美国食品药瓶管理局认证，可用作食品接触性膜片。对于己内酰胺的职业性接触主要为尼龙和树脂的生产工业。在地面水、地下水及自来水中均检测出己内酰胺。在国际空间站的水袋材料可能释放己内酰胺。

慢性毒性主要为肾脏毒性，根据 Powers 等人（1984）的研究及血尿素氮的水平，最大无效用浓度为 50 mg/kg，该浓度下无任何组织病理学改变，因为己内酰胺在体内会有效排泄，不会在体内蓄积，在推算时不考虑时间因素。

$$(50 \text{ mg/kg} \times 70 \text{ kg}) \div [10(种间因子) \times 2.0 \text{ L/天}] = 175 \text{ mg/L}$$

GB 5749—2006《生活饮用水卫生标准》未制定己内酰胺容许浓度，NASA 制定的容许浓度为 100 mg/L。

29. 二氯甲烷

二氯甲烷是含氯材料的热解产物，例如聚氯乙烯塑料。从 STS-26 到 STS-55 的 33 次任务中，在航天飞机大气环境中 28 次检出二氯甲烷，浓度在 0.1~1 mg/m³。二氯甲烷蒸气可以与水蒸气一起凝结，再生水的主要来源是冷凝水，可以判定，在再生饮用水中会检出微量的二氯甲烷。

再生水中二氯甲烷容许浓度的计算主要依据 Serota.S 等人（1986）的研究，对大鼠用饮水的方式进食二氯甲烷，试验持续时间为 78~104 周，发现 6 mg/kg/天为最大无效应浓度，种间因子以 10 计算。对于一个 70 kg 的人，饮水量为 2.0 L/天。

$$AC = 6 \text{ mg/kg/天} \times 70 \text{ kg} \div 10 \div 2.0 \text{ L/天} = 21 \text{ mg/L}$$

GB 5749—2006《生活饮用水卫生标准》未制定二氯甲烷容许浓度，NASA 二氯甲烷容许浓度为 15 mg/L。

30. 四氯化碳

四氯化碳来源于飞行器气源，可能通过冷凝进入再生水系统，因此需制定四氯化碳的容许浓度，GB 5749—2006《生活饮用水卫生标准》四氯化碳容许浓度为 0.002 mg/L。

31. 总有机碳（TOC）

TOC 是评价水体总体污染程度的参数，空间站在轨水质评价无法即时定量水处理系统中的每种污染物，因此不得不使用 TOC 评价水质。

DWEL（饮用水等同水平）（EPA 2004）规定甲醛浓度为 7 mg/L，换算成 TOC 为 2.8 mg/L，归一化为 3 mg/L，因此 NASA 规定的 TOC 容许浓度为 3 mg/L。再生水中最容易穿透净化系统的化合物是小分子醇、醛和酮，其中毒性最大的是甲醛。但是，若出现上述化合物之外的、毒性更大的化合物，则须重新核算分析。

三、微生物限值

我国国家标准《生活饮用水卫生标准》、美国 NASA 标准及俄罗斯国家标准等水质相关标准中均规定了水中细菌总数、大肠杆菌总数及真菌、寄生虫和病毒等几类微生物。

我国《生活饮用水卫生标准》中规定的细菌总数指标为 100 CFU/mL，大肠杆菌不得检出，未规定真菌和寄生虫指标；NASA 规定的细菌总数指标为 50 CFU/mL，大肠杆菌和真菌不得检出，寄生虫指标为 0。考虑到在轨水中微生物实时监测的困难及其健康影响，需对微生物指标从严控制。表 4-7 对相关文献水质微生物指标参数进行了汇总比对。

表4-7 微生物指标参数数据统计

参数	[2] GB 5749—2006 生活饮用水卫生标准（2006年）	NASA-STD-3001（VOLUME 2）（2011年）	[4] NASA/SP-2010-3407（HIDH）（2010年）	美国国家科学院《航天器水标准制定方法》（1998年）		俄罗斯联邦国家标准（1996年）	国际空间站 俄罗斯舱段段水质标准	
				NASA	俄罗斯		上行罐装水	再生饮用水
细菌总数	100 CFU/mL	50 CFU/mL	50 CFU/mL	100 CFU/100 mL	10 000 CFU/100 mL	[3] 100 mg/mL	50 CFU/100 mL	50 CFU/100 mL
大肠杆菌总数	不得检出（MPN/100 mL 或 CFU/100 mL）[1]	不得检出（每100 mL）	不得检出（每100 mL）	<1CFU/100 mL	<1CFU/100 mL	—	1CFU/100 mL	1CFU/100 mL
真菌总数	—	不得检出（每100 mL）	不得检出（每100 mL）	—	—	—	—	—
寄生虫（如隐孢子虫、贾第虫）	—	0	0	—	—	—	—	—
病毒	—	—	—	<1PFU/100 mL	<1PFU/100 mL	—	—	—

注：1）MPN 表示最可能数，CPU 表示菌落形成单位；

2）GB 5749—2006《生活饮用水卫生标准》规定当水样检出总大肠菌群时，应进一步检验大肠埃希氏菌或耐热大肠菌群；水样未检出总大肠菌群，不必检验大肠埃希氏菌或耐热大肠菌群；

3）俄罗斯联邦国家标准《载人航天器中航天员的居住环境》饮用水质量指标中"细菌总数100 mg/mL"为没有病原植物存在时的细菌总数量；

4）NASA/SP-2010-3407 <HUMAN INREGRATION DESING HANDBOOK, HIDH>规定，对于小于30天的飞行任务，饮用水微生物必须控制在此限值以下，或等于此限值。

微生物限值的提出主要考虑没有致病菌存在，细菌计数水平不至于引起肠道功能紊乱和其他人体的病理学效应。

| 第四节　水质监测和评价 |

水质监测和评价是确保再生水满足水质要求的重要环节，应对飞行前、飞行中、飞行后的水质进行定期及不定期的监测与评价。

一、飞行前材料和水容器评估和测试

水容器评估：必须通过水质工程师、毒理学者及其他评估，预测水容器对水质的影响。

再生水装置评估：必须经过充分的地面验证试验。

水容器长寿命评估：水的储存容器和运输容器须经长时间评估，避免影响水质。

其他评估：材料和水的相容性等。

二、发射前水质检测和评价

水样品必须经过严格检验才能装船，飞船发射前 15 天和 3 天样品要进行检测，同时尽量缩短发射前的保存时间。

水箱消毒后和水装入水箱后第一时间采样测试，最后一次采样到发射必须留够检测报告出具时间。

三、飞行过程水质监测

飞行过程水质监测要求如下：

（1）飞行过程必须提供水采样能力；

（2）飞行过程需提供至少 500 mL 水供测试使用，必须留够着陆后的测试用水；

（3）必须提供与地面技术专家的通信通路；

（4）在线监测设备必须能取得实时数据，并使不确定性最小。

基于飞行过程中监测的困难，难以对每种目标污染物进行定量监测，对再生水而言，至少需要监测 pH 值、总有机碳以及灭菌剂含量。国际空间站过去一直使用总有机碳监测装置。

图 4-1 所示为国际空间站第一代总有机碳分析仪（TOCA），可以检测国际空间站饮用水中总的碳含量、无机碳的总含量和总有机碳，还可以检测水的 pH 值和电导率，全部的检测可在 30 min 内完成，结果可从分析仪的显示面板上直接读出，并可下载到医用计算机中，下传至地面。STS-100/ISS-6A（2001 年 4 月 19 日—5 月 1 日）飞行任务后，总有机碳分析仪安装在乘员健康系统机柜中，在第 1 批长期考察团进驻空间站的 90 天内，对饮用水每周取样检测一次，此后每月检测一次。

图 4-1　总有机碳分析仪

水质监测项目应符合表 4-8 中的规定。

表 4-8　所需水质监测项目

指标	实时监测[1]	定期监测[2]
物理性		
总固形物	−	−
颜色	−	+
导电性	X	X
味道与气味	−	+
颗粒	−	+
pH 值	X	X
温度	X	X
浊度	TBD TBD	+
溶解气体	−	+−
游离气体	−	+−
无机物		
氨	−	+
碘	X	X
无机盐[3]	−	+

指标	实时监测[1]	定期监测[2]
美容剂		
特殊的成分分析[4]	−	+
微生物		
细菌		
总菌量	−	X
厌氧菌	−	+
大肠杆菌	−	−
病毒	−	−
酵母菌和霉菌	−	−
ID 菌[5]	−	X
放射性核素[6]	−	X
有机物		
总有机碳（TOC）	X[7]	−
有机成分		+

注：表中符号：X 表示该指标要求进行监测；−表示该指标不要求进行监测；+表示如果验证性测试和分析表明其相关的质量指标参数可靠地满足水质限度要求，则该项可以不测。

注 1：应对这些过程中水流样本进行分析，以便对过程控制提供实时或近实时的结果，对水质给出推断性的评价。如果检测与分析表明对控制过程和水质评价需要这种监测，则应确定对更多参数进行实时监测的要求。

注 2：对水样本进行定期监测与分析，以确认水质要求。环境控制生物保护系统的连续工作以及水的使用不应依赖于乘员舱供水系统的水质分析结果来确认系统工作是否正常。除了水质的实时监测与定期监测分析外，还应从供水系统中取样，在飞行结束后进行分析。

注 3：被监测的有机和无机物成分及化合物的鉴定应根据其在水中存在的可能性和其毒性进行分析，如发现本表未列的参数指标，则应与约翰逊航天中心的水管理机构联系，确定监测的要求。

注 4：指标的挑选依赖于人体美学的关键参数。

注 5：不包括病毒的识别。

注 6：通过进行特定的实验或运用放射性核素检测程序来保证飞行过程中的监测能力。

注 7：分析方法可给出间接的、与传统 TOC 等效的方法。

四、飞行结束后对采样水质评价

虽然发射前评价极为重要，但并不妨碍使用飞行后的评价数据作为航天器安全设计的技术基础，使用样品袋收集飞行过程中的水样，返回地面分析所得数据是目前重要的数据来源，地面实验室分析结果能提供比天上在线监测丰富得多的数据。

国际空间站使用水取样和存储器（WSA），用于对水进行取样并存储，以备在轨分析和地面分析之用，这套仪器中包括带有刻度的移液管、样品袋、供无菌取样用的样品收集接口，水取样和存储器为便携式，不使用时可保存在乘员健康系统机柜中。2006 年，在俄罗斯一套叫"SVO-ZV"水输送装置后的下行水样中发现了高浓度镉，结果证实是水输送装置溶出导致的，后来更换了该装置。

五、微生物监测和评价

需对飞行前、中、后微生物计数以及菌落分类计数进行评价，每个采样点至少需要 100 mL 水样进行微生物测试，短期飞行饮用地面携带水时不必进行微生物监测，但长期飞行使用再生水作为饮用水时必须进行在线监测。

阿波罗飞船指令舱使用氯作为水的消毒剂，但氯会加速水箱腐蚀；碘作为航天飞机水消毒剂使用多年，但过量的碘会对人的甲状腺产生影响，产生潜在的毒副作用；俄罗斯使用银作为消毒剂，但因为银会在金属表面沉积，时间长了会降低银的消毒作用。

再生水装置必须具有将在线监测有机物和微生物超标的水进行重新净化的能力，俄罗斯水净化系统 SVO-ZV 使用 0.5 ppm 银离子作为灭菌剂，不幸的是，多种检测手段表明净化后每 100 mL 水中菌落计数超过 100 个单位，为了重新净化，加入了 10 L 浓度为 10 ppm 银离子的水，结果又导致银离子含量超标。

图 4-2 所示为国际空间站使用的水中微生物检测套装（WMK），可监测国际空间站水系统中的微生物。套装包括移液泵、微生物采样器、空气过滤器、液体介质、取样袋，在取样后，水样通过微生物取样器过滤，监测的项目包括总菌落数和大肠杆菌菌落数。

图 4-2　水中微生物检测套装

|第五节 再生水净化措施|

水的净化受空间站空气中有机物浓度、人体新陈代谢产物的影响，若浓度过高，会大大影响再生水净化系统的效率，给设备带来负担。

废水为微生物滋生提供了条件，微生物滋生会产生无机和有机化合物，包括氨、硫化氢、乙酸和丁酸等，除了会影响航天员健康外，还会降低再生水装置的净化能力，比如：尿的处理会导致 pH 值偏碱性，产生磷酸钙和氢氧化镁等，沉积在分子筛、管壁、阀、气液分离器、吸收床上，甲烷和氮气等会附着在吸收床表面和液体通道上，降低离子交换效率和活性炭的活性，沉积物和气体会增加管路和水泵阻力，另外废物会产生难闻的气味。

受微重力影响，常规的萃取、蒸馏、浮选等办法无法使用，在微重力条件下，通常通过分子筛、气旋分离、离心分离来制造人工气液界面，另外在空间站使用紫外辐射杀菌必须考虑人的辐射水平耐受值。水的再生系统工作原理如下：

（1）废弃物物理化学和微生物成分的预处理；

（2）从再生水过滤膜上去除杂质；

（3）再生水的矿物质化；

（4）水的保存；

（5）水的加热和冷却。

其中步骤（2）包括有机组分的氧化转化及其副产品的清除，卫生用水可以省略步骤（3），电解制氧可以省略步骤（3）和步骤（4）。

一、超滤

超滤是一种利用膜分离技术的筛分过程，以膜两侧的压力差为驱动力，以超滤膜为过滤介质，在一定的压力下，当原液流过膜表面时，超滤膜表面密布的许多细小的微孔只允许水分子、水中的有益矿物质和微量元素通过，而最小细菌的体积都在 $0.02\ \mu m$ 以上，因此细菌以及比细菌体积大得多的胶体、铁锈、悬浮物、泥沙、大分子有机物等都能被超滤膜截留下来，从而实现了净化过程。

超滤膜使用一段时间后，被截留下来的细菌、铁锈、胶体、悬浮物、大分子有机物等有害物质会依附在超滤膜的内表面，使超滤膜的产水量逐渐下降，尤其是当水质污染严重时，更易引起超滤膜的堵塞。定期对超滤膜进行冲洗可有效恢复膜的产水量。

二、吸收

吸收的主要手段有离子交换树脂、分子筛和活性炭等。

离子交换树脂中含有一种（或几种）化学活性基团，在水溶液中能离解出某些阳离子（如 H^+ 或 Na^+）或阴离子（如 OH^- 或 Cl^-），同时吸附溶液中原来存有的其他阳离子或阴离子，即树脂中的离子与溶液中的离子互相交换，从而将溶液中的离子分离出来。

分子筛过滤的机理：当水流通过分子筛时，污染物粒径大于分子筛孔隙的全部被截留下来，缺点是时间长了之后，孔隙可能被堵塞，需要定期清理和更换。

活性炭的吸附原理是：在其颗粒表面形成一层平衡的表面浓度，再把有机物质杂质吸附到活性炭颗粒内，但如果水中有机物含量高，活性炭很快就会丧失过滤功能，所以，活性炭应定期清洗或更换。因为湿度太大，故只有少数种类的活性炭能用来吸收水中污染物，活性炭进行水处理主要是去色、味、嗅、氯化物、重金属，而没有除菌功能，而且会掉炭渣及滋生细菌，因此由活性炭过滤后的水还必须使用超滤膜等进行净化。

三、电化学方法

电化学净化废水技术是在直流电场的作用下，废水污染物通过电解槽在阳极氧化或在阴极还原或发生二次反应转化为无害成分，最终使废水得到净化，方法的局限是对部分有机物的去除效率很低。电净化技术的缺点：

（1）废水中各种带电离子在电极上竞相放电，容易发生副反应，降低电流效率；

（2）电极表面容易形成吸附层和产生氧化膜或有机聚合物而使电极极化或钝化直至中毒，最终导致槽电压升高、电流效率下降、电极性能衰退。

四、反渗透

反渗透的原理是在高于溶液渗透压的作用下，依据水能透过而污染物质不能透过半透膜而将这些物质和水分离开来。由于反渗透膜的膜孔径非常小（仅为 1nm 左右），因此能够有效地去除水中溶解的盐类、胶体、微生物、有机物等，反渗透是目前高纯水设备中应用非常广泛的一种技术。

五、蒸馏

蒸馏是水净化的传统技术，尤其适用于尿液净化，但微重力条件下必须使用旋转装置人造重力、加热尿液、收集水蒸气蒸发后的冷凝水达到净化目的，局限是部分污染物在冷凝水中存在，需要采用别的方法净化冷凝水中的污染物。

在空间站水再生装置设计过程中，单用一种方法进行水的净化是不够的，需要综合使用以上多种方法，才能使水质达到饮用水和卫生用水的卫生标准。

|第六节　空间站再生水污染防治措施|

载人空间站工程与短期载人航天飞行任务相比，面临许多技术难题，其中再生水的使用将会遇到很多新的航天医学工程问题。前面结合国际空间站任务情况，重点分析讨论了空间站再生水净化和使用过程中面临的再生水水源的污染来源、水质要求、水质净化技术与水质监测等方面的问题和研究思路，希望对我国空间站再生水污染防治策略有所帮助和促进。

一、提出空间站再生水水质要求

制定再生水水质要求是控制再生水污染、保证航天员健康的第一步。通常而言，再生水水质要求主要包括物理化学指标限值、微生物限值和感官指标（味觉、气味、浑浊度、颜色、pH 值）等。但针对再生水的用途不同，如饮用水、个人卫生用水、医用水等，水质要求并不相同。

水中污染物最大容许浓度既要保证航天员健康，又要防止净化装置过度设计，最大容许浓度制定基于以下考虑：

（1）航天员是经过人群筛选的健康群体；

（2）水服用时间比在地面上短很多；

（3）必须考虑航天环境对航天员的特殊生理改变；

（4）航天员平均体重在 70 kg 左右；

（5）航天员平均消费约 2.8 L 水（包括食物中水分）。

基于我国空间站任务特点，首先必须研究我国再生水中主要污染物的种类和数量，并在此基础上根据相关的毒理学资料、动物试验结果和必要的人体验证试验，制定饮用再生水中化学成分 1 天和 10 天的应急容许浓度限值，该容许浓度允许适度风险的存在以及航天员一定的不满意度，容许引起航天员轻微的不适（恶心、头痛等）。另外需制定 180 天以上长期饮用的最大容许浓度限值，该浓度限值不允许出现确定的毒性效应。

二、再生水污染源控制

空间站再生水污染的主要来源包括：地面携带水中的污染物、空间站空气中的污染物溶解进入冷凝水、尿液中污染物、洗涤剂带来的污染、水消毒剂带来的污染。因此，再生水污染源控制是一项系统工程。

首先是地面携带水需经严格检验，尽量控制污染物水平；水消毒剂（如银和碘）的用量需严格控制，在保证灭菌效果的前提下尽量少用；清洗剂和肥皂应该保证在任何情况下不危害和刺激乘员，且应与空间舱体废物处理和再循环系统相容，不在水体中产生污染物。

三、再生水净化措施

水的净化受空间站空气中有机物浓度、人体新陈代谢产物的影响，若浓度过高，会大大影响再生水净化系统的效率，给设备带来负担。

在空间站水再生装置设计过程中，单用一种方法进行水的净化是不够的，需要综合使用超滤、吸收、电化学、反渗透和蒸馏等多种方法，才能使水质达到饮用水和卫生用水的卫生标准。

受微重力影响，常规的萃取、蒸馏、浮选等办法无法使用，微重力条件下，分子筛、气旋分离、离心分离可以用来制造人工气液界面，另外在空间站可使用紫外辐射杀菌（必须考虑人的辐射水平耐受值）。

四、水质的监测和评价

水样品必须经过严格检验才能装船，飞船发射前 15 天和 3 天样品要进行检测，同时尽量缩短发射前的保存时间。

基于飞行过程中监测的困难，难以对每种目标污染物进行定量监测，对再生水而言，至少需要监测 pH 值、电导率、总有机碳以及灭菌剂含量。

飞行后水质评价数据是再生水安全设计的技术基础，故使用样品袋收集飞行过程中的水样，并返回地面分析所得数据是目前重要的数据来源。地面实验室分析结果能提供比天上在线监测丰富得多的数据，因此，对空间站再生水采样送回地面进行分析必不可少。

需对飞行中再生水中的微生物计数以及菌落分类计数进行评价，短期飞行饮用地面携带水时不必进行微生物监测，但长期飞行使用再生水作为饮用水时必须在线监测。

五、其他措施

空间站配备必要的地面携带水，当再生水水质在线监测结果显示污染超标时，不能继续饮用；严格按水中污染物最大容许浓度规定的饮用时限饮用；根据不同的用水需要（饮用水、卫生用水、医用水等）对水质进行要求。

|参考文献|

［1］NASA/SP-2010-3407. Human Integration Design Handbook（HIDH）［R］. Washington：NASA，2010.

［2］NASA-STD-3001. NASA Space Flight Human-System Standard，Volume2：Human Factors，Habitability，and Environmental Health［S］. 2011.

［3］JSC 63414. Spacecraft Water Exposure Guidelines（SWEGs）［R］. Houston：Johnson Space Center，2008.

［4］P50804-95. 载人航天器中航天员的居住环境（医学一工程总要求）［S］. 俄罗斯联邦国家标准，1996.

［5］GB 5749—2006. 生活饮用水卫生标准［S］. 2006.

［6］何新星. 空间站再生水污染防治策略［J］. 载人航天，2012（18）：15-21.

航天材料毒理

材料毒理学是航天环境毒理学的重要分支，因为非金属材料在航天器密闭舱内高度集中，它是舱内污染物的重要来源，因此有必要进行专门阐述。

材料脱出物的毒性分析是生命科学对材料科学提出的挑战性新课题，它将当代物理学、化学、生物学、生物化学、毒理学、表面技术和分析科学等多学科领域的成就为其所用，具有交叉学科的性质，是毒理学的发展前沿课题之一。

材料作为社会经济发展的物质基础和先导，对推动人类文明和发展起着极其重要的作用。近年来，随着我国经济的发展，大量材料被广泛使用。建筑装饰材料、环境功能玻璃、陶瓷、航空航天材料、舰艇用材料、医用材料、生物材料、纺织材料、服装材料、包装材料、家具、化妆品、清洁剂、消毒杀虫剂、黏合剂等数以万计的化学工业品，由于原料内含有或是生产加工时加入了某些有机物质，在常温下即可向室内空气释放挥发性有机物（Volatile Organic Compounds，VOCs），如甲醛、三氯乙烯、苯、二甲苯等，使得室内空气中各种挥发性有机物浓度普遍增高。当这些挥发性有机物达到一定浓度时对人的中枢神经、免疫系统以及各器官、组织有毒害作用，使人产生多种中毒症状，如记忆迟钝、精力难以集中、便秘、腹泻、恐惧、头晕头痛、呕吐、疲劳等，将会引发呼吸道、消化道、神经内科等30多种疾病。目前研究资料表明，在发达国家，人们有90%的时间在室内度过，在我国，城市居民在室内度过的时间平均也在80%以上。因此，室内空气质量的优劣直接关系着人们的健康。

我国最早从事材料毒理学研究的机构是航空、航天及航海部门，他们对密闭舱室内材料脱出的污染物进行检测分析并做了大量动物试验，建立了相应的军用卫生标准。材料脱出的污染物对民用建筑工程室内环境污染的研究工作开展得较晚。20 世纪 80 年代以前，室内污染物主要是燃煤所产生的一氧化碳（CO）、二氧化碳（CO_2）、二氧化硫（SO_2）和氮氧化物（NO_x）等。之后，随着人们生活水平的提高，特别是在建材业高速发展、装修热兴起的今天，由装饰材料所造成的污染成为室内污染的主要来源，由此带来的健康危害已成为研究的热点，材料毒理学也应运而生。

| 第一节　概　述 |

一、材料毒理学的基本概念

（一）材料脱出物

材料脱出物即材料的脱气产物，是指环境温度在 10 ℃~100 ℃ 范围内时，材料通过扩散、蒸发及缓慢氧化等途径释放出的物质。脱气产物的组成：

$$总质量损失 = 可凝挥发物 + 水汽 + 非水汽不可凝挥发物$$

在较低温度下，挥发性物质通常最先脱出，这可能与某种缓慢的键合作用有关，也可能是在被暴露表面上或接近表面处有像空气一样的氧化氛围而发生某些氧化作用，这一过程通常是作为一种老化作用反映出来的，其脱出物多是低沸点的溶剂和水蒸气，是由材料的孔隙或气阱中扩散出来的。

（二）热解产物

环境温度超过 100 ℃ 时，材料氧化分解产生的化合物以及在更高温度下发生不规则的断裂形成的新化合物和各种大小分子统称为材料的热解产物。

（三）挥发性有机物（VOCs）

挥发性有机物（VOCs）是在常温下以液体或固体形式存在的挥发性较大的有机化合物，WHO 以各种化合物的沸点范围对 VOCs 定义如下：

高挥发性有机物（Very Volatile Organic Compounds，VVOC），沸点为 50 ℃~100 ℃；

挥发性有机物（Volatile Organic Compounds，VOCs），沸点为 100 ℃ ~ 260 ℃；

半挥发性有机物（Semi-Volatile Organic Compounds，SVOC），沸点为 260 ℃ ~ 400 ℃；

颗粒状有机物质（Particulate Organic Matter，POM），沸点在 380 ℃ 以上。

（四）材料毒理学的概念及研究内容

材料毒理学（Material Toxicology）是毒理学的一个新分支，是研究各种材料在一定条件下脱出的无机污染物和有机污染物对生物有机体，尤其是对人体的损害作用及其机理的科学。

目前，材料毒理学的研究大致包括以下几方面的内容：

（1）不同材料脱气和热解产物的定性及定量分析：根据材料脱气和热解产物的物理、化学特性，总结出一系列标准化的毒物分类、分析方法，以达到有效的测定目的。通常各实验室采用国家标准以及美国环保局（EPA）制定的标准检测方法对材料脱气和热解产物进行量化分析；利用各种快速、灵敏的分析手段保证紧急毒害事件或意外事故中毒物的实时检测，为毒害抢救、事故分析及善后提供科学依据。

（2）材料脱气和热解产物的毒性作用：在材料的脱气和热解产物中，很多化合物是国际、国内严格控制的污染物，对其进行动物急性吸入毒性试验，以确定对生物有机体的损害作用及其中毒机理。

（3）材料毒性预测：利用分子连接性指数法研究不同材料脱气和热解产物结构-毒性定量关系，是目前材料毒性研究的前沿课题。通过建立多种具有毒性预测能力的环境模型，对已进入环境的污染物及新化合物的生物活性、毒性、环境行为进行预测、评价和筛选。

（4）材料高温热解产物毒性鉴定和材料毒性评价：以公布的国家标准或相关内部技术要求规定的污染物组分容许浓度为依据，对材料脱出物浓度进行评价，同时以材料高温热解产物毒性鉴定结果判断材料的急性毒性等级。

二、开展材料毒理学研究的意义

在载人航天器乘员舱密闭的空间中，需要使用各种非金属材料进行隔热、密封、绝缘和装饰；同时轻结构件、仪表面板、管道、开关、食品包装、容器、座椅、操纵杆、服装和救生设备等都是由各种塑料、涂料、橡胶、织物、纤维、润滑剂、黏合剂等构成的，许多材料在常温下就会散发出各种挥发性无机或有机污染物。报告表明，美国天空实验室-4 舱内挥发性有机成分达 81

种，水星飞船舱内大气中的污染物达46种，阿波罗飞船非金属材料散发的污染气体达300多种。对密闭空间来说，这些污染物是重要的化学污染源，如果不控制和清除这些污染物，污染物累积起来达到有毒的浓度，将会给工作和生活在其中的人员带来（因毒性污染物低浓度的慢性暴露或事故性高浓度的急性暴露而引起）潜在危险，而且这种危害随着时间的延长而加重，将会严重影响人员的健康和工作效率。例如"阿波罗"1号飞船地面模拟飞行试验中发生火灾，3名航天员中毒死亡，原因是阻燃材料在纯氧环境中燃烧，产生一氧化碳和其他有毒的热解产物；美国航空航天局（NASA）一次30天载人环境系统模拟试验进行到48 h，受试者嗅到了刺激性的气体，继续到第3天后出现恶心、呕吐、头疼等反应，坚持到第4天不得不停止试验，经检测分析，认为是清洁剂的溶剂三氯乙烯与净化剂的碱性材料氢氧化锂发生化学反应，产生高毒性的二氯乙炔和一氯乙炔引起中毒反应；又如，NASA航天飞机第35次飞行任务中，乘员舱出现气味，这是由于数据显示器的电器元件过热，产生了热解产物苯；NASA航天飞机第40次飞行任务中，航天员出现鼻黏膜发炎、头疼和恶心等症状，这是由于冰箱风扇马达过热，引起周围泡沫绝缘材料热解产生甲醛和氨。有些化学污染物还能加速仪器、仪表的腐蚀或影响仪器、仪表的光学性能和电绝缘性能。回想人类航天、航海史上的种种悲剧，有必要对密闭环境中使用的非金属材料的脱出物进行毒理学评价，控制高污染物材料的使用，筛选出低气味、低脱气、低毒性和热稳定性能好的材料，以保证人员的健康和工效。

第二节　非金属材料的脱气与热解产物

密闭环境空气中的污染物主要来自非金属材料脱气，很多原材料在加工、生产过程中还要加入各种辅料方能制成成品。其中很多辅料具有挥发性，产品进入密闭空间后，挥发性物质就会释放出来。这些挥发物除部分是无机化学污染物外，大多数是有机化学污染物。

生活用品如洗涤剂、涂料、塑料制品、装饰材料、黏合剂、化妆品、芳香剂等产生的有机污染物见表5-1。

表 5-1　家居用品产生的有机污染物

黏合剂	脂肪族化合物，如己烷、庚烷； 芳香族化合物； 有机卤化物； 醇类； 酮类，如甲基异丁基酮； 酯类，如乙酸乙烯基酯； 醚类
涂料、喷雾剂	脂肪族化合物，如己烷、庚烷； 芳香族化合物，如甲苯； 有机卤化物，如二氯甲烷； 醇类； 酮类，如甲基乙基酮、甲基异丁基酮； 酯类，如乙酸乙酯； 醚类，如乙醚、丙醚
芳香剂	醇类，如乙醇、异丙醇、丙烯基乙二醇； 酮类，如丙酮； 醛类，如甲醛、乙醛； 酯类； 醚类，如乙醚、丁醚
洗涤剂	芳香族化合物，如甲苯、邻二氯苯； 有机卤化物，如甲氯乙烯、二氯甲烷； 醇类； 酮类，如丙酮、甲基乙基酮； 醚类
装饰材料	脂肪族化合物； 芳香族化合物，如苯、甲苯、二甲苯； 有机卤化物，如四氯乙烯； 醇类，如丙二醇、异丙醇； 酮类，如甲基乙基酮； 氨化合物，如三乙醇胺、异丙醇胺
特殊物品	脂肪族化合物，如己烷、庚烷； 芳香族化合物，如苯、甲苯、二甲苯； 有机卤化物，如氯乙烯、二氯甲烷； 醇类，如甲醇、乙醇、异丙醇、苯甲醇； 酮类，如丙酮、甲基异丁基酮； 酯类； 醚类，如乙二醇醚； 氨化合物，如二乙胺

对于一些疏松、成薄膜状的材料、橡胶和胶黏剂来说，它们的气体排放与其饱和度是成正比例关系的。在密封容器内长期存放聚合材料样品时，会出现化学物质的排放量按照指数定律降低的现象。

中国航天员中心曾应用气相色谱/质谱联用仪和顶空/浓缩进样技术，对 38 种聚合材料（或制品）的热脱气产物进行了检测，从这些材料样品的顶空气中定性检测出 80 余种化学成分，观察到材料在 100 ℃、24 h 条件下，主要脱出的是溶剂、单体和热分解及热氧化产物，其中有苯、丙烯腈、丙烯醛、溴甲烷、氯丙烯、二硫化碳等毒性较大的化合物。常见的非金属材料及其脱气产物见表 5-2。

表 5-2　常见的非金属材料及其脱气产物

非金属材料	可能产生的脱气产物
聚乙烯	一氧化碳、烯烃、甲醛
聚丙烯	氢、甲醇、甲醛、二氧化碳、丙酮、过氧化氢
聚苯乙烯	苯、甲苯、乙苯、苯乙烯、苯乙酮、甲醇、一氧化碳
聚氯乙烯	丙酮、甲醛、氯化氢、乙酸丁酯、氯乙烯、一氧化碳、邻苯二甲酸二丁酯
聚四氟乙烯	烃、氟有机化合物、氟光气
聚丙烯腈	氨、丙烯腈、氢氰酸、乙腈、乙烯乙腈
丁二烯-苯乙烯橡胶	丁间二烯、苯乙烯
丁腈橡胶	丁二烯、氨、一氧化碳、丙烯腈、秋兰姆、一氧化氮
丁苯橡胶	甲醛、甲酸、烃
异戊二烯橡胶	异戊二烯
氯丁二烯橡胶	2-氯丁二烯、烃
氟橡胶	烃
酚醛树脂	苯酚、甲醛、一氧化碳
聚酰胺	己内酰胺、己二胺、烃
聚氨酯	乙烯、2，4-甲苯撑二异氰酸酯、一氧化碳、丁醇、氧化乙烯、甲醛、己撑二异氰酸酯
聚酯合成纤维	丙酮、酯、乙醛、甲醛、对苯二甲酸二甲酯
环氧树脂	氯甲代氧丙环、二苯乙烷、二苯丙烷、甲苯
硅氧硅基橡胶	四乙基硅烷、环六甲基三硅氧烷、环八甲基四硅烷、1，1，2，2-四甲基-1，2-二硅氧烷-1，2-二醇、甲醛、一氧化碳、烃
聚甲基丙烯酸甲酯	甲基丙烯酸二甲酯、一氧化碳、甲醛
热熔胶	氯甲烷、乙醛、脲、氯乙烷、丙酮、呋喃、丁醛、2-丁酮、二甲基丙醛、二甲基呋喃、异丁基甲酸酯、苯、戊酮、戊烯、环己烯基甲醛

非金属材料	可能产生的脱气产物
硅橡胶 6144	丙酮、苯、甲苯、戊醛、2-丁酮
硅橡胶 6143	脲、乙醛、丙酮、二硫化碳、2-丁酮、甲基呋喃、苯、甲苯、戊醛
特种硅橡胶	脲、丙酮、二硫化碳、苯、甲苯、呋喃、甲基呋喃
胶布	甲基丙烯、脲、氯甲烷、氯乙烷、丙酮、乙醛、甲基丙醛、呋喃、丁醛、丁酮、苯、异丁基甲酸酯、己醛、二甲基呋喃、二甲基丙醛、环己烯基甲醛
胶料	脲、乙醛、乙醇、丙酮、二硫化碳、甲基丙醛、苯、甲苯、2-丁烯醛、3-丁烯酮、2-丁酮、甲基呋喃、甲基丁醛、戊醛、庚二烯醛
S781-B 涂层	异戊烷、三氟氯丙烯、正丁醇、甲醇、3-甲基丁酮、乙酸乙酯、乙酸甲酯、2-甲基丙烯腈、丙烯腈、二硫化碳
浅黄无毒阻燃布	环己烷、乙氧基丙烯、氯仿、溴丙烯、溴丁烷、正丁醇、2-甲基丙醇、丙酮、3-甲基丁酮、2-甲基呋喃、四氢呋喃
深绿无毒阻燃布	环己烷、乙氧基丙烯、氯丁烷、一氯一溴丙烯、溴丁烷、异戊基溴、2-甲基庚酮、2,4-二甲基戊酮、乙醛、丙烯醛、2-丁烯醛、2-甲基呋喃
深褐色无毒阻燃布	环己烷、甲基戊烯、氯丁烷、溴丁烷、异戊基溴、丙酮、3-甲基丁酮、乙酸乙酯、异丁酸异丁酯、2-甲基呋喃
内用复合膜胶带	苯、甲苯、乙苯、苯乙烯、二甲苯、三甲苯、甲基乙基苯、氯仿、
高温环氧树脂胶膜	1-丁烯、苯、甲苯、乙苯、苯乙烯、二甲苯、三甲苯、甲基乙基苯、吡啶、α-氰基吡啶、乙烯基吡啶、吡咯、2-甲基呋喃
MS 螺纹防松胶	2,4-二甲基戊烷、甲基戊烯、苯、甲苯、乙苯、氯仿、异丁酸异丁酯、2-甲基丙烯腈
KS 螺纹防松胶	2,4-二甲基戊烷、甲基戊烯、苯、甲苯、乙苯、氯仿
导热硅橡胶	氯乙烷、1,2-二氯乙烷、氯丁烷、溴丙烯、2-甲基庚酮、3-甲基丁酮、异丁酸异丁酯、乙酸甲酯、四氢呋喃、二硫化碳
FS70 涂层	异戊烷、三氟氯丙烯、溴丙烯、正丁醇、甲醇、2-甲基庚酮、乙酸乙酯、丙烯腈、二硫化碳
KS-Z 涂层	异戊烷、三氟氯丙烯、溴丙烯、正丁醇、2-甲基丙醇、2,4-二甲基戊酮、乙酸乙酯、乙酸甲酯、2-甲基呋喃、四氢呋喃、二硫化碳
石英织物层压板	1-丁烯、乙氧基丙烯、氯乙烷、1,2-二氯乙烷、三氟氯丙烯、氯仿、一氯一溴丙烯、乙醇、丙酮、乙酸乙酯、乙酸甲酯、吡啶、α-氰基吡啶、乙烯基吡啶
树脂泡沫塑料	环己烷、异戊烷、甲苯、二甲苯、三甲苯、甲基乙基苯、丙烯醛、2-甲基丙烯腈、丙烯腈

第三节　非金属材料脱气与热解产物的毒性作用

一、非金属材料脱气与热解产物的毒效应分类

前面表5-1、表5-2中的很多化合物是国内、国际严格控制的污染物，按毒理学描述分为刺激性、窒息性、神经性、全身性毒剂四个类别（见表5-3）。许多污染物有多重毒性效应，最共同的毒性效应是黏膜、呼吸道刺激和中枢神经系统的抑制，这个特点对制定预防措施、进行卫生毒理学评价具有重要意义。

表5-3　非金属材料脱气与热解产物的毒性效应分布

毒性效应类别	污染物举例
黏膜刺激剂	丙烯醛，氨，苯，甲苯
呼吸道刺激剂	氨，醇，甲醛，乙醛
中枢神经系统抑制剂	乙醛，丙酮，苯，甲苯
肝脏毒剂	二氯乙烯，甲苯，肼
肾脏毒剂	环己烷，乙二醇，三氯乙烯，甲苯，肼
单纯窒息剂	乙炔，甲烷，丙烯
酶抑制剂	二硫化碳，臭氧，氰化氢，硫化氢
中枢神经系统刺激剂	氨，肼，二硫化碳，氰化氢
心血管系统毒剂	异戊醇，乙胺，苯
血液毒剂	一氧化碳，吲哚，苯酚
末梢神经系统毒剂	二硫化碳，甲醇
造血组织毒剂	苯
自主神经系统毒剂	组胺

二、影响材料脱出物毒性作用的因素

材料脱出污染物对生物体毒性作用的性质和强度受到多种因素的影响，主要包括脱出物的结构与性质、环境因素和生物体本身的状况等。

（一）材料脱出物的结构与性质

1. 结构与毒性

（1）同系物的碳原子数：在烷烃中从丙烷至庚烷，随碳原子数增加，其麻醉作用增强，庚烷以后的烷烃由于水溶性过低，麻醉作用反而减小；在醇类物质中随碳原子数的增加，其毒性增强。

（2）分子的不饱和度：分子中不饱和键越多，脱出物活性越大，其毒性越强。

（3）卤素：卤族元素电负性较大，有强烈的吸电子效应，分子结构中增加卤素可增大分子极性，从而更易与酶系统结合，使毒性增强。

（4）羟基：芳香族化合物中引入羟基，使分子极性增大，毒性增强。

（5）羧基和酯基：分子中引入羧基，其水溶性和电离度增大，但脂溶性降低，使吸收和转运难以进行，从而降低了毒性；羧基酯化后，电离度降低，脂溶性增高，使吸收率增加，毒性增强。

（6）胺基：胺基具有碱性，易与核酸、蛋白质的酸性基团起反应，易与酶发生作用。

2. 物理性质与毒性

（1）脂/水分配系数：化合物的脂/水分配系数直接影响化合物的吸收、分布、转运、代谢和排泄，与其毒性密切相关。一般脂溶性高的毒物易于被吸收且不易被排泄，在体内停留时间长，毒性较大。化合物的毒性除了与其在脂/水中的相对溶解度有关外，还与其绝对溶解度有关，一般有毒化学物质在水中，特别是在液体中的溶解度越大，毒性越强。

（2）分子表面积和摩尔体积：有机物对生物的毒性和分子表面积、摩尔体积成正相关，但当分子的横断面大于 1 nm 时，随着分子表面积、摩尔体积的增大，有机物对生物的毒性反而减小，这是由于随着分子的增大，有机物向生物体内的迁移阻力也随之增大，对于大分子，在给定的时间内不能达到富集平衡。

（3）电离度：即化合物的 pKa 值，对于弱酸或弱碱性有机化合物，在体内环境 pH 条件下，其电离度越低，非离子型比率越高，越易被吸收，毒性效应越大；反之，化合物离子型的比率越高，虽然易溶于水，但很难被吸收，且易随尿排出，其毒性效应反而减小。

（4）挥发度和蒸气压：液态毒物在常温下容易挥发而形成较大的蒸气压，因而易于通过呼吸道和皮肤吸收进入机体。有些液态毒物的 LD_{50} 值相近，即绝对毒性相当，但由于各自的挥发度不同，所以实际毒性（即相对毒性）相差较大。

（二）环境因素

1. 温度

聚合材料释放有害气体的速度和浓度直接取决于环境温度。常温下聚合材料就缓慢地发生氧化降解反应，产生二氧化碳、一氧化碳、烃和醛等有毒成分。当环境温度低于聚合物分解的温度时，气体排放和作用的温度值之间呈线性关系；随着环境温度的增高，氧化降解反应加速；当环境温度接近材料分解的温度时，非金属材料不仅可能解聚成单体成分，更可能裂解为分子量和功能团各不相同的多种化合物，同时它们之间又会发生各种化学反应，还可能发生剧烈的氧化作用乃至碳化作用。此时，不仅材料脱气量急剧上升，而且出现排放物质浓度和种类上的变化，并导致材料本身的结构变化。

此外，环境温度增高可使机体的毛细血管扩张、血液循环加快、呼吸加速，化合物经表皮和呼吸道吸收的速度增加。而且，环境温度升高使机体排汗增多、尿量减少，使经肾脏随尿液排出的毒物在体内的滞留时间延长，毒性作用增强。

2. 湿度

湿度增大，尤其是伴随高温时，化合物经表皮吸收的速度加快。湿度增大还会使汗液蒸发困难，导致表皮的水合作用加强，水溶性强的化合物可溶于表皮的水膜（球形的溶剂水分子依靠分子引力在溶质分子表面形成的一层水分子膜）而被吸收，同时也延长了化合物与皮肤的接触时间，使化合物吸收量增加。此外，在高湿环境下，某些化合物的刺激作用增大，某些化合物还可改变形态，使毒性增强。

3. 气压

气压的变化可引起某些毒物毒性作用的改变。

4. 光照

某些化合物如醛类，在强烈日光的照射下，可转化为毒性更强的光化学烟雾等。

|第四节　航天材料脱出物的检测方法|

一、准备条件

（一）材料准备

所有用于试验的材料均可按"表面型""体积型"和"重量型"进行分类。

1. "表面型"的材料

此类材料指所有呈现二维特征的材料，包括薄膜、织物、涂层、镀层、涂层、油墨、底漆、黏合剂、薄膜润滑剂、磁带和电绝缘材料等。

测试该类材料时，试件在每升试验容积中应具有（300±10）cm^2 的表面面积；各种镀层或涂层应涂覆在洁净的铝基或玻璃基底上，材料厚度、处理工艺和应用方法应符合实际使用工况；薄膜、织物或类似材料应切成表面积为（300±10）cm^2的试件；由于此类材料的两个表面在使用中都会暴露到舱内空气中，因此在确定总表面积时，其上、下两面的面积都应计算在内；热缩管或套管应采用加热成型法使其尽量符合实际使用工况。

2. "体积型"的材料

此类材料指具有确定体积的材料，包括各种泡沫塑料和其他多孔或发泡材料以及绝缘衬垫等。

这类材料的试件应切成厚度为（1.0±0.2）cm 的块。如果材料的实际厚度小于 1.0 cm，则可直接用于试验，试件在每升试验舱容积中应具有（50±5）cm^2的表面面积。当因切成的试件过大而无法放入试验容器中时，可将材料切成两个或多个试件。

3. "重量型"的材料

此类材料是指那些有确定体积的，但又不能归入"体积类"的材料，包括各类封装组件、模压组件、成形铸件、实心线缆和厚塑料等。

试件应尽可能采用材料供货时的形状，切割后在每升试验舱容积中的重量应为（5.0±0.25）g。封装或压制材料应按重量要求预先制备。

试件的清洗：试件的清洗和其他处理应与相应材料使用前的处理程序完全相同。

材料的标识：提交试验的材料须附有完整的材料说明，其中包括技术说明书和使用方式等。

（二）试验设备

完成评价试验所必需的基本设备包括全封闭试验容器、取样装置和必要的分析仪器。

1. 试验容器

试验容器应是金属型密封容器，并有足够的空间以充分容纳试验材料，试件所占的体积为试验容器体积的 1/3 左右。试验容器体积也不能远大于试件，以避免舱内的脱气产物浓度过低。试验容器应由在最为苛刻的试验条件下都不脱气的材料制造。

试验容器应容易进行清洗，为便于试验容器的净化，容器应具备抽真空及惰性气体吹净清洗功能。

试验容器应配备外加热装置，以不低于 100 ℃ 的上限温度进行烘烤除气。试验容器应具备温度控制和压力控制功能，温度 30 ℃ 到 100 ℃ 可调，控温精度为 ±2 ℃；压力 30 kPa 到 120 kPa 可调，控压精度为 ±5 kPa，容器能连续记录温度和压力。

2. 取样装置

取样设备为专业的气体采样袋或采样钢瓶等。

3. 分析仪器

分析仪器应满足试验要求，通常需配备以下基本装置：

（1）预浓缩装置，用于将预浓缩的气态污染物注入下一级分析仪器；

（2）气相色谱仪，要求至少附有一台火焰离子化探测器、甲烷转化炉、温度控制装置和必要的记录装置，用于一氧化碳测试；

（3）气相色谱质谱联用仪，用于定性、定量测量挥发性有机组分。

4. 气源

用于清洗容器和给容器进行空气置换的气源（氦气、氮气、氧气）纯度应不小于 99.99%。

（三）试验容器的预处理

进行试验前，应在真空度低于 30 kPa 的真空条件下，或在连续用清洁、干燥的惰性气体吹洗的条件下，将试验舱内的温度至少加热到 70 ℃ 以上，并保温 24 h。然后将其温度降至试验温度，注入的试验环境气体要求达到试验所需的压力，保持 72 h，分析容器气体环境中的污染物本底浓度。

（四）试验操作

1. 试验条件

在无特殊要求时，采用下列试验条件：

（1）试验温度：50 ℃±2 ℃；

（2）试验气体：洁净空气，氧浓度为正常大气氧浓度；

（3）试验压力：1 个大气压（101.3 kPa，50 ℃下）；

（4）试验时间：（72±1）h。

2. 试验步骤

（1）将已清洁、称量的试件放入试验容器，容器密封。

（2）试验容器中输入洁净空气（通过过滤器），调节试验容器内温度和压力到指定压力。

（3）在规定的试验时间结束后，通过自然冷却将温度冷却至室温，再将试验容器与取样装置相连接，将测试气体试样取出。当试验舱的温度处于室温时，取出试样的时间不能超过 12 h。

（4）取出气体试样后，打开试验容器，记录试验容器中的特殊气味和冷凝情况等。

二、检测方法

航天复合材料的检测包括总有机物、一氧化碳、挥发性有机物和气味试验。下面分别介绍它们的检测方法。

（一）总有机物测试方法

1. 原理

利用气相色谱法测定总有机物峰与戊烷峰面积的比值，定量测定总有机物；或者利用气相色谱或气质联用仪将有机物全部定量，加和得到总有机物。

2. 仪器设备

（1）仪器：带有氢火焰离子化检测器的气相色谱仪。

（2）进样器：仪器自带六通阀，1 mL 定量管。

（3）注射器：1 mL、5 mL、50 mL 若干个。

（4）色谱柱：长度为 2 m、内径为 5 mm、粒度为 60~80 目的不锈钢玻璃微球填充柱。

3. 材料脱气条件

将一定量的材料密封于 150 mL 样品瓶中，在 1 个大气压、50 ℃的条件下恒温 72 h。

4. 操作步骤

（1）调整仪器：柱温 50 ℃，其他根据仪器的具体情况选择。

（2）试验：用注射器从样品瓶中抽取待测样品，反复置换三次后，抽取 1 mL，迅速注入色谱进样口。

5. 定量分析

采用外标法定量，在仪器的线性范围内用氮气为底气配制一系列浓度的标准戊烷气体，标准气体进样体积与试样进样体积相同。

6. 计算

总烃计算公式：

$$C_{总} = E \cdot H_i / H_s$$

式中：$C_{总}$——气体中总有机物的浓度，mg/m^3；

　　　E——戊烷标准气浓度，mg/m^3；

　　　H_i——样品中总有机物峰面积，mA；

　　　H_s——戊烷标准气体峰面积，mA。

结果以三位有效数字表示。

（二）一氧化碳测试方法

1. 原理

空气中的一氧化碳经色谱柱与空气中的其他成分完全分离后，通过镍催化剂与氢气反应生成甲烷，用氢焰离子化检测器测定，以保留时间定性、峰面积定量。

2. 仪器设备

（1）仪器：带有氢火焰离子化检测器的气相色谱仪，转化炉，封口机，恒温箱。

（2）进样器：仪器自带六通阀，1 mL 定量管。

（3）注射器：1 mL、5 mL、50 mL 若干个。

（4）色谱柱：长度为 2 m、内径为 5 mm、粒度为 60~80 目的 5A 分子筛不锈钢填充柱。

3. 材料脱气条件

将一定量的材料样品密封于 150 mL 的样品瓶中，在 1 个大气压、50 ℃ 的条件下恒温 72 h。

4. 操作步骤

（1）调整仪器：柱温 50 ℃，转化炉温度 375 ℃，其他根据仪器的具体情况选择。

（2）试验：用注射器从样品瓶中抽取待测样品，反复置换三次后，抽取 1 mL，迅速注入色谱进样口。

5. 定量分析

采用外标法定量。在仪器的线性范围内用氮气为底气配制一系列浓度的一氧化碳标准气体，标准气体进样体积与试样进样体积相同。

6. 计算

一氧化碳计算公式：

$$C_i = E' \cdot H_{i'}/H_{s'}$$

式中：C_i——未知气体样品中一氧化碳的浓度，mg/m^3；

　　　E'——一氧化碳标准气浓度，mg/m^3；

　　　$H_{i'}$——未知气体样品中一氧化碳峰面积，mA；

　　　$H_{s'}$——一氧化碳标准气体峰面积，mA。

结果以三位有效数字表示。

（三）挥发性有机物（VOC）测试方法

1. 仪器设备

（1）仪器：气相色谱/质谱联用仪（GC/MS）。

（2）进样器：仪器自带六通阀，Tekmar6000 热解吸仪。

（3）注射器：50 mL、100 mL、500 mL、1 000 mL 若干个。

2. 仪器分析条件

（1）Tekmar6000 条件：捕集阱温度为 -100 ℃，解析温度为 240 ℃，解析时间为 4 min。

（2）气相色谱条件：柱箱温度在 -30 ℃ 保持 5 min，然后以 2 ℃/min 的速度升温至 80 ℃，再以 4 ℃/min 的速度升温至 250 ℃，并保持 10 min。进样方式为不分流进样，GC/MS 的接口温度为 275 ℃，离子源的温度为 200 ℃。

（3）质谱条件：电离方式为 EI，电离能为 70 eV，发射电流为 250 μA，扫描范围为 20 ~ 300 amu，RF 射频电压为 1 030 V，扫描速度为 10 μscan/s。

（4）色谱柱类型：WCOT 弹性石英毛细管非极性色谱柱，规格为 0.25 mm×60 mm，膜厚为 0.25 μm。

（5）载气：高纯氦气。

3. 材料脱气条件

将一定量的材料样品密封于 150 mL 的样品瓶中，于 50 ℃ 恒温 72 h。

4. 操作步骤

（1）调整仪器：将仪器调整到最佳工作状态。

（2）实验：用注射器从样品瓶中抽取待测样品，反复置换三次后，准确抽取 50 mL，迅速注入 Tekmar6000 进样口。

5. 定量分析

采用外标法定量，标准气体进样体积与试样进样体积相同。

6. 计算

挥发性有机物（VOC）计算公式：

$$C_{voc} = E'' \cdot H_{r''}/H_{g''}$$

式中：C_{voc}——气体中 VOC 的浓度，mg/m³；

　　　E''——标准气浓度，mg/m³；

　　　$H_{r''}$——样品中 VOC 峰面积，mA；

　　　$H_{g''}$——标准气体峰面积，mA。

结果以三位有效数字表示。

（四）非金属材料气味评价试验方法

1. 实验原理

根据气味刺激强度与物质浓度的对数成正比的法则（Weber-Fechner 法则）将气味感觉强度分成 5 个等级和相应的分值，选择嗅觉正常的健康人对气味强度进行判别，根据平均得分值来定量评价气味刺激强度。

2. 嗅辨员选择

（1）候选人员：选择 25 ~ 30 岁无鼻腔疾病及慢性病、忌烟酒的健康男性 8 ~ 10 名。

（2）选择方法：根据国家标准 GB/T 14675—1993，采用 5 种基准臭：β-苯乙醇、异戊酸、甲基环戊酮、γ-十一碳（烷）酸内酯和 3-甲基吲哚。取外观一样的滤纸 5 条，其中 2 条沾有配制好的基准臭液，其余 3 条沾有液体石蜡

（试液不能滴下），随机让待选人员闻吸，让其嗅出有臭的滤纸条。在每日相同时间测 4~5 次，连测 4~5 日，记录受试者嗅觉情况。5 种基准臭全测对者为合格，被选为气味官能试液的嗅辨员。

（3）基准臭液的配制：根据 NASA 刺激性气味的配制方法，取基准臭饱和溶液 2.0 mL 溶于 333 mL 水中，制成基准臭液。

3. 试验内容

首先进行材料脱气，然后通过嗅辨员嗅吸，对单个或复合材料的脱气产物进行气味评价。

4. 试验器材及试剂

（1）器材：天平、磨口玻璃三角瓶、恒温箱、干燥纯净空气发生器。

（2）试剂：β-苯乙醇、异戊酸、甲基环戊酮、γ-十一碳（烷）酸内酯、3-甲基吲哚、液体石蜡。

5. 试验方法

（1）嗅辨员：选择嗅辨员 5 名，要求当天禁用化妆品、情绪稳定，并与试验人员积极配合。

（2）嗅辨室：要求室内清洁、通风、空气新鲜，室温在 20 ℃~25 ℃，并在室内放置活性炭等吸附剂。

6. 操作程序

（1）材料取样。依据受试材料在密闭环境中的不同使用条件将材料分类，分别用体积、重量或表面积计算，并按比例将一定数量的材料样品装入密闭试验容器，每种样品装入 6~8 个容器。

（2）封装材料前，用清洁空气吹扫试验容器。装入样品并在常压下密封容器，将容器在 50 ℃恒温 72 h 进行热脱气。

（3）将热脱气后的样品容器置于室温下平衡后，开盖让嗅辨员闻吸（一次 3~5 s，共三次，每次间隔 3 min），并记录主观感觉（见表 5-4）。

表 5-4　感觉强度分级与评分

感觉强度	评分
感觉不到	0
略微感觉到	1
明显感觉到	2
难闻的气味	3
刺激性气味	4

|第五节 非金属材料的毒性评价|

非金属材料的评价方法和评价标准是一个很复杂的问题，由于其使用环境不同，评价标准也不完全相同。对脱出物含量超出现有国家标准限值的非金属材料，要把握其实际使用环境，对环境中可能出现的各种极端情况亦应加以考虑，严格控制其使用，力争将其毒性作用降至最低。

一、航天非金属材料的毒性评价

为了保证非金属材料的安全使用和管理，通常将其分为禁止使用（禁用）、限制使用（限用）和准许使用（使用）三级。

（一）禁止使用

禁用材料标准：

（1）脱出具有刺激性和特殊气味污染物的材料，气味等级>1.5级。

（2）脱出一氧化碳>25 μg/g的材料（在1个大气压、50 ℃的条件下恒温72 h）。

（3）脱出总有机物>100 μg/g的材料（在1个大气压、50 ℃的条件下恒温72 h）。

（4）脱出国际公认的优先（控制）污染物，且在使用条件下超标的材料。

（5）脱出不满足特殊环境要求的材料。

同时，非金属材料的所有脱出气体应进行定量分析，计算其毒性危害指数 T，即通过计算每一种出气产物的预计浓度与飞行器 SMAC 值之比，并对所有出气产物（不单指相同毒性类的）的该比值进行累加，T 应小于0.5。

（二）限制使用

限用材料标准：

（1）脱出高挥发性有机物的材料，如黏合剂、杀虫剂、干洗剂等，要限制使用地点、使用数量和使用温度等。

（2）脱出国际公认的优先污染物，但在正常使用条件下不超标的材料。

（3）脱出在应急情况下具有危险性的材料，如火灾危险性分类为甲、乙、丙类的物质。

(三) 准许使用

可使用材料标准：

(1) 不满足禁用、限用材料标准的材料原则上均可使用。

(2) 难燃烧品和非燃烧物品。

二、载人航天器舱用材料的相关筛选标准

载人航天器作为一个有限的空间，舱内用材料多种多样，在航天环境中，舱内材料特别是那些非金属材料，受压力、温度、湿度、振动、噪声、辐射、光线等物理因素和酸、碱、盐、雾等化学因素的影响，常常会向舱内脱出或释放污染物。因此，俄、美两个航天大国将筛选舱用材料作为舱内污染控制所必需的第一步。

(一) 苏联/俄罗斯对舱用非金属材料的选择要求

俄罗斯《载人航天器中航天员的居住环境医学-工程总要求》标准规定，为了减少非金属材料分解出有害污染物，在载人航天器的研制阶段就必须选择在卫生方面最合适的舱用材料。俄罗斯对材料的卫生学基本要求如下：

(1) 非金属材料不应向空气中释放对航天员身体乃至整个气体环境产生直接和间接不良影响的超量挥发性化学物质；

(2) 密封容器的设备不容许使用非金属材料，材料的气味强度不应超过2级；

(3) 材料表面不应积有静电荷；

(4) 材料在使用过程中向空气散发的粉尘不应超过 0.5 mg/m³。

在选择材料时应当注意，自非金属材料析出的气体，其浓度的构成和水平取决于以下基本因素：材料制成的配方和工艺、材料在舱内的饱和程度、周围环境的温度、材料自制成到开始使用的养护时间、材料在密封舱使用时间的长短、环境控制和生命保障系统工作的效率。

对脱出苯并-α-芘、联苯胺、β-萘胺、二甲亚硝胺、β-丙酸内酯、甲基黄、硫酸二甲酯、砷、铍等剧毒化合物的非金属材料禁止使用。

此外，选择舱用非金属材料的参照标准还包括：非金属材料气味测量评价方法；1982年和1984年苏联卫生部批准的《密封居住舱设备非金属材料的卫生化学和毒理学研究的方法指南》《密封居住舱设备使用非金属材料的卫生监督条例》。

（二）美国和欧洲航天局对舱用非金属材料的选择要求

在 APOLLO 飞船时期，对舱用非金属材料进行筛选的初期主要关注两种情形，即材料的重量损失和暴露鼠的毒性反应。材料筛选采用的试验方法是：将舱用非金属材料加热到 68 ℃条件下的脱出产物（也称为脱气产物）引入动物暴露舱，且持续 14 天，其间观测暴露动物的肌体反应并记录非金属材料的重量损失。动物暴露染毒 14 天后，脱离染毒环境，再观察 30 天，然后进行动物组织病理学研究。150 种被试材料中的 10%由于暴露动物产生毒性反应而被淘汰。

APOLLO-204 火灾以后，发现火灾之前选出的非金属材料中只有 20%的材料还可以使用，因此，在舱用非金属材料进行筛选方面，重点提出了"低易燃性"的要求。当时，由于时间紧迫，一种新的材料筛选方法（即用分析化学试验替代动物暴露染毒试验）得到了 NASA 的认可：将飞船乘员舱拟用的材料在氧压力为 258 mmHg 的干燥箱内加热到 68 ℃，保温 72 h，终末抽气分析检测气体样本中的一氧化碳和总有机物及其含量，对材料的毒性进行检测评定。这种材料筛选的方法规定，材料的合格标准为：每种材料，一氧化碳脱出量<10 μg/g、总有机物脱出量<100 μg/g。

1998 年，NASA-STD-6001《舱用材料易燃性、气味、脱气产物的适合性要求和试验程序》出台，该标准文件列出了筛选舱用材料的 18 种方法。

（1）材料的易燃性要求是：电线包皮长度超过 2 m 及六面体长×宽达到或超过 30 cm×6.4 cm 的材料均应进行测试，合格标准为具有自灭火特性且燃烧长度不超过 15 cm 的材料。

（2）材料的气味要求是：面积达到 2 000 cm² 或 500 cm²、电线包皮重量达到 40 g 的材料均应进行测试，合格标准为气味等级<2.5 级（有气味但不明显）。

（3）材料的脱气（脱出化学污染物）要求是：面积达到 2 000 cm² 或 500 cm²、重量达到 40 g 的材料均应进行测试，合格标准为脱出的所有挥发性化学污染物的毒性有害指数 T 值（Toxic Hazard Index）<0.5。

1999 年，欧洲航天局欧盟航天标准化组织在参考 NASA 相关文件的基础上，颁布了 ECSS-Q-70-29A《航天产品保证标准-载人航天器乘员舱用材料脱气筛选规定》，该标准规定舱用非金属材料的合格标准是：每种材料在 1 个大气压、50 ℃的条件下恒温 72 h，一氧化碳脱出量<25 μg/g、总有机物脱出量<100 μg/g。

2001 年 NASA 公布的 MRD-PLN-0008《微重力研究与发展实施条例-材料研制过程控制计划》，对舱用非金属材料的筛选提出了规范性要求：在执行 NASA-STD-6001 的基础上，真空脱气收集到的可冷凝挥发物（Collected

Volatile Condensable Materials，CVCM）<0.1%，材料的总质量损失（Total Mass Loss，TML)<1.0%。

| 参考文献 |

[1] JSC 20584. Spacecraft Maximum Allowable Concentrations for Airborne Contaminants [R]. Houston：Johnson Space Center, 2008.

[2] NASA－STD－6001. Flammability, Odor, Offgassing, and Compatibility Requirements and Test Procedures for Materials [S]. 1998.

[3] ECSS－Q－70－29A. Space Product Assurance the Determination of Offgassing Products from Materials & Assembled Articles [S]. 1999.

[4] MRD－PLN－0008. MRDOC Materials and Processes Control Plan [R]. Houston：Johnson Space Center, 2001.

[5] SSP 50021. Safety Requirements Document International Space Station Program [R]. Washington：NASA, 1995.

[6] NASA/TM － 108497. Trace Chemical Contaminant Generation Rates for Spacecraft Contamination Control System Design [R]. Houston：Johnson Space Center, 1995.

[7] P50804-95. 载人航天器中航天员的居住环境（医学—工程总要求）[S]. 俄罗斯联邦国家标准, 1996.

[8] 梁宏. 载人航天器舱内有害气体控制的医学要求与工程实现 [C]. 中国航空学会人体工程航医救生专业分会 2002 年论文集. 2002：23-27.

[9] 梁宏. 航天毒理学基本问题与环境控制 [C]. 中国航空学会人体工程航医救生专业分会 2000 年学术交流会论文集. 2000：27-31.

第六章

航天有害物理因素毒理

　　随着人类空间活动的不断增加，空间辐射环境对航天员影响的重要性日益突出，大量的科学实验证明，威胁航天员生存和身体健康的空间辐射，稍有不慎，就有可能对航天员造成致命伤害。随着我国未来对空间活动的不断深入，迫切需要我们对空间辐射环境以及空间辐射对人体的短期和长期生物学效应有进一步的认知。

　　载人航天过程中，有害物理因素主要是电离辐射及非电离辐射。太空舱内的乘员暴露于电离和非电离辐射环境中，电离辐射会破坏生物系统中的化学键，它有立即的（急性）及潜在的效应，这取决于被吸收的辐射剂量的大小、电离辐射的种类和受影响的组织。由不同类型的电磁辐射组成的非电离辐射一般无足够能量破坏生物组织的分子键，但在具有足够强度时能够产生有害的生物学效应，产生的生物学效应与污染物有许多类似之处，故本书将有害物理因素作为一章阐述其毒理学效应。

|第一节　电离辐射|

　　航天员暴露在银河宇宙射线（GCR）之下，这些辐射由高能质子、高能重离子（HZE）和太阳粒子事件（SPEs）组成，其中主要包含低能到中能的质子，故人们在空间探索方面面临着严峻挑战。实验研究表明：HZE 与地面辐射在生物效应上有定性和定量差异，导致对人类空间辐射暴露结果的预测产生很大的不确定性，辐射风险包括癌变、退化性组织影响（如白内障或心脏疾病）、急性放射综合征以及其他风险，如因受 HZE 核子影响而导致中枢神经系统（CNS）受损等。

一、电离辐射的种类

电离辐射的种类很多，高速带电粒子有 α 粒子、β 粒子、质子，不带电粒子有中子以及 X 射线、γ 射线，粒子大小变化从电子（β 射线）、质子（氢核）、氦原子（α 粒子）到重离子（即 HZE 粒子，电荷数大于 2 的高能离子）。它们可能单一带电，既可能带正电（质子，P），也可能带负电（电子，e）、多种带电（α 或 HZH 粒子）或不带电（如中子）等。空间电离辐射有三个基本来源，即地磁捕获的质子与电子、随机发生的强烈太阳辐射（太阳粒子事件，即 SPEs）以及银河宇宙射线（GCR）。太阳粒子事件和银河宇宙射线将是载人深空探测任务遇到的最主要的空间辐射危害，在执行登月和深空飞行任务时，由于脱离了地球磁场的防护，强烈的太阳粒子事件释放出的高能粒子可能使航天员受到的辐射剂量达到致死剂量水平。银河宇宙射线为高速运动的粒子流，含有 79% 的质子、20% 的 α 粒子、1% 的重金属原子核等，在地球大气层外，银河宇宙射线能量是地球的 50 倍。可见，电离辐射是制约人类深空探测任务的主要因素之一。

电离辐射在能量上有很大不同，粒子辐射能取决于粒子的质量和速度。表 6-1 概括了电离辐射的主要类型，包括它们的电荷、质量和来源。

表 6-1　空间电磁和粒子电离辐射的来源和特性

名称	辐射性质	电荷	质量	来源
X 射线	电磁	0	0	主要的：太阳日冕、星、银河、地球极光区大气； 次要的：在辐射带的某些部分，极光区、伴有太阳耀斑的行星际空间中的飞船结构
γ 射线	电磁	0	0	星、银河、未知零星来源和飞船大气
电子	粒子	-e	1 me	辐射带和极区
质子	粒子	+e	1 841 me 或 1 amu	银河系宇宙射线，辐射带和太阳耀斑
中子	粒子	0	1 841 me	主要的：银河系宇宙射线，大气反照中子； 次要的：银河系宇宙射线与飞船结构相互作用
α 粒子（氦核）	粒子	+2e	4 amu	银河系和太阳
HZE 粒子	粒子	>+3e	>6 amu	银河系和太阳

二、电离辐射来源

太空舱内的乘员将受到两种不同来源的辐射：空间自然产生的辐射和人工来源的辐射。空间自然产生的辐射是由如图 6-1 所示的各种不同来源的带电粒子（伴有电磁辐射）组成的，从潜在生物学危险的观点出发，其中一些来源产生的粒子可忽略，比如粒子的能量太低或通量密度过低。因此从实际出发，空间中所遇到的辐射归因于三个主要来源：地磁捕获辐射、银河宇宙辐射和太阳粒子事件（也叫作太阳宇宙辐射）。尽管银河宇宙辐射密度较低，但其有重要的生物效应，空间辐射强度随时间及与地球的距离有明显变化，在开展航天飞行任务时必须考虑辐射随时间和空间的涨落浮动。

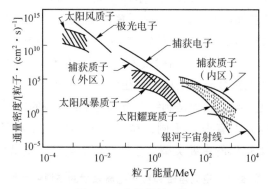

图 6-1　空间辐射环境

低倾角低高度地球轨道（LEO）、低高度极地轨道（LPO）和行星间轨道（IO）几乎是全部的未来载人飞行的轨道，每种轨道都有其独特的辐射环境。对低倾角低高度地球轨道（LEO）来说，人们只需要考虑南大西洋异常（SAA）区辐射带下缘和能量约为 1 GeV 的银河宇宙射线。在低高度极地轨道上的飞船将有部分时间在极冠处飞行，这里是地球磁场与行星间磁场相连的地方，其辐射环境由约 60% 的 SAA 辐射和 40% 的银河宇宙射线所组成。但由于在低倾角低高度地球轨道内的飞船距离地球很近，故地球作为一个大的屏障，在约 2π 球面内可以防护来自太阳耀斑和银河的辐射。

（一）地磁捕获辐射带

星体捕获辐射带包括地球捕获辐射带、木星辐射带和土星辐射带等。星球周围存在磁场，磁场具有两方面作用：一方面可以捕获从 GCR 和 SPE 来的带电粒子形成星体捕获辐射带；另一方面为近星体轨道载人航天提供了一道空间辐射的天然屏障。因此，地球捕获辐射带是由地球磁场捕获的大量高强度、高能带电粒子形成的粒子辐射区域，其半径是地球半径的 6~7 倍，是由美国学者范·艾伦于 1985 年首先发现的，也称为范·艾伦（Van Allen）辐射带。根据地球俘获粒子的空间分布可分为靠近地球的内带和远离地球的外带，内、外带之间是地辐射强度区域。内带主要由质子和电子组成，质子能量为 1~1 000 MeV，电子能量大部分低于 5 MeV，内带较强的辐射区域有 2 个，注量率约为 $2 \times 10^4 /(cm^2 \cdot s)$ 和 $5 \times 10^3 /(cm^2 \cdot s)$；外带主要由高能电子和少量低能质子组成，能量高于 0.2 keV 的电子注量率约为 $4 \times 10^7 /(cm^2 \cdot s)$，是内带粒子通量的 10~100 倍。其中内辐射带的南大西洋异常区（SAA）位于南美洲东侧的南大西洋地磁异常区域，其磁场强度较相邻区域的磁场弱很多，约为同纬度正常区域磁场强度的一半，是负磁异常区，SAA 是低倾角低高度地球轨道载人航天的一个重要电离辐射环境，对出舱活动的航天员将构成较大危害。LEO 的飞行器每 24 h 经过南大西洋异常区 5~7 次，每次持续 15~20 min。即使经过 SAA 的时间仅占总飞行时间的 10%，乘员受到的最大辐射剂量也都源自该部分的辐射。在低纬度轨道飞行的飞行器一般不会经过 SAA 的最强辐射带，然而在高纬度轨道飞行则可能经过最强辐射带，但是经过 SAA 的总时间相对减少。

围绕地球的两个地磁捕获辐射带，内带延伸到约 12 000 km（6 500 海里）的高度，峰值辐射的高度为 2 000~5 000 km，这取决于粒子种类（e 或 P）、粒子能量、太阳活动周期状况和屏蔽厚度等。

外带下界距地球大气层约 500 m，而外缘在 36 000~67 000 km 之间的磁层顶，在此区域内，峰值通量取决于峰值距地球较近的带能质子的粒子能量。在约 20 000 km 距离内，影响辐射带动力学的地磁场具有较高的能级，但偶极子从辐射带中心到接近地球表面，在南大西洋异常区（SAA）位置还是有偏移，其中心位于约东经 35°、南纬 35°。在此区域内，在某一个给定高度，质子强度超过相同高度上在地球任何其他部位测得的强度，对于 30° 倾角以上的飞船轨道来说，将每天至少 5 次穿过 SAA（见图 6-2）。地球轨道飞行数据表明，大部分累积辐射量都是由于通过 SAA 造成的。

质子谱和通量随高度有很大不同，在通过 SAA 期间，由于被捕获中子流量极高，故乘员的大部分暴露都来源于此。除了高度，总剂量还与轨道倾角和太阳活动周期有关，太阳活动增强会使空气扩展，增加中子在 LEO 中的损失，因此，LEO 中的捕获中子剂量在太阳活动最强时减少，而在太阳活动最弱期间增强。

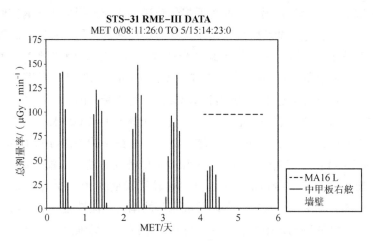

图 6-2　低地球轨道飞船高度 333 mile①、倾角 28.5°的总剂量率变化

虽然高倾角飞行会穿过 SAA 最高密度区，但与低倾角飞行相比在 SAA 中逗留的时间较短，因此对于一定高度，高倾角飞行的乘员比低倾角飞行的乘员接受的辐射总量要少。

（二）银河宇宙辐射

银河宇宙辐射（GCR）通常简称银河辐射，起源于太阳系之外，此辐射是由加速到非常高能量的电离的原子核组成的。

银河宇宙线射线（GCR）主要包括 84.3%的质子（H）、14.4%的 α 粒子（He）、1.3%的重离子。GCR 能量很高，最高可以达到 1 020 eV，在 $10^2 \sim 10^3$ MeV/n 范围内粒子的注量最高。GCR 各组成成分的相对丰度见表 6-2，可见质子及 α 粒子占大多数；原子数大于 2 的带电粒子（重离子 C、Ne、O、Si、Fe 等）的丰度相对较低，比质子低 $10^2 \sim 10^3$ 个数量级。HZE 具有高能量和高原子序数，足以穿透几厘米的组织或其他物质，这可以导致人体组织和舱内电子设备损伤。其中铁离子对生物效应的贡献最大，其具有较高的通量和 LET，铁的通量只有质子的千分之一，但是剂量贡献却基本相等，因为剂量贡献与原子序数的平方（Z^2）有关。HZE 有典型的组织内时空能量分布特点，因此平均吸收剂量不足以反映其生物效应。GCR 属于持续稳定的辐射，GCR 微分能谱的形状都是相似的，可以用幂函数来表示。GCR 是载人航天飞行任务及生物科学的重要挑战，一方面其能量高，贯穿能力极强，一般质量厚度难以屏蔽；另一方面，由于存在较大的生物效应不确定性，故限制了其风险评估和防护措施的有效性。

---

① 1 mile=1.609 km。

表6-2　银河宇宙射线各种粒子相对 He 的丰度

元素	相对丰度	元素	相对丰度	元素	相对丰度
H	7.27	O	1.61×10^{-3}	Al	7.53×10^{-4}
He	1.00	F	2.34×10^{-3}	Si	2.84×10^{-3}
Li~B	2.34×10^{-2}	Ne	4.77×10^{-3}	P~Sc	1.84×10^{-3}
C	2.63×10^{-2}	Na	2.07×10^{-3}	Ti~Ni	3.68×10^{-3}
N	1.20×10^{-2}	Mg	3.73×10^{-3}		

　　GCR 是相对稳定持续的空间辐射，GCR 辐射与太阳活动和地表位置有关。图 6-3说明了不同银河宇宙辐射成分与地磁纬度的关系（地磁纬度 0°是赤道、90°是极地）。航天员从银河宇宙辐射所受到的辐射率，与飞船高度和轨道倾角相关，如图 6-4 和图 6-5 所示，主要是由于地球磁场使银河宇宙辐射的带电粒子偏斜而提供屏蔽作用。对低地球轨道的太空舱来说，300 km 左右高度的轨道曲线比较常用，在大约 6 个地球半径高度（接近地球同步轨道）上，地磁屏蔽效应消失。

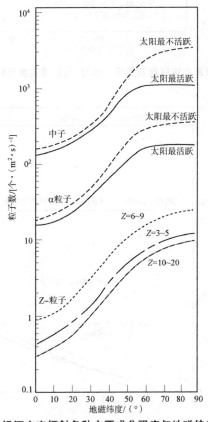

图 6-3　银河宇宙辐射各种主要成分强度与地磁纬度的关系

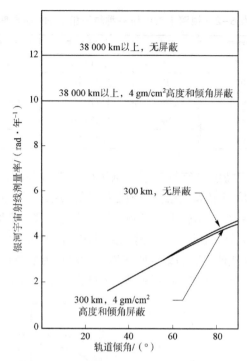

图 6-4　银河宇宙辐射剂量率（rad）与轨道高度及倾角的关系

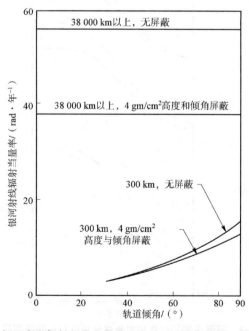

图 6-5　银河宇宙辐射剂量当量率（rem）与轨道高度及倾角的关系

GCR 会被地球磁场偏转，使其在磁层的强度减小，在地球两极和高纬度地区受到地磁场的保护最小。在赤道附近，地磁场磁力线平行于地球表面，大部分带电粒子因地磁场而产生偏转；在地磁场的南北极，由于磁力线垂直于地球表面，高纬度的 GCR 粒子就能沿着磁力线进入两极。因此，LEO 航天器在通过两极时受到的辐射通量最大，在赤道时最小。太阳系 GCR 受到太阳磁场的影响，这与太阳活动周期有关，太阳磁场随着太阳活动的增强而增强，在太阳活动极大年时磁场范围可以延伸 105 亿 km 或者为地球和太阳平均间距的 70 倍。GCR 进入到太阳系时会被太阳磁场偏转，这就可以减少类地行星的 GCR 强度，这对低能量离子的影响最大，例如 Fe 能量为 100 MeV/n 以下时，太阳极大年和极小年的通量相差 10 倍，而对于能量 10 GeV/n 的 Fe，则相差仅为 20%。太阳周期受太阳两极活动的影响，它每 10~11 年翻转一次，太阳双极取向有 22 年的周期，对 GCR 的调节周期为 11 年，呈现双峰模式。GCR 随太阳的 11 年活动周期变化非常显著，在太阳活动极大年时，由于太阳风强烈，GCR 受到太阳风磁场调控的作用大，GCR 强度降低，大于 30 MeV 的粒子注量率约为 2 个/$(cm^2 \cdot s)$；反之，太阳活动极小年时，GCR 强度较高，大于 30 MeV 的粒子注量率约为 4.5 个/$(cm^2 \cdot s)$。

在无任何屏蔽的情况下，深空飞行 1 年的 GCR 造成的骨髓剂量为 600 mSv/年，平均日剂量为 1.6 mSv/天。

（三）太阳宇宙辐射

太阳粒子事件（SPE）是太阳系内产生的粒子中能量较高的、由太阳耀斑产生的太阳高能粒子。太阳耀斑、日冕物质抛射（CMEs）等大的太阳扰动会对近地空间和星际空间造成显著的影响，太阳耀斑爆发经常将粒子加速到很高的能量，而且也经常在行星际介质中产生很强的激波，这些太阳高能粒子又被称为太阳宇宙线（太阳粒子事件）。SPE 是指太阳耀斑爆发期间发射的大量质子、电子、重核粒子流，其中绝大部分由质子组成，因此被称为太阳质子事件。

太阳粒子事件中绝大部分是质子，并含有少量的电子、He 粒子和极少数原子序数大于 3 的粒子，其中碳、氮、氧等重核粒子具有比较大的丰度，每次太阳粒子事件的注量都不一样。

大多数 SPE 粒子的能量在几兆至几百兆电子伏之间，能量在十到几百兆电子伏的质子和离子具有很强的穿透能力，能量在 100 MeV 左右的太阳宇宙线的通量比相同能量的银河宇宙线通量高好几个数量级，会导致 LEO 外飞行中未屏蔽的乘员发生致命危险。SPE 爆发距地球的距离及飞行器的结构是影响乘员辐射暴露的重要因素；另一影响因素是日冕喷发，日冕会影响粒子分布区域。第 21 个太阳周期（1971—1987 年）的 6 个最大 SPE 的能量大于 10 MeV 的平均持续时间为 40 h，最小持续时间为 10.5 h，历史上最高的 SPE 是于 1972 年 8 月 4 日测得的，时间累积通量为 5×10^9 个/cm²，能量大于 30 MeV。SPE 的能谱变化也非常大，除了质子和 α 粒子外，SPE 中还有重离子，其能谱通量较低。有些 SPE 质子能量非常高，可以穿透地磁场被地面监测到。地面监测到的最大的 SPE 发生于 1956 年 2 月 23 日，地面监测到的数据比本底高 36 倍。

SPE 是偶发短时间高剂量率的辐射，一般情况下，在每个太阳周期中（11 年）有 30~50 次 SPE/太阳周期，（即 3~5 次 SPE/年），其中发生特大 SPE 的频率为 1~2 次/太阳周期，然而在第 22 个太阳周期年，4 个月之内发生了 4 次极大的 SPE。按照太阳粒子积分注量的大小，SPE 的强度分为 4 级，发生特大 SPE 时，一次事件中能量大于 10 MeV 的质子积分注量在 10^{10} 个/cm² 以上。每次 SPE 持续时间也都不相同，例如 1978 年 5 月 7 日的太阳粒子事件只持续了 1 h，而 1989 年 9 月 29 日的事件则持续了 10 多个小时。

SPE 的剂量一般会在几小时内突增，3 次大的 SPE 中，EVA 时航天员皮肤剂量可以高达 32 Gy、BFO 剂量达 1.4 Gy，舱内航天员的皮肤剂量为 3 Gy、BFO 剂量为 0.5 Gy。通过 SPEs 的模型分析，EVA 时皮肤辐射剂量>5 Gy，深部器官剂量最大可达 2 Gy。1972 年 8 月的 SPE 可使质子注量（能量>30 MeV）达到 10^9 个/cm² 的量级，在没有任何屏蔽或很少屏蔽的情况下，骨髓剂量将达到 0.9 Sv、眼睛剂量达 5.3 Sv、皮肤剂量达 6 Sv，剂量已达到 50% 的致死剂量水平，可威胁航天员的生命安全。

SPE 是随机发生的，目前尚无法准确预测，基于 SPE 可屏蔽和随机性特点，载人航天飞行任务中重点需研发高效、轻量化、低次级辐射的屏蔽技术。同时，应加强空间天气预报，制定风险应急措施。

太阳活动增加的周期约为 11 年，以太阳表面巨大喷发（太阳耀斑）为特征。太阳爆发发展很快，一般仅持续 30~50 min，此时放出强烈的电磁辐射与能量粒子，在肉眼可见的活动停止后，几个小时至几天之内，太阳粒子到达地球附近，这些高能粒子称为太阳宇宙辐射（Solar Cosmic Radiation，SCR），其主要由质子以及 α 和 HZE 粒子组成，也被称为太阳能量粒子（SEP）和太阳质子活动（SPE）辐射。银河宇宙辐射（GCR）与耀斑产生的太阳宇宙辐射（SCR）的比较见表 6-3。

表 6-3　银河宇宙射线和耀斑产生的太阳宇宙射线的比较

指标	银河宇宙射线	太阳宇宙射线
空间分布	在地球影响之外各向同性（无到达优势方向）	开始无各向同性，之后向整个太阳系发散
成分	约85%质子、13%α粒子，其余为较重核子	质子（96%~99%）、α粒子（1%~4%），其余为较重核子
周期变化	永久现象，基本随时间恒定	随时间有很大变化
能量	在某些情况下达到 10^{17} eV	最高纪录约为 10^{10} eV
起源	银河系超新星爆炸	太阳的爆发活动区
通量密度	相当低：全部能量约2个/(cm² · s)	非常高：可能高至 10^6 个/(cm² · s)
生物效应	慢性效应	急性损伤，可能突发致病，使人失去工作能力或死亡

（四）人工辐射源

航天器上人工辐射源主要有三种：电源辐射源、小型辐射源和诱导放射性。电离辐射源可以进一步分为放射性同位素电源或核反应器，二者均受到人们的青睐，它们尺寸小、重量轻、使用寿命长。最常见的同位素电源是放射性同位素的热电发电器（RTG），其是由同位素经热偶直接将同位素发出的热转化成电的一个稳态装置，由美国发射的大多数核电源均是 RTG，又如从 1961 年第一个 SNAP-3A 到 1977 年"探险者"号飞船几百瓦的热电发生器（RTG）。

小型辐射源包括测高仪、标定源（为辐射监测仪用）、同位素放射照相机、电离源（为烟雾检测器）、在试验中使用的放射药物及科学实验用放射性同位素。

诱导放射性是指航天器内的材料与空间辐射相互作用而导致其变成放射性材料。如由 Al^{27} 稳定同位素组成的铝受到质子（内捕获带、银河宇宙辐射、太阳耀斑）的辐射变成放射性同位素 Na^{22}，但空间质子通量一般是相当低的，所以诱导放射性不存在放射性危害问题。

三、电离辐射生物学效应

由于目前的载人航天器大多都在远低于范·艾伦辐射带的近地轨道运行，电离辐射很大程度上被地球磁场屏蔽，例如，"和平号"空间站任务的每日辐射剂量大约为 0.83 mSv。研究表明，空间辐射对短期近地轨道飞行的航天员没有明显的危害（太阳活跃期除外），而对于深空探测任务（载人登月、火星登陆等）而言，空间辐射对航天员的危害将是制约任务可行性的一项关键因素，例如，"阿波罗"登月任务的每日辐射剂量大约为 2.4 mSv，2012 年 8 月 6 日成功降落在火星表面的"好奇号"火星探测器测得的火星之旅平均每天受到的 GCR 和 SEP 射线辐射量为 1.84 mSv。以载人火星探索任务时长 520 天计，航天员遭受的辐射剂量将达到 957 mSv，已接近人一生最大辐射承受量 1 000 mSv，因此，航天员患癌风险将增加 5%，超过美国航天局规定的 3%。

空间辐射生物学效应是指在空间辐射环境作用下，生物机体吸收辐射能量，引起机体电离或激发，使生物大分子的结构被破坏或变异，进而改变组织或器官性状和功能，甚至导致机体死亡的生物效应。目前人们对于辐射对人体生物效应的认识来源于四项研究：

（1）工业科研的职业暴露；

（2）核武器爆炸人群资料；

（3）受医疗照射人群；

（4）动物试验。

前三项来源的流行病学研究主要是针对地面 X、γ 射线的辐射效应，因其数据量大、研究时间久，各种早期、晚期效应均进行了全面研究，但相对而言这是最成熟的表征空间辐射人体效应的研究，是人们认识空间辐射风险的最初资料。但是由于其在辐射能量、类型、剂量率等方面不同于空间辐射，因此，上述研究成果能反映大多数空间辐射效应的种类，而对于表征其效应大小，则有很大的不确定性。因此对空间辐射生物医学的研究一方面致力于模拟空间辐射的地面动物试验、空间辐射的细胞试验和人体健康监测，另一方面致力于用动物和细胞进行空间辐射与地面辐射生物效应的比较研究，获得空间辐射相对于地面辐射的相对生物效能，以便在目前地面辐射人群风险模型的基础上利用相对生物效能实现对空间辐射的风险评价。

（一）空间辐射生物效应分类

空间辐射生物学效应可以按照出现的时间、发生的规律或者出现的范围进行分类。依据产生的机理可分为以下几类：

（1）确定效应。

高剂量照射后由于大部分细胞被杀死或功能丧失而引起的有害的组织反

应，也可称为组织反应。效应严重程度与剂量大小相关，当接受的剂量高于某种效应的阈值时效应才会出现，如急性发作的淋巴细胞减少、恶心、呕吐、腹泻、脱发、溃疡，以及迟发性的非癌疾病如心血管疾病和白内障等。

（2）随机性效应。

电离辐射引起体细胞或生殖细胞突变而在受照个体内或后代发生癌症或遗传性疾病，随机效应的发生概率与剂量大小相关，而效应的严重程度与剂量大小无关，接受的剂量越低，发生该效应的概率也越小。

依据效应发生的潜伏期效应分为：

（1）早期效应：指通常在舱外活动（EVA）期间，出现特大太阳粒子事件（SPE）时发生，在照射后60天以内出现急性放射病。

（2）后效应：指在长期低剂量照射条件下发生，在照射60天以后出现中枢神经系统损伤、造血抑制、心血管、白内障甚至肿瘤和遗传疾病。

确定性效应中包括早期效应和部分后效应，后效应中包括确定性效应和随机性效应，随机性效应都是后效应，如图6-6所示。综合分类为急性确定性效应、迟发型非癌效应及随机性效应，空间辐射生物学效应与辐射的传能线密度、剂量与剂量率、不同辐射源及微重力的协同等有关。

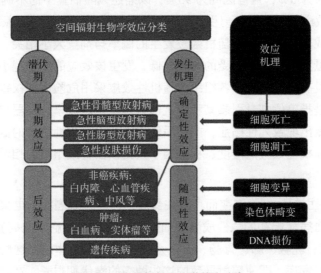

图6-6　空间辐射生物学效应分类

空间辐射对航天员的危害主要有两大效应，即短期效应和长期效应。短期效应也称为急性辐射综合征，常引起恶心和血细胞减少等，在剂量足够高时甚至可导致死亡；长期效应主要包括白内障、致癌、中枢神经损伤和遗传效应等。此外，还有旁效应问题，即未接受辐射的细胞出现类似于受照射细胞的效应，如细胞凋亡、基因突变、生长异常和微核形成等。

（二）长期效应

人们对长期辐射的健康效应还缺乏全面的了解，大多数辐射效应都源自短时间、高剂量的辐射暴露，如日本的原子弹爆炸，但是现在大家更关注长时间、低剂量率辐射对公众、职业人员、航天员的健康影响，以便制定长期载人飞行中低剂量率、高累积剂量辐射的剂量限值。直接的低剂量、低剂量率辐射效应研究对于理解辐射危害、制定剂量限值具有不可估量的作用。NASA 进行的百万人辐射流行病研究（MPS）样本量是核爆人群（86 000 人）的 10 倍，作业人员中吸收剂量大于 100 mSv 的人数也大于核爆人群，这种大规模、剂量范围大、长期随访的流行病学资料具有很强的统计性。该研究包括 36 000 名美国曼哈顿计划中能源工人、150 000 名核设施工人、115 000 名参加过内华达州测试点及太平洋试验场（PPG）约翰斯顿岛的退伍老兵、250 000 名放射生物学家医疗工作者、130 000 名产业化放射摄影师。NASA 设定的航天员致死性癌症风险为 3%，置信区间为 95%，以描述风险估算中的不确定性。

随机性效应是指电离辐射引起体细胞或生殖细胞突变而在受照个体内或后代发生癌症或遗传性疾病。随机效应发生的概率与剂量大小相关，而效应的严重程度与剂量大小无关，接受的剂量越低，发生该效应的概率越小，效应是剂量的函数且没有阈值。人体各组织的随机性效应采用危险度和权重因子进行描述，危险度是指单位剂量引起某种随机性效应发生的概率，某器官或组织接受 1 Sv 剂量当量出现致死性癌症，或在后代出现严重遗传性缺陷的概率称为该器官或组织的随机性效应危险度；权重因子是指该器官或组织的相对危险度。

1. 肿瘤

电离辐射引起体细胞突变而可能在受照个体内形成癌症，电离辐射导致的肿瘤包括白血病（起初的急性成淋巴细胞瘤和慢性粒细胞白血病），在暴露后 7~15 年发病；乳腺、肺、胃肠、淋巴系统、肉瘤等实体瘤，这些可能在辐射暴露后几十年发病。即使辐射导致的这些肿瘤的潜伏期很长，在航天飞行中也必须关注这一危险，必须限制飞行中的辐射剂量，以减少飞行中肿瘤发生的危险，应通过制定严格的职业暴露限值将辐射的延迟效应风险降低到可接受的水平。癌症发生的机制还不是很清楚，并且不同类型的肿瘤和不同物种的致癌机制也不同，目前人类的辐射效应资料主要依赖于事故和医疗辐射暴露，辐射医疗诊断的剂量下可以导致乳腺、甲状腺和骨髓的肿瘤，辐射治疗的剂量下可以导致实体瘤。

　　Francis Cucinotta 等指出，除了各国层面的空间探险任务，私人空间飞行越来越受到关注，将成为未来 20 年的一个发展趋势。私人太空探险可能不遵从辐射限值，航天员年龄通常都在 40 岁以上，若年轻人参与私人太空飞行，则致癌风险更大。预估 940 天火星飞行（太阳极小年），癌症发生风险在 20 岁男性为 20.9%、女性为 12.7%。致死性癌症风险随着受照年龄增加而下降，而致死性循环系统疾病风险与受照年龄无关，致死性癌症风险与循环系统疾病的比例在 20 岁、60 岁女性的比例分别为 8、5，男性分别为 4、2.5。癌症导致的寿命减少是循环系统疾病导致的 2 倍，这些说明，空间飞行最重要的风险是辐射导致的肿瘤。

2. 遗传效应

　　空间辐射的遗传效应是通过辐射对生殖细胞遗传物质的损害使受照者后代发生遗传学异常和遗传性疾病。辐射遗传危险的估算方法包括直接法和间接法，直接法是直接观察一定剂量照射后试验动物发生某种遗传效应的频率；间接法是以正常人群遗传性疾病的自然发生率为基准给出辐射所致遗传病的相对增加，又称相对法或倍加剂量法。遗传病按致病基因遗传方式的不同分为单基因病、多基因病和染色体病。最有价值的人类资料是广岛放射线影响研究所（RERF）对日本原子弹爆炸受照人群的数十年的不断观察，观察指标包括异常妊娠（先天畸形、死产和新生儿死亡）、活产儿生育年龄前死亡、子代癌症发生率、染色体异常、生化学指标异常、子代性比例变化等，观察结果中遗传学异常的发生率虽然高于未受照对照组，但是并没有达到统计学显著水平。UNSCEAR 2000 年报告总结 1986 年切尔诺贝利核事故污染区居民调查研究的结果表明，迄今在出生缺陷、先天畸形、死产早产方面都没有发现与这次事故有关的异常。早年人们曾经认为遗传效应是辐射的重要危险，现在看来它远不像以前设想的那样严重。此外，由于航天员的选拔尽量选择已生育过的人，因此，载人航天中遗传效应可以不用重点考虑。

3. 迟发型非癌效应

　　迟发型非癌效应属于确定效应的一种，它是照射 2 个月以后发生的确定性效应，可能是由于靶组织直接损伤的结果，如迁移性照射后血管闭塞导致的深部组织坏死；也可能是由于辐射急性效应导致的后果，如严重表皮脱落或慢性感染所导致的皮肤坏死、严重黏膜溃疡导致的小肠狭窄等，主要涉及皮肤、眼睛、神经系统、心血管系统等。急性大剂量照射和慢性累积大剂量照射均可以引发迟发型非癌效应。在空间辐射中急性 SPE 照射、慢性低剂量 GCR 和次级粒子照射在一定剂量下均可以引发迟发型非癌效应。

（1）皮肤迟发效应：皮肤损伤的迟发效应包括真皮萎缩和共济失调，这发生于暴露后 6~12 月，高剂量照射后 1~5 年，萎缩、溃疡和深部纤维化，重复暴露导致表皮增厚、过度角化，萎缩的皮肤无毛、薄、粗糙，很易受到外伤。如果此处发生溃疡，加之此处血管不多，愈合就非常困难。随后，慢性皮炎相继发生，肿瘤尤其是实体细胞瘤发生率增加。

（2）白内障：辐射导致眼晶状体部分浑浊，经过几个月的潜伏期症状开始出现，潜伏期平均 2~3 年。与临床上常见的老年白内障不同，辐射致白内障病变稳定、视力下降很少，辐射致白内障与辐射致癌不同之处在于阈值，低于该阈值没有相应的效应。典型的辐射致白内障是囊后下型，可以发展为全皮质甚至核型浑浊。GCR、γ 射线或中子的能量沉积于晶体的成分，产生氢氧自由基或其他自由基，这一过程与老年性抗氧化物浓度降低有关，更易导致氧化损伤。晶体混浊典型表现是多处空泡、羽毛状和网格状，大多囊后下型白内障最初都出现过闪光现象。由于人和动物晶状体对空间辐射的敏感性不同，因此，空间辐射对人眼的影响很难从动物的试验结果外推。人眼一次急性照射比慢性照射更容易造成白内障，光子一次照射致白内障的阈剂量为 2 Gy，3 月内累积照射致白内障的阈剂量为 4 Gy，3 年内累积照射致白内障的阈剂量为 5.5 Gy。一些研究发现，HZE 暴露后晶体上皮细胞活性可以恢复，因此，高LET 与低 LET 辐射的阈剂量有明确的倍数关系。宽能谱的质子与光子导致白内障的概率相近，γ 射线和中子混合照射的阈剂量为 1 Gy 以下。核爆中遭受中子照射的人群其发生白内障的 RBE（相对生物效应）值为 32，且在低剂量时RBE 值更高，HZE 致白内障的 RBE 可能达到 200。

（3）神经系统迟发型效应：Curtis 等人估计在星际飞行中，CNS 的每个细胞核每 3 天就会受到 1 个质子攻击，每月受到 1 个 α 粒子攻击。NASA 对非再生组织如 CNS 遭受 HZE 之后的损伤高度关注。辐射对神经元的长期效应的不确定性很高，早期的 DNA 损伤可能导致早期痴呆、小脑功能下降，晚期的损伤可能导致神经元和衰老加速等行为的改变。暴露后 1~5 年，CNS 的辐射坏死仍然会出现，因为辐射会导致血管损伤逐步加重，这可以持续到辐射暴露后15 年，辐射后 7 年出现癫痫，认知能力和运动能力下降也与血管的辐射损伤有关，45~60 Gy 的辐射暴露后 11~20 月会发生脑干和脊髓的辐射脊髓炎。

（4）心血管效应：循环系统疾病包括心血管疾病、缺血性心脏病，空间辐射对心血管疾病的效应流行病学数据不足，实验数据也很缺乏。1945 年日本核爆人群的 LSS 数据表明，最普遍的迟发型效应是缺血性心脏病和高血压。低剂量辐射导致的心脏病症状往往需要很长的潜伏期，但是高剂量辐射在照后几年就会出现心脏病症状。然而乳腺癌放疗病人数据显示，心脏受到小于 2 Gy 的照射也会引发心脏病。

Richard L. Hughson 等综述了日本核爆人群、多个国家的核电站工人流行病调查结果，通过蒙特卡洛方法抽样对数据进行辐射超额风险分析，三种流行病学调查的终点效应不同，核爆人群的寿命研究（LSS）终点效应指标为心脏病，Mayark 工人的为缺血性心脏病的死亡率，乳腺癌病人的为冠状动脉疾病、心肌梗死、缺血性心脏病死亡率，并且剂量也不相同。除此之外，这三种资料具有很好的可比性，总体拟合曲线类似于 LSS 的剂量风险曲线。然而基于现有的资料，不排除存在低剂量下的剂量阈值的可能，统计学数据在大于 0.5 Gy 时有显著性意义。流行病学数据显示，在 0.5 Gy 的低剂量下就可以导致心脏病风险增加，这个剂量可能在长期深空飞行中遇到。

Delp 等报道阿波罗登月飞行的航天员的心脏病（CVD）致死率高于只参加 LEO 飞行任务的航天员、入选航天员但是尚未参加过飞行任务的航天员以及美国同年龄段的人群。鉴于阿波罗航天员是唯一于地磁场外飞行的航天员，故这些数据表明了失去地磁场保护飞行时 HZE 对 CVD 的效应。然而这些数据来自于阿波罗飞行任务，样本量非常小，因此该调查结论受到质疑。其他的研究结论也不支持这一结论，例如调查 310 名 NASA 航天员全部 CVD 的风险因素、全部临床 CVD 和冠状动脉疾病的发生率，对照人群是 NASA 的非航天员工作人员，其年龄、性别和 BMI 指数与航天员一致，研究没有发现航天员 CVD 风险显著高于没有飞行经历的航天员以及内勤人员。

（三）短期效应

短期效应主要指急性确定性效应，指高剂量照射后由于大部分细胞被杀死或功能丧失而引起的有害的组织反应。效应严重程度与剂量大小相关，当接受的剂量高于某种效应的阈值时效应才会出现，如阈值是估计组织反应发生率仅为 1% 的剂量。星际飞行空间辐射中高能 SPE 容易导致急性确定性效应。急性放射综合征（ARS）分为几个阶段，前驱期（恶心、呕吐、腹泻），发生于照射后几个小时以内；潜伏期，潜伏期时间与剂量成反比；明显疾病期；恢复或死亡期。三种 ARS 可以导致死亡、出血、胃肠症状、脑血管症状（严重恶心、呕吐、腹泻、意识丧失、癫痫、昏迷），大的 SPE 还可以导致退行性疾病、癌症、白内障、呼吸系统疾病、消化系统疾病、毛细血管疾病，然而这些疾病大多数是有潜伏期的，不会构成急性的健康危害，故长期飞行的航天员的辐射综合效应受到关注。具体急性效应如下：

（1）心血管效应：心血管组织一般对辐射抗性较强，原因是心肌中含有大量的线粒体，高剂量辐射的效应包括纤维化、内皮细胞肿胀、血管硬化、心包炎和心包周渗出物。50 Gy 照射后 2 月之内可能导致大动脉破裂，但小动脉和毛细血管对辐射更敏感，会导致其他组织的效应；剂量高于 50 Gy 的辐射可以直接影响心肌细胞，包括横纹肌缺失、肌纤维膜均一化、内膜增厚、核溶解等。

（2）呼吸系统效应：呼吸系统对辐射的敏感性比较复杂，肺部软骨、胸膜辐射敏感性差，而富含小血管和淋巴的组织辐射敏感性强。20 Gy 的辐射会引起早期透明膜的变化，30~40 Gy 的辐射引起的急性肺炎表现为小泡纤维蛋白渗出、隔膜增厚、白细胞渗透、细胞增生。低于 50 Gy 引起的损伤可以恢复，但是更高剂量引起的间隙纤维化不可能恢复。

（3）胃肠反应：1 Gy 的辐射会降低胃动力，使括约肌失能，这些改变的持续时间取决于剂量。辐射也可能导致胃酸分泌和神经激素释放的延迟。高度转化的肠黏膜细胞将使得肠内层很容易受损，正在分裂时期的肠黏膜细胞对辐射最为敏感。低于 10 Gy 的辐射照射后非分裂相的细胞能够存活下来并且恢复有丝分裂。辐射暴露后几分钟内组胺释放，导致腹泻。在暴露后 12 h 内如果不及时补充水和盐，就会导致脱水和电解质紊乱，其原因可能是顶部上皮细胞紧密连接受损，以及继发的肠胃分泌水和电解质。5 Gy 照射后 4 天，内皮细胞脱落，肠道对微生物的渗透性增加是肠型辐射致死的重要原因。

（4）皮肤效应：皮肤对辐射的敏感性与皮肤的解剖位置和辐射类型有关。此外，其他与皮肤的角质程度有关，脖子前面部位的皮肤就比手掌和脚底皮肤敏感；皮肤附属结构，包括毛发和汗腺也非常敏感，即使在 LEO 飞行，如果在特大 SPE 或地磁暴期间航天员出舱活动的话也会引起皮肤损伤。虽然质子和电子穿透飞行器结构屏蔽层的能力很低，但是很容易穿透相对较薄的 EVA 航天服，因此很容易造成皮肤等部位的损伤。7~20 Gy 的急性照射会导致皮肤出现红斑、暂时的脱毛；30 Gy 时出现干脱落；40 Gy 时出现表皮的湿性脱落。

啮齿类动物在 5 Gy 时会出现伤口愈合能力降低、皮肤弹性下降、愈合时间延长及感染增加等现象。由于应激或失重等会降低伤口的愈合能力，因此必须对辐射导致的皮肤损伤进行防护。20~24 Gy 的急性辐射暴露后第二周出现口腔黏膜损伤、唾液分泌紊乱、吞咽困难、咀嚼能力下降、味觉丧失；30 Gy 辐射三周后出现咽喉水肿、唾液增多；40~48 Gy 的辐射于 4 周后出现口腔黏膜炎；50~60 Gy 导致严重的黏膜炎，出现假膜和表面溃疡，照后 5 周出现舌部损伤。头颈部黏膜的辐射敏感性与部位有关，软腭最为敏感，然后是咽下部、扁桃腺、口腔底部、口腔黏膜前面、深部齿槽黏膜、会厌、舌头、声带。

（5）眼效应：晶状体对辐射非常敏感。一次照射导致白内障的阈值为 2~5 Gy；分次照射导致白内障的阈值为 5~10 Gy，平均潜伏期为 2~3 年。角膜和结膜尤其敏感，而神经和巩膜不敏感，20 Gy 的辐射才可以产生损伤。除了晶状体损伤外，辐射对眼睛的损伤还来源于脉管系统的损伤。晶状体没有血管，因此需要房水提供营养和代谢，而幼芽上皮的增殖细胞对辐射敏感。辐射将导致有丝分裂阻滞、核碎片、细胞退化，LET 越高导致的异常有丝分裂、微核越多，因此，高 LET 的辐射诱发白内障的阈值要低于 LET。Edwin 报道，在 Apollo11 号出现有趣的现象，航天员 Aldrin 感觉到短暂的闪光现象，但只有暗适应、精力集中的人才可以观察到闪光现象，可能是粒子击中视网膜或者视觉通路上的其他部位，被击中的细胞是否能存活还不清楚，天空实验室 4 中观察到的闪光现象源于 GCR 和 VanAllen 带的捕获辐射带，空间实验室乘员通过 SAA 时闪光的频率增加，表明捕获带内层的高能粒子的比例可能比原先估计的比例高 0.1%。在水袋和高密度聚乙烯砖后面睡眠的 ISS 乘员未发现闪光现象。

（6）免疫和骨髓系统：骨髓干细胞处于活跃的分裂状态，对辐射异常敏感，成熟的外周血细胞辐射敏感较低。辐射导致的免疫功能低下可能有几种机制：天然屏障损坏、细胞防御降低、呼吸纤毛对感染组织的清除能力下降、肠对微生物的渗透性增加、血液的杀菌作用减退等。3 Gy 辐射后抗体产生减少，因此正常抗体反应减弱；祖细胞丢失；骨髓多能干细胞对辐射导致的突变和死亡高度敏感，骨髓干细胞缺失导致全血细胞减少症，如果不进行医疗处理则可能导致死亡。骨髓组织的急性辐射损伤是全身受照时最重要的生物效应。

（7）生殖系统效应：男性的睾丸对辐射同样异常敏感，而前列腺、精囊、阴茎、尿道的辐射敏感性不强。一次照射 0.15 Gy 可以降低健康男性的精子数量；0.5~4.0 Gy 可造成暂时不育；2.0 Gy 可导致持续 1 年的不育；长期低剂量辐射可以增加生精细胞的易感性，其源于生殖细胞减数分裂的周期特性。高于阈剂量可能会降低与破坏生殖干细胞的减数分裂和有丝分裂，并导致细胞死亡或永久性精子缺乏、活力低下。辐射对男性的损伤不是累积性的，因为精子细胞不断的生成，损伤的细胞能被清除。女性卵巢对辐射极端敏感，辐射会诱发更年期提前，导致永久或临时的不孕，而子宫抗辐射性强。1.25 Gy 辐射能引起暂时不孕，永久不孕的阈剂量在 3.5~20 Gy。

（8）中枢神经系统效应：成熟的神经元对辐射高度耐受，神经胶质细胞和支持细胞也具有很高的辐射耐受性，星形胶质细胞较为敏感。成神经细胞对辐射非常敏感，辐射会抑制胎儿和婴儿的学习能力；白质比灰质敏感，源于少突胶质细胞损伤及脱髓鞘。

（9）全身辐射效应。表 6-4 给出了急性全身照射预计的早期效应，这些阈值不包括同时发生的其他类型的环境应激，症状的潜伏期和持续时间取决于穿透性、质量系数、总剂量、剂量分布和暴露的强度。

表 6-4   在地球上急性全身辐射预计的早期效应

剂量 rads	可能的效应
0~50	无明显效应，可能出现轻微的血液变化和贫血
50~100	受到大约 1 天的辐射，试验人群中 10%~20%的人有呕吐、恶心、疲劳等症状，但对工作能力无明显影响。淋巴细胞和嗜中性白细胞暂时降低
100~200	呕吐和恶心约 1 天，50%人中有随后的其他放射病症状，预料死亡率<5%。淋巴细胞和嗜中性白细胞将降低 50%
200~350	人群中 50%~90%的人第一天呕吐和恶心，随后出现其他放射病的症状，如食欲丧失、腹泻，不严重的出血，暴露后 2~6 周内死亡 5%~90%，幸存者在约 3 个月内恢复
350~550	在第一天大多数人呕吐和恶心，随后出现其他放射病的症状，如发烧、出血、腹泻、消瘦，在 1 月内 90%以上死亡，少数幸存者在约 6 个月内恢复
550~750	暴露后 4 h 内全部人群呕吐和恶心或至少恶心，随后出现如上述的放射病严重症状，基本全部死亡，少数幸存者在约 6 个月内恢复
1 000	1~2 h 内全部人群呕吐和恶心，可能无幸存者
5 000	几乎立即失去工作能力（几小时），1 周内全体人群死亡

图 6-7 所示为人对于全身辐射的不同急性辐射剂量的平均存活时间，且对每个剂量范围标明了致死的主要原因。

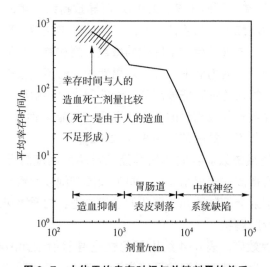

图 6-7   人体平均幸存时间与关键剂量的关系

注：图中的曲线是从动物试验中得到，未经人体验证，数据仅用于关键性的辐射伤害分析。

综上，辐射引发人体的健康危害效应涉及全身，如图6-8所示。

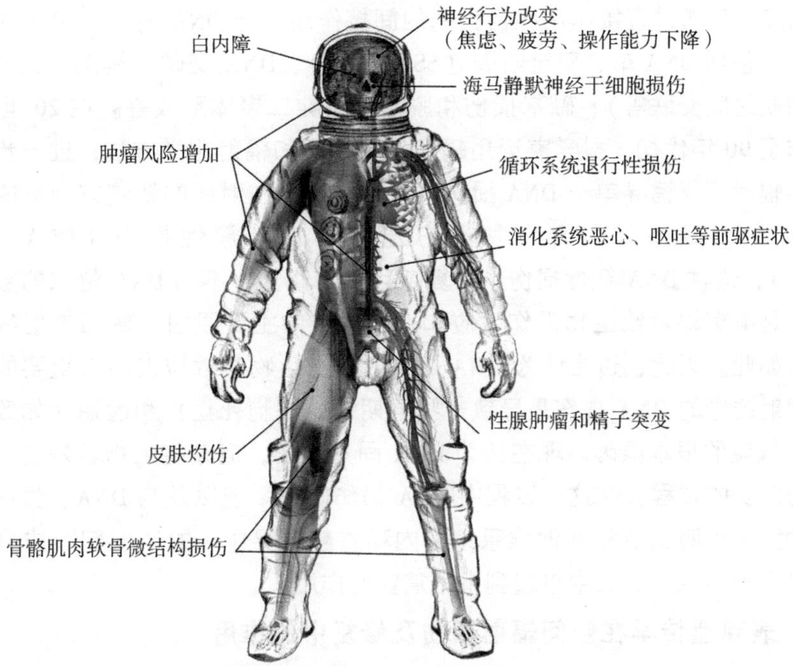

图 6-8　辐射引发人体的健康危害效应

（四）细胞及分子生物学研究进展

近 20 年来，在细胞辐照效应研究方面，尤其是对于辐射源、检测技术和损伤机理等的研究，国内外取得了许多积极的进展，一系列先进的研究方法和技术已应用到辐射生物学研究领域。例如，利用微束单细胞照射技术，通过精确的单粒子照射细胞核，美国哥伦比亚大学的 Miller 发现（90 keV/μm）使每个成活细胞恶性转化的频率约为 5×10^{-5}，类似于常规照射中等剂量的诱导频率；利用 DNA 双链断裂的原子显微术（AFM），我国原子能科学研究院观测并成功获得了多种细胞辐照后 DNA 在纳米尺度上的清晰图像，也观测到辐射诱发的 DNA 双链断裂现象；利用电子显微镜和免疫荧光化学技术，中国航天员中心相继开展了地基重离子（^{12}C）小鼠照射生物学试验、神舟七号空间飞行对航天员淋巴细胞微核形成的影响等研究。随着计算机技术的发展以及试验测量手段的创新和完善，对电离辐射能量沉积的研究范围已逐渐从微米量级深入到纳米量级，使人们对辐射所造成的初始物理作用机制有了更准确的认识，电离辐射损伤研究已深入到分子水平。

1. 电离辐射诱导细胞 DNA 损伤的分子机制

电离辐射通过直接作用和自由基的间接作用诱导 DNA 损伤，DNA 损伤的基本形式包括 DNA 单、双链断裂（SSB，DSB）、DNA 交联（链间、链内、链与蛋白质之间交联等）、碱基损伤和脱落、嘧啶二聚体形成等。在 20 世纪 80 年代末至 90 年代初，科学家运用辐射生物物理和辐射化学方法，进一步发现和证实辐射不仅诱导单一 DNA 损伤，同时还可以在射线的轨迹方向形成涉及数十对 DNA 碱基且包含多种损伤方式的 DNA 簇性损伤（DNA Cluster Damage），这种 DNA 簇性损伤十分复杂且不易修复，不同 DNA 位点的簇性损伤往往是电离辐射致生物损伤效应和遗传效应的主要原因，高 LET 射线的照射尤其如此。因此，过去认为 DNA 是辐射诱导生物学效应发生最重要的靶分子，辐射诱导的 DNA 损伤是导致一些早期（如细胞死亡）和远期（如致癌和致畸）效应的根本原因。现在认为 DNA 固然重要，但某些生物学效应的发生会经历漫长的过程，在这一过程中 DNA 损伤修复系统以及与 DNA、蛋白质合成、功能和代谢调节和其他维系细胞内稳态起重要作用的"非靶"成分在辐射诱导生物学效应发展中也起到十分重要的作用。

2. 表观遗传学在空间辐射损伤及修复中的作用

研究表明，组蛋白 H2AX 在 DNA 损伤修复、细胞周期检测点（Checkpoint）调控、基因组稳定性的维持和肿瘤抑制中起到重要的作用，特别是 H2AX 的磷酸化过程中形成的 γ-H2AX 能参与 DNA 双链断裂的修复。

SET8 作为组蛋白 H4K20 的单甲基化酶，在基因转录、异染色质形成、基因组稳定性、细胞周期进展及发育中均有重要作用。中国航天员中心和北京大学的一项合作研究证实，SET8 与 EMT 关键调节因子 TWIST 存在直接相互作用，通过其催化产物单甲基化的组蛋白 H4K20（H4K20me1），以双重模式直接调控 TWIST 靶基因 E-cadherin 和 N-cadherin 的转录，即 SET 和 TWIST 可共同促进 EMT 间质标志基因 N-cadherin 的转录，又共同转录抑制上皮标志基因 E-cadherin 的表达。研究揭示了组蛋白甲基化酶 SET8 在促进肿瘤转移、EMT 转换及基因调控中的新功能，拓展了表观遗传学在肿瘤转移中的新机制，为辐射致基因组不稳定和肿瘤的发生提供了新的分子联系。

3. 辐射旁效应研究

1992 年，Nagasawa 等人首次在人纤维原细胞试验中证实了辐射诱发的旁效应现象。辐射诱发的旁效应是指受辐射细胞能够传递辐射损伤信号到那些没有直接受到辐射的细胞中，诱发那些没有直接受到辐射的细胞产生损伤效应。这种旁效应不但可以在邻近组织中发生，还能在较远的组织和器官中出现。辐射诱发的体内旁效应包括 DNA 损伤、表观遗传学改变、miRNA 及基因表达改变、细胞增殖和凋亡等。通过分析体内旁效应的传播因子发现，旁效应的传递可能包括活性氧自由基及一些细胞因子。最新研究认为，半胱氨酸蛋白酶组织蛋白酶 B 介导了这一过程。但是，这些因子如何引起非靶器官产生 DNA 损伤及表观遗传学改变，目前尚不清楚，是否有更多的因子参与体内旁效应也有待进一步研究。

四、电离辐射剂量限值

电离辐射剂量限值包含个人剂量限值和任务相关的剂量限值（剂量约束值）。个人剂量限值是以保护个人为目的，对个人所受所有辐射制定的限值，事实上，个人有可能接受来自不同辐射源的照射，任何一个照射均不应占满全部剂量限值，需要通过剂量约束来限制某种辐射源照射的份额，对该辐射源造成的可被接受的最高危险建立一个界限，即是与辐射源相关的剂量约束值。在航天员的职业生涯中可能进行一次空间飞行，也可能进行多次不同的空间飞行，而这些飞行所遇到的空间辐射环境以及飞行的持续时间有所不同。因此，在空间辐射的医学要求中既要考虑航天员的终生职业限值，又应对短期飞行任务的辐射暴露有一定的约束，即制定剂量约束值，这需要结合飞行任务及飞行员的长远规划综合考虑制定。

辐射个人剂量限值制定是根据确定性效应发生的阈剂量、随机性效应发生的风险以及社会可接受程度等而制定的。目前各国制定器官剂量限值所依据的阈剂量大多是 ICRP-60 中的数据，而随机效应限值制定的依据则各有不同，美国 NASA 依据辐射致死性癌症风险 3% 为可接受水平和风险系数（参照全美非吸烟人群的癌症发生率）制定有效剂量限值，其他国家则依据日本核爆人群致癌遗传疾病的风险及风险系数制定有效剂量限值，因此各国器官剂量限值大多一致，而有效剂量限值区别较大。

在制定对航天员辐射作用的极限剂量的标准时，航天飞行中航天员的辐射安全由专业人员保证。一方面必须避免不合理地降低容许的辐射剂量而增加被动防护的重量；另一方面也不允许出现导致航天员在航天飞行时工作能力降低的辐射剂量。在制定航天飞行时的辐射安全标准时，应当考虑下述的情况：

（1）完成航天飞行计划的特点和意义；

（2）参加航天飞行的人员的年龄结构，并考虑到预防辐射负荷水平而进行的人员选拔；

（3）完成轨道飞行和星际飞行以后返回地面，在没有高强度照射的条件下工作时的恢复能力；

（4）确定在辐射状态恶化的情况下和辐射应急状态短时间的极限辐射剂量（比如太阳质子事件），考虑极限的剂量不能超过规定的辐射危险值，且该剂量照射不能影响航天员的工作能力；

（5）规定航天员整个职业生涯中的极限值，航天员职业结束后在这个辐射极限值的范围内应保证航天员良好的健康水平，航天员职业活动的危险水平不应超过地面职业暴露人群。

（一）NASA 电离辐射剂量限值

NASA 规定了空间辐射致肿瘤风险的职业生涯暴露限值，非致癌效应限值规定了 30 天、1 年和职业生涯的剂量当量，分为晶状体、皮肤、骨髓、心脏、CNS 这 5 种器官剂量限值，旨在确保乘员短时间内不发生确定性效应、长期致死性癌症风险（REID）不超过 3%。NASA-STD-3001-Vol. 1-A 的剂量限值见表 6-5。对于特定飞行任务均应该给出剂量限值，要结合飞行任务的时间和飞行器结构等，在保证乘员不发生短期的确定性效应、长期随机性效应的风险不超过 3% 的基础上，还要考虑 ALARA 原则，即该限值不是最高允许限值，而是经过利益代价分析刚好可接受的最低的辐射剂量限值。

表 6-5 短期或职业生涯非癌效应的剂量限值　　　　　　mGy

组织器官	30 天限值	1 年限值	职业生涯限值
晶体	1 000	2 000	4 000
皮肤	1 500	3 000	6 000
造血	250	500	—
心脏	250	500	1 000
中枢神经	500	1 000	1 500
中枢神经（$Z \geqslant 10$）	—	100	250

目前 NASA 还给出了星座飞行计划的剂量限值，在 NASA CxP70024《星座计划　人—系统集成要求》中规定猎户座必须为每名航天员在遭遇特定 SPE（1972 年 8 月的特大 SPE）时提供足够的辐射防护，确保其有效剂量不超过 150 mSv，旨在确保 30 岁女性航天员受到的辐射剂量不超过短期剂量限值或者长期致死性癌症的暴露限值，该限值是在最敏感人群（30 岁女性）飞行 1 年有效剂量限值（600 mSv，见表 6-6）的基础上，结合飞行时间（28~70 天）和 ALARA 原则给出的。也就是说特定任务的辐射剂量限值除了确保辐射剂量不超过短期飞行和长期飞行的剂量限值外，还应遵循 ALARA 原则，使航天员受到的剂量可达到合理的最小剂量。

表6-6　1年飞行任务中辐射 REID 为3%时的有效剂量限值

（假定全身均匀受照，飞行前未受过职业照射）

年龄/岁	有效剂量限值/Sv			
	女性		男性	
	全美人群平均	非吸烟者	全美人群平均	非吸烟者
30	0.44	0.60	0.63	0.78
40	0.48	0.70	0.70	0.88
50	0.54	0.82	0.77	1.00
60	0.64	0.98	0.90	1.17

（二）俄罗斯电离辐射剂量限值

1994年以前，俄罗斯辐射防护委员会推荐：若工作地点存在电离辐射源，则其辐射剂量等于或小于$5×10^{-2}$ Sv/年，且在整个职业工作中小于2 Sv。

随着新的辐射生理学研究数据的出现和对关于照射危险程度概念理解的加深，俄罗斯辐射防护委员会对标准化文件定期进行复查，从而减少遭受较高辐射照射的人员所容许的剂量。

目前制定的"辐射安全标准"（НРБ-96）确定，对于全身和红骨髓容许平均辐射照射剂量是$2×10^{-2}$ Sv/年、晶状体为0.15 Sv/年、皮肤是0.5 Sv/年、手和脚的皮肤为0.5 Sv/年。

辐射防护委员会实施的复查中推荐工作人员1年内遭受的辐射剂量为$2×10^{-2}$ Sv，取代以前提出的$5×10^{-2}$ Sv/年的数值；相应地减少整个职业活动所容许的剂量的40%，也就是在整个职业活动中辐射剂量不应超过0.8 Sv。这些剂量是对全身均匀照射的数值。

辐射照射标准化文件适合于短期的航天飞行，它的主要任务是限制银河宇宙射线急性辐射的剂量，目的是不使航天员工作能力有降低，且不容许飞行中发生中等程度以上的辐射病。

作为短期航天飞行的容许的辐射剂量，俄罗斯规定剂量为$15×10^{-2}$ Sv。这个剂量实际上对身体没有任何的影响，而仅仅出现造血系统短时间内的不明显改变。由于银河宇宙射线随机特性与航天器的厚度和质量的限制，引进了容许危险剂量的概念。容许危险剂量的概念是推荐作用在红骨髓的剂量为$50×10^{-2}$ Sv（作用的组织深度为5 cm），在这个剂量的作用下可能发生轻微的辐射反应。俄罗斯不同的航天飞行时间辐射的骨髓剂量标准见表6-7。

随着航天飞行时间的延长，必须考虑到航天飞行时主要是在银河宇宙辐射和地球辐射带的辐射危险源的慢性辐射的基础上，机体对相对短时间的随机分布太阳宇宙辐射作用反应。确定与航天飞行持续时间有关的容许辐射剂量水平时，使用的原则是不论航天时间达到多长，有效剂量都不能超过 32×10^{-2} Sv。

表 6-7　俄罗斯不同的航天飞行时间辐射的骨髓剂量标准

航天飞行时间/月	辐射剂量标准/Sv	航天飞行时间/月	辐射剂量标准/Sv
1	0.5	6	1.10
2	0.65	8	1.25
3	0.8	10	1.40
4	0.9	12	1.50
5	1.0		

对于其他的危险器官，如皮肤、眼晶状体和性腺，俄罗斯规定分别乘以下系数：3、1.5 和 0.5。这样，对于上述的组织和器官的辐射剂量不应超过 12 Sv、6 Sv 和 2 Sv。

五、辐射防护设计

（一）发射窗口和出舱活动时机选择

空间辐射强度在不同时间和地点会有很大变化，因此调整轨道并谨慎制定活动时间表能使乘员免受某些类型的辐射。

对低地球轨道，飞行轨道越高，捕获的带辐射通量越大。辐射通量的增加在很大程度上取决于高度，所以轨道必须依据如何有利于降低辐射量进行调整。出舱活动时间表需要考虑诸如捕获带和银河宇宙辐射变化这样一些因素，例如：在低倾角、低地球轨道，对于每天直接通过南太平洋异常区时，不要安排 EVA 活动。

太阳质子事件（SPEs）的发生频率存在 11 年的变化周期，根据预测，2023—2025 年为第 25 个太阳活动周期。太阳质子事件的发生率在太阳活动高发年频繁一些，活动低发年相对少一些，但事件发生的频率与太阳周期之间的关系并不精确，到目前为止，还不可能做到对 SPE 进行精确的短期或长期预估。太阳质子事件发生虽有高发年，但总体上发生时间是随机的，例如 1989 年共发生太阳质子事件 23 次，其中 3 月 3 次、5 月 4 次、9 月 3 次、11 月 4 次，而1987 年一年仅发生一次太阳质子事件。

太阳质子事件由于其爆发形态、源的位置等因素，其能谱变化非常大，目前难以给出每次事件的能谱形式，其粒子通量强度也很难预测。但总的来说，其能量比起银河宇宙辐射粒子相对低些，且由于地磁场对低纬度、低地轨道形成了一道天然屏障，而使得太阳质子事件对低纬度、低轨道的影响比高纬度、高轨道小得多。

迄今为止，飞船上观测到的最大 SPE 为 1989 年 10 月份的质子事件，此次事件是由 10 月 19 日、22 日、24 日三次爆发组成的特殊事件。在这次事件中，能量大于 10 MeV 的质子通量达到 20 000 pfu，超过背景通量 1 pfu 四个数量级以上，其总通量超过当年其他时段的质子通量之和，并且此次事件的能谱较硬，即质子事件含有更多高能质子成分。当时，STS-34 航天飞机正在 34.3°/306 km 轨道释放伽利略探测器到木星，而这次飞行未测量到剂量率的增加，而此时位于地球静止轨道的 GOES-7 卫星的剂量率却从 250 μGy/h 增加到约 700 μGy/h，可见由于地磁场保护，SPE 质子难以对低地轨道造成剂量增加。根据 V. V. Benghin 的研究数据，在这次事件发生过程中的 10 月 20 日格林尼治时间 13:48—13:50 发生了地磁强烈干扰事件，地磁屏蔽效果减少了 1.5~2 个数量级，造成剂量率急剧增加到 200 mGy/h，和平号（52°/400 km）上的航天员都躲避到了空间站防护最好的部位，但和平号空间站里的日辐射剂量依然由 0.4 mGy/d 增加到了 2.45 mGy/d。此次事件和平号空间站内测得的 1989 年 10 月 19—24 日的累积剂量当量为 12.6 mSv，9—10 月期间，总吸收剂量约为 20 mSv，该剂量相当于不发生太阳质子事件时，整个飞行任务期间的总剂量。

太阳粒子活动是随机的，通常在 11 年太阳活动周期的中间 5 年发生，主要依赖于对辐射进行监测，以便给乘员预先提供警告，以及提供一个足够屏蔽厚度的"风暴掩体"保护乘员。同时发射窗口的选择应尽量避开太阳粒子活动。

（二）电离辐射屏蔽

1. 质量屏蔽

质量屏蔽是防护乘员免遭空间辐射的主要方法，国际空间站是用外壳和结构部件构成的，外部还有微流星和空间碎片屏蔽层。此外，空间站包含相当多的专用设备，以及内部结构件（如壁、柜）。内部这些东西能够起到额外的屏蔽作用，但由于这些（装备）质量的分布不均匀及各向不同性，因此仅在一些特殊方向上能提供屏蔽。

在空间站上使用的主要结构材料是铝，对所有类型的辐射它均是一种有效的屏蔽材料。有些材料能更好地屏蔽一定种类的辐射，例如，低原子序数的材料（如聚乙烯）能对电子产生良好的防护，高原子序数的材料（如铅）能对质子辐射提供良好的防护。因此，对局部辐射屏蔽可以考虑使用专门的或复合材料。

除了屏蔽主要外来辐射之外，由于与外来辐射的相互作用，屏蔽材料还能产生二次辐射，由质子穿透一个屏蔽层产生的中子辐射是一个典型的例子。在大多数情况下，必须考虑二次辐射。

2. 电磁屏蔽

科学家提供了电磁屏蔽，以使带电粒子偏移的四种不同设想包括：

（1）静电场；

（2）等离子体屏蔽；

（3）受限磁场；

（4）不受限磁场。

所有这些设想目前还没有实际应用，明显缺点是质量及功率过大。其他缺点如下：

（1）设计、制造、安装和保养非常复杂；

（2）它们未必很保险；

（3）慢性暴露于高场强可能存在有害的生物效应；

（4）这些磁场将导致太空舱周围产生一个捕获辐射带，其影响需要评估。

（三）药物防护

为了预防和减轻辐射对航天员健康的危害，研究辐射损伤防治手段，积极寻找有效对抗辐射损伤的药物已成为航天医学迫切需要解决的问题。

1. 低氧的抗辐射作用研究

近年来，随着辐射在治疗实体肿瘤方面的研究，人们发现在辐射治疗肿瘤的过程中，肿瘤细胞离毛细血管距离越远，氧浓度越低，其辐射抗性就越强。目前，低氧抗辐射作用现象的机理研究主要集中在低氧条件下对肿瘤细胞低氧诱导因子 HIF 的研究。一些研究认为，低氧抗辐射效应与 HIF 在肿瘤微环境中有氧细胞与低氧细胞的信号传递相关。最近，国内有研究小组利用干细胞技术，对被（^{60}Co）辐射致肺损伤的小鼠注射低氧诱导的间质干细胞，显著增强了小鼠肺损伤的治疗效果。

2. 多糖药物的抗辐射作用

传统的抗辐射损伤药物包括对氨巯基类辐射防护剂、细胞因子（GM－

CSF，IL-3，IL-6，IL-11 以及促血小板生成素等）、激素、中药等。

早在 1953 年 Mefferd 就报道过一种没有致敏作用、称为 Priomen 的非蛋白细菌热原具有抗辐射作用。近年来，陆续发现内毒素可以提高辐射照射后小鼠、狗以及绵羊的存活率。内毒素作为一种非特异性蛋白刺激因子，可以提高受照动物的免疫力，其辐射防护作用表现在可以提高受照动物的存活率、改善急性放射病的临床症状、提高照射后白细胞的最低值水平、保护骨髓和造血干细胞等。国内学者相继发现，植物多糖（猴头菇多糖、枸杞多糖）以及动物多糖（鳖甲粗多糖、壳聚多糖等）具有抗辐射作用。

3. 中药的抗辐射作用研究

中药在急性辐射损伤方面具有较好的治疗作用，同时中药作为辅助治疗药物可减轻副反应和预防辐射损伤。由于中草药属于天然药物，具有调理、扶正祛邪、无耐药性以及无公害等特点，且其毒性小、药源广、作用广泛，因而在辐射损伤的防治中得到了广泛的应用。中医认为急性辐射损伤是以实热症开始，以虚热症结束的发病过程，而慢性辐射损伤则主要表现为气血不足、气阴两虚、脾肾亏虚的症状。因此，临床上可根据情况选择合适的中药进行预防和治疗。临床常用的抗辐射损伤药物主要有：清热解毒药如金银花、蒲公英、半边莲等；活血化淤药如川芎、丹参、当归、益母草等；补益药如黄芪、人参、黄精等。中药用于辐射损伤防治的形式多种多样，有单方的，更多的是复方的。最近研究较多的是中药提取物如当归注射液、地甘口服液、复方鱼腥草注射液、苦豆子总碱注射液、麦胚提取物、芦荟提取物、人参三醇组甙等。这些中药及其提取物在试验动物及人体辐射损伤防护研究中均具有良好的效果。由于中药结构复杂，故随着中药现代化进程的不断发展，中药在防治辐射损伤方面的研究也会更加深入。

4. 抗辐射新药研发

目前有许多处于研发阶段的骨髓型急性放射病治疗药物，但更多关注小剂量辐射损伤，较少关注大剂量辐射损伤。此外，胃肠型、心血管型、中枢神经系统型急性放射病尚无有效治疗方法。Aeolus 制药公司目前正在开发一种锰卟啉催化抗氧化剂 AEOL-10150，可用于中和辐射产生的氧应激、减轻炎症反应和凋亡；Humanetics 公司开发的 BIO300 是一种称作金雀异黄酮的大豆异黄酮，具有抗氧化特性，作用机制是将干细胞锁定在有丝分裂的静止期；美国田纳西大学健康科学中心研发的 Rx100 是一种代谢稳定类似物，研究发现，其对辐射具有防护作用，能提高胃肠型急性放射病的细胞存活率；Ex-RAD 是 Onconova 制药公司开发的一种氯苄砜衍生物，它能控制细胞内信号与 DNA 的修复路径，可在自由基损伤 DNA 后发挥保护作用。此外，针对某些辐射损伤因子（例如，肿瘤坏死因子等）的口服抗体药物（例如，Avaxia 公司开发的 AVX-470）和针对辐射损伤特异性靶点的药物正处于研发中；我国亦有关于细胞核靶向富勒醇固体脂质纳米粒辐射防护药物开发的报道。

六、辐射监测

（一）辐射监测的部位

载人航天辐射监测系统按其作用可分为三类：

（1）监测航天器外辐射环境的变化，尤其是监测太阳的活动状态、太阳粒子事件发生、到达轨道的信息以及伴随太阳粒子事件而发生的地球磁场扰动。这一类的辐射监测可在载人航天器上实施，也可在同步轨道运行的其他航天器上进行。因同步轨道较高（36 000 km），可比低地球轨道提前测量到太阳辐射粒子，因此在同步轨道监测太阳粒子事件更为有利。在载人航天的全过程中（包括发射前的一段时间），监测系统不断将空间辐射环境变化的有关信息提供给地面飞行指挥控制中心。

（2）航天器舱内的辐射环境监测，主要是监测航天器乘员舱内辐射环境的变化，在航天全过程中向航天员提供舱内辐射环境的有关信息，如舱内辐射的能谱、品质因数、剂量率的变化以及舱内不同位置的剂量水平等。从原理上来说，由于舱内各处的剂量水平是不同的，故应在乘员舱不同位置进行辐射环境的监测，但这样做会增加航天器上监测系统的复杂性。在低地球轨道，因存在地磁场的有效屏蔽作用，故监测系统可简化为在舱内代表点上的监测，从辐射安全考虑，代表点一般应选择在舱内质量屏蔽较薄弱的位置。

（3）航天员个人剂量监测。这类监测需提供航天员个体辐射危害评价的有关剂量学信息，常包括带显示的主动剂量计和等返回地面后再测出数据的被动剂量计。被动剂量计因体积小、质量轻，常用来监测航天员身体不同部位的浅表累积剂量。一般来说，用于个人剂量监测的主动剂量计（个人剂量仪）应在航天全过程中始终佩戴在航天员身上，随时察看个人所接受的辐射剂量。个人被动剂量计必须在飞行全过程中佩戴，以方便提供航天员个人在飞行期间接受的辐射剂量数据。个人剂量监测数据和航天器舱内的监测数据可用于对航天员实施飞行期间的辐射安全性评价。

（二）辐射监测的目标

轨道辐射监测系统应达到的主要目标如下：

（1）实时评价航天器内的辐射环境是否对航天员构成危险，条件恶化时指导航天员进行合理防护。

（2）提供辐射危险评价所需要考虑的时间和空间上照射的不均匀性。

（3）利用飞行中的辐射监测数据与模型预估的结果相比较，从而为改进预估技术（模型和计算方法）提供依据。

（4）提供航天员身体表面及造血器官所接受的剂量水平。

（三）辐射剂量监测系统的要求

为了进行载人航天辐射剂量的有效监测，监测系统应满足以下要求：

（1）需要连续监测组织吸收剂量率和累积剂量，这对了解载人航天器舱内的辐射环境、预报辐射环境的恶化和计算航天员的有效剂量是非常重要的。

（2）剂量仪应能在 1 μGy/h ～ 1 Gy/h 的很大剂量率范围内测量吸收剂量，因为既要考虑辐射环境平静期的低剂量率水平，也要考虑太阳粒子事件可能产生的高剂量率。

（3）应监测舱内的粒子能谱，以便计算组织的深部剂量。

（4）为确定舱内辐射的平均品质因数 Q 和剂量当量值，应测量 0.3 ～ 1 500 keV/μm 范围的 LET 谱。

（四）空间飞行任务中辐射剂量监测设备

1. 国际空间站辐射监测设备

1）舱外辐射监测设备

带电粒子定向频谱仪 CPDS：在 ISS 外 S0 架上安装了 3 个测量单元，用于记录辐射入射的方向，另外还有一个单元安装在 ISS 内部。舱外带电粒子定向频谱仪（图 6-9）用于监测总剂量，这一总剂量是时间、粒子能量和向量的函数。三个频谱仪组成一组，每个频谱仪面向一个方向。舱外带电粒子定向频谱仪安装在 S0 桁架上的航天电子设备箱内，通过乘员的舱外活动或舱外机器人的操作可更换频谱仪。频谱仪于飞行前安装到电子设备箱内，由 STS-110/ISS-8A 飞行任务被运抵并安装到国际空间站 S0 桁架上，通过乘员的一次出舱活动将其正确定位。频谱仪的监测数据经乘员健康系统 1553B 总线无线传输到地面，舱外带电粒子定向频谱仪是乘员健康系统中唯一安装在空间站外的设备。

图 6-9 舱外带电粒子定向频谱仪

2）舱内辐射监测设备

组织等效正比计数器（TEPC）：这种辐射监测器是由 2 个直径为 2 cm 的长圆柱小室组成，小室内充满低压丙烷气体，该气体用于模拟 2 μm 直径的人体细胞的碳氢成分，覆盖小室的塑料模拟相邻组织细胞，粒子通过丙烷气体时释放出电子，将这些电子收集起来以便判断粒子的能量。组织等效正比计数器（图 6-10）可监测和存储累积辐射剂量，计数器由探测器和光谱仪组成。监测数据存储在医用计算机中，STS-98/ISS-5A 飞行任务后，数据经乘员健康系统 1553B 总线传输到地面。计数器需要由空间站供电，必须连接到乘员健康系统指定的电源和数据接口上；计数器可连续工作，每周乘员对其重新定位一次，经座椅安全带或尼龙搭扣固定在空间站各舱段。

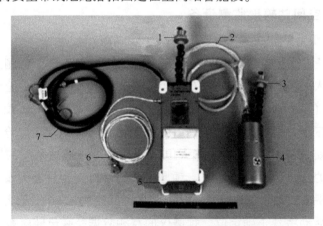

图 6-10 组织等效正比计数器

1—分光计固定连接器；2—检测器电缆；3—检测器固定连接器；4—检测器；
5—分光计；6—RS-232 连接线；7—电源/数据线

　　舱内带电粒子定向频谱仪（IV-CPDS）：舱内带电粒子定向频谱仪（图6-11）用于监测所有被捕获的射线总量，这一总量跟舱外频谱仪一样，是时间、粒子能量和向量的函数。数据经乘员健康系统1553B总线下传至地面。空间站乘员每周对频谱仪重新定位一次，由于监测是单向性的，故只需对调仪器位置。

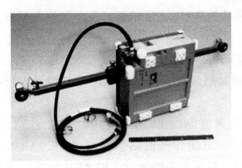

图6-11　舱内带电粒子定向频谱仪

　　辐射范围检测器（RAM）：辐射面积探测器（RAM）是一套小型的聚碳酸酯包裹的热释光探测器，探测器会对辐射有响应，因此辐射量的大小可以由加热后释放出的可见光强度反映出来。RAM单元分布在ISS内部，由周期性的往返飞行器带回地球进行测量分析。辐射范围检测器（图6-12）是安装在国际空间站上的独立监控器，空间站所有的可居住舱段内都要安装，每个舱段安装4~6个，每个节点舱安装2~4个。每次乘员轮换时，更换一次检测器。检测器体积小，可安装在舱壁和隔板的表面，监测结果用于乘员飞行后整个国际空间站辐射剂量的评估。

图6-12　辐射范围检测器

　　辐射假人（2001年3—8月）：用于测量成年男性辐射假人体内器官的剂量，假人体内放置辐射监测计，监测部位包括脑、甲状腺、胃、结肠、心脏、肺等，记录每日剂量。数据用于分析屏蔽或人体自身屏蔽对辐射的防护作用，这些数据对于长期空间飞行非常重要。俄罗斯曾使用球状模型进行过空间辐射器官剂量的监测，2010年在国际空间站上搭载了人体模型进行器官剂量测量。

邦纳鲍尔中子探测器（2001年3月12日）：日本航天局实验测量 ISS 的中子辐射能谱的能谱仪。

3）个人辐射监测仪

ISS 乘员均佩戴物理剂量计，还通过血细胞染色体畸变生物剂量计进行生物剂量评估。

乘员的被动剂量计与 RAM 非常相似，是小型的聚碳酸酯包裹的热释光探测器。

主动剂量计对空间辐射的检测可以有助于航天员尽量在飞行器内屏蔽最好的位置活动而降低辐射剂量，主动剂量计还可以用于太阳异常活动时剂量的预警。

EVA 期间辐射计量监测仪 EVARM（2002年2月）：该监测仪用于监测 EVA 期间航天员皮肤、眼睛和造血器官的剂量。EVARM 包括三个主动剂量计，分别放置于大腿、躯干和眼睛附近，EVARM 数据用于 EVA 期间航天员的辐射防护设计。

AN/UDR－13 辐射测量装置（高剂量率剂量计）是小型、手持或者口袋中存放的装置，能够快速测量中子和 γ 射线的剂量，数据读取和警报信息都可以通过装置的液晶显示器显示。

4）"阿波罗"任务中的监测设备

因为是首次登月飞行，且轨道穿越辐射带，故装备的辐射监测仪器较多，主要包括五种类型：

（1）核粒子探测系统（NPDS）：是一个装在服务舱的质子与 α 粒子频谱仪，该仪器由 3 个半导体探测器和两个吸收体（钨和铍）组成带电粒子望远镜（$\phi 55 \times 152$ mm）。

（2）范·艾伦带剂量仪（VABD）：仪器置于指挥舱，连续遥测皮肤和造血器官的剂量率。剂量率和累积剂量数据遥测传输至飞行控制中心的计算机，这些数据与飞船上其他仪器数据一起可对航天员辐射危险进行实时评价。该仪器由两个 10 cm^3 的组织等效电离室构成，一个电离室由 5 cm 的组织等效材料屏蔽，以提供造血器官的剂量率；另一个用 0.38 mm 厚 Al 屏蔽，近似测量皮肤剂量率。

（3）辐射剂量率表（RSM）：由 10 cm^3 的组织等效电离室构成，壁厚相当于提供皮肤剂量。

（4）个人辐射剂量仪（PRD）：由组织等效电离室构成，电离室壁厚相当于 0.07 mm 组织加服装的厚度，可测量并显示 0～10 Gy 的累积剂量。

（5）个人被动剂量计包（PD）：包含 500 mg LiF 热释光粉末、600 μm 厚核乳胶和几个标准的 β、γ 和中子灵敏胶片，尺寸为 5.3 cm×4.3 cm×0.64 cm。三个剂量计包分别放置在航天员常穿服的左胸、左大腿和右踝。

各种电离辐射有不同的生物效应，由于辐射强度随太空舱的位置变化，因此将需要各式各样的辐射测量系统；应当使用手提式多传感器监测仪去监测全部预计种类的辐射，测量与记录太空舱内各个位置的辐射水平；使用个人监测计量仪测量与记录每个乘员的辐射剂量；其他位置，如生物试验样品放置和放射示踪物保存处，也应使用专用监测设备。

七、空间站电离辐射防护设计建议

（一）电离辐射限值制定

考虑到空间站任务飞行时间长达 180 天以上，因此航天员在轨电离辐射吸收剂量的安全限值应根据飞行时长相应严格控制；必须以航天员长期健康为核心，航天员职业危险度参照地面中等危险职业；剂量限值要体现辐射致癌危险与受照年龄和性别的关系，空间站任务电离辐射剂量限值需考虑不同器官的耐受能力，以制定长期在轨飞行器官剂量限值。

（二）发射窗口和出舱活动窗口选择

2023—2025 年为第 25 个太阳活动周期，届时太阳粒子事件增加，载人运输飞船的发射窗口应尽量避开太阳粒子活动。这主要依赖于对辐射的监测，以便给乘员预先提供警告。

对低地球轨道而言，飞行轨道越高，捕获的带辐射通量越大，辐射通量的增加很大程度上取决于高度，所以轨道调整必须有利于降低辐射量。出舱活动时间表需要考虑诸如捕获带和银河宇宙辐射变化这样一些因素。例如：在低倾角、低地球轨道，对于在每天直接通过南太平洋异常区的几个轨道圈运行时，不要安排 EVA 活动。

（三）空间站电离辐射防护设计

空间站的设计与布局应最好地利用站上的质量作为辐射屏蔽，条件许可时可选择更有效的屏蔽材料进行防护。

放射性同位素和空间站内会产生辐射的仪器的使用应当符合辐射安全的要求，且需考虑微重力对这些设备的影响。

同时空间站内应提供一个足够屏蔽厚度的"掩体"，以便在太阳粒子事件发生时给乘员提供保护。

（四）电离辐射监测要求

应遵守以下设计要求，并将飞行期间乘员所接受的辐射剂量限制到规定的辐射剂量范围内。

（1）空间站辐射监测：对整个飞行来说，应测量和记录空间站内的辐射剂量率。

（2）乘员辐射剂量监测：对每个乘员来说，应测量和记录其辐射剂量，并计算有效剂量当量。

（3）带电粒子监测：在空间站内应监测和记录质子与其他粒子的通量和能谱，也应监测粒子辐射特性，如粒子方向和二次粒子通量（即中子）。

（4）辐射监测器安装位置：船上辐射监测器安装位置应与辐射环境的要求一致。

（5）辐射事件报警：应提供一个辐射监测系统，能连续监测空间站内部辐射水平，记录累积剂量，并显示舱内辐射状况。

（五）电离辐射防护措施

（1）舱外活动辐射防护：除非航天服和头盔内加进了辐射屏蔽，否则在轨道通过南大西洋异常区时不应安排舱外活动。

（2）防护性的舱内活动服装：要考虑配备乘员的个人屏蔽服装，当乘员遇到高辐射条件时应加以防护。

（3）放射性污染控制：对于任何可能造成放射性污染的人工辐射源，应提供防护服、装备并制定辐射防护程序。

（4）辐射剂量管理系统：对乘员累积辐射暴露记录进行跟踪、安排及分配乘员活动和警告接近辐射剂量限值的人员，进行辐射剂量管理。

（5）研制辐射防护药物，条件成熟时乘员配备必要的药物防治手段。

第二节　非电离辐射

一、非电离辐射的类型

非电离辐射（NIR）是由频率 $3 \sim 3 \times 10^{15}$ Hz 的很宽的电磁辐射带组成的，如图 6-13 所示。

非电离辐射的主要生物效应是组织内产生热。然而，对于紫外线辐射而言

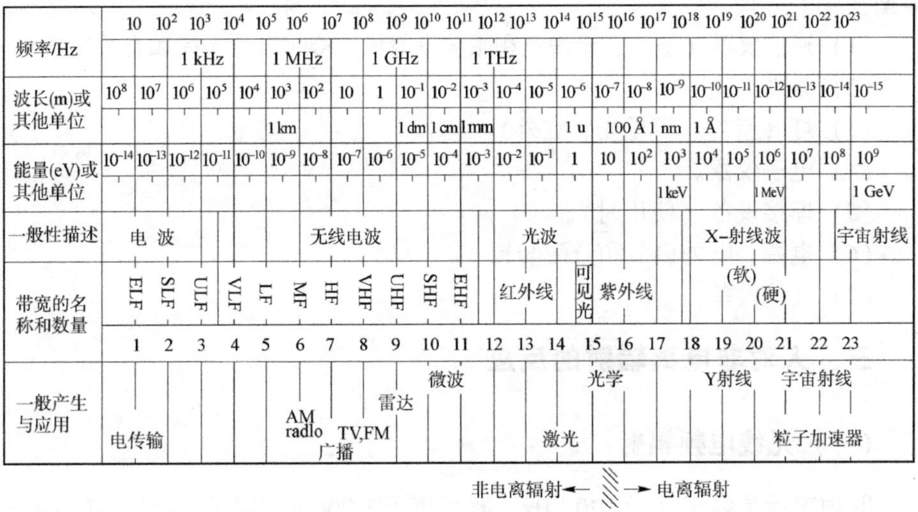

图 6-13 电磁波谱

（除热反应外），由于化学变化和电子激励的结果，能够发生其他生物效应，诱发如皮肤红斑、眼炎（光致角结膜炎）和皮肤癌等效应。同样地，可见光辐射也会对眼睛产生非热暂时效应（虹膜炎、眼疲劳等）。

二、非电离辐射的来源

航天器内的航天员将受到两种不同的非电离辐射，即空间自然发生的和航天器中人造设备放射出的非电离辐射。空间自然发生的辐射是由电磁辐射以及带电粒子构成的。空间自然发生的辐射的电磁成分可以分为四个主要来源：

（1）连续的太阳辐射：太阳放射出很宽频谱的电磁辐射，其中主要的是光辐射带，它类似于温度为 5 900 K 的黑体频谱。此频谱峰值主要在紫外线及可见光区。与地球表面相比较，空间紫外线环境的特征是缺乏由地球大气臭氧层（Ozone）提供的对太阳照射的屏蔽，另外还存在无线电波频率范围内的电磁辐射，但强度很低。

（2）太阳爆发活动：在太阳爆发时，短期间内由太阳放射的可见光和无线电频波长的电磁辐射。

（3）天体辐射：太阳系之外的天体产生的非电离辐射会达到地球，但强度较低，通常不会引起生物效应问题。

（4）磁场来源：太阳系内不同天体产生的磁场有几个数量级的变化，科学家发现在太阳黑子中心磁场强度是地球磁场的数千倍。

船上辐射源来自在空间站上安装的各种形式的仪器设备，分为以下几个类型：

(1) 通信仪器（雷达、无线电和微波发射机、接收机、天线和有关设备）。

(2) 激光。

(3) 灯（紫外、可见光、红外）。

(4) 电子仪器。

(5) 焊接设备（使用时）。

(6) 电源、电力调节和分配装置。

(7) 其他设备。

三、人对非电离辐射的反应

（一）无线电频辐射

射频辐射是频率高于 100 kHz、波长小于 3 000 m 的电磁辐射，其中频率大于 1 GHz、波长小于 33 cm 的射频辐射称为微波。射频辐射通过热效应和非热效应对机体多个器官产生生物效应，应该进行防护。已发表的一些文献表明，无线电频电磁辐射对人和动物有不利的生物效应，这些效应如表 6-8 所示。

表 6-8 对无线电频辐射的一些生物反应

反　应	人反应及描述
热觉	在 3 000~1 000 MHz，4 s，13~59 mW/cm² （在人身上观察到的）
痛阈	在 3 000 MHz，60 s，1 800 mW/cm² （在人身上观察到的）
白内障	当晶体温度增加 4 ℃时，晶体混浊； 在低功率密度、短持续时间，亚临床损伤累积可以产生白内障
睾丸	射频辐射导致的阴囊内温度升高>1 K（>1 ℃）会降低活精子数，此效应通常可逆。暴露于 2 880 MHz、5 mW/cm²是狗睾丸损伤证明的阈值，但暴露于 3 000 MHz、8 mW/cm²小鼠或大鼠无效应
卵巢	没有证据证明暴露于 10 mW/cm²或更大些能影响雌性小鼠繁殖
内脏效应	—
胃溃疡	>100 mW/cm²，≥10 min
胃分泌及排空延迟	0.05~1 mW/cm²，30 min，可恢复

续表

反　应	人反应及描述
造血效应：白细胞增多、淋巴细胞减少、嗜酸细胞缺乏、红细胞寿命改变、损伤骨髓功能、血红蛋白减少、血小板减少、网织红细胞增多等	长时间暴露>10 mW/cm²产生效应，效应一般是可恢复的
心血管效应：血流改变、血压降低、心率增加等	效应通常归因于热负荷反应，外周血管扩张和血液稀释
中枢神经系统：精神激动、瞌睡、肌肉减弱、脑电图变化、躲避行为、条件反射改变、忍耐力降低、头痛等	有人主张 10 mW/cm²有效应，但存在争议

射频辐射的生物效应机理复杂，在细胞组织层面，射频辐射生物效应按照产热与否分为热效应和非热效应。

射频辐射作用于机体时，在整体层面，射频辐射生物效应按照是否引起核心体温升高超过 1 ℃分为热效应和非热效应，当射频辐射引起核心体温升高 1 ℃以上时称为热效应，而不超过 1 ℃则称为非热效应，往往热效应和非热效应同时存在。一般认为，功率大于 1 mW/cm²时即可引起热与非热的协同效应，功率低于 1 mW/cm²时只引起非热效应。

热效应是指微波与短波辐射作用于生物机体时，由于其电场与组织内分子原有电场之间的相互作用，可使组织内分子的动能和势能改变并进行能量交换，电磁场的交变作用可使组织中细胞内液及细胞外液中的电解质、极化的蛋白质和水分子发生振动、旋转和扭曲，并使分子间摩擦并转化为热能，可使组织温度升高，继而引起机体的功能改变。所以含水多的组织，如晶状体、肌肉、皮肤、内脏等，受致热效应的影响会更加明显。

非热效应是指机体被暴露于不引起体温升高的辐射强度下，亦可出现某些功能改变，特别是诱发心血管和神经系统的功能紊乱。非热效应的机理存在各种假说，如场致力效应、光化学效应、电磁共振效应等，但尚处于理论设想阶段。由于热效应所需的辐射功率通常较非热效应更高，故不排除在热效应的同时，也有非热效应的存在。

射频辐射的影响取决于辐射与人体间相互作用的情况。若射频辐射完全透射机体或被机体反射，则对机体无影响，只有当辐射通过组织并被吸收时才能对机体产生影响。射频辐射穿透组织的深度与波长和频率有关，频率越高、波长越短，穿透的深度也越浅。例如微波中，20～30 GHz 的毫米波为皮肤表层所吸收，1 000～3 000 MHz 的厘米波可穿透人体约 1 cm 的组织而被吸收，1 000 MHz 以下的分米波则可穿透 10 多厘米达到人体的深部组织而被吸收，150 MHz 以下者能透过人体。

根据辐射的强度、频率和作用部位，可将射频辐射对人体的损害分为局部性损害和全身性损害。局部性损害主要指微波对皮肤、眼和睾丸的损害。微波首先作用于人体表面，使皮肤温度升高，产生热感和痛感，功率密度为 10～60 mW/cm^2、频率为 3 000～10 000 MHz 的微波辐射，仅数秒钟的暴露即可使皮肤温度升高 0. 025 ℃～0. 06 ℃，足以引起皮肤的热感和痛感。全身性损害主要指射频辐射所引起的神经、心血管和血液系统的暂时性功能改变。

1. 对感觉器官的辐射损伤

眼晶状体是对微波比较敏感的部位，长期从事雷达工作或其他接触微波辐射的工作人员，可能有早期晶状体混浊的症状。此外，微波与短波辐射还会造成听觉功能障碍。

2. 对生殖系统的影响

哺乳类动物的睾丸对温度增高特别敏感，阴囊内温度即使仅增高几摄氏度亦可使曲精细管上皮细胞受到损害，据报道，5 mW/cm^{2}场强的微波辐射即可能损伤睾丸。睾丸受到微波的损伤后，继而可引起性欲减退、暂时性不育、精子存活数暂时性减少和精子活动能力降低，脱离接触数月后可得到明显恢复。

3. 对中枢神经系统的损伤

致热强度的辐射可导致中枢神经系统功能发生显著变化。如动物试验表明，强微波辐射可使其条件反射活动明显抑制，脑电图有慢波增多、出现尖波或梭状波、主要节律受到抑制等改变。非致热剂量的辐射对中枢神经系统的功能亦有明显影响，长期暴露于微波或短波辐射可导致神经系统发生功能性变化，通常表现为疲劳或兴奋度升高、记忆力减退、睡眠紊乱、情绪淡漠，以及对光或其他刺激敏感性增加。如长期从事微波作业的工作人员，一般在 2～5 年以后即可能出现慢性神经衰弱综合征，有头昏、头痛、乏力、记忆力减退、睡眠障碍（失眠、多梦）、易激动、消瘦和脱发等临床表现，其机理尚不清楚。

4. 对心血管功能的损伤

射频辐射引起的心血管功能改变，一般认为是植物神经系统功能障碍所致，可使血液动力学失调、血管通透性发生变化以及外周血管张力降低。动物试验表明：微波辐射在引起体温升高的同时，也能引起心脏节律紊乱；当动物直肠温度达到 42 ℃以上时，心率突然变慢，大部分动物出现心律失常的现象。长期暴露于微波与短波辐射者，常表现有神经衰弱，以及以迷走神经活动占优势为特点的心血管功能失调，如手足多汗、心动过缓、窦性心律失常、血压波动或偏低等症状，有少数人较早出现冠状动脉供血不足、心前区疼痛或胸闷等情况。

5. 其他损伤

射频辐射还可能引起人体多个系统的功能改变，如血液系统、内分泌系统、免疫系统和消化系统等。例如，长期微波作业者会出现血小板和白细胞计数偏低的现象。

此外，除上述局部性损害和全身性损害外，微波与短波辐射与电离辐射一样，作用于人体时也会产生长期效应，发生畸变、突变与癌变。

（二）光辐射

1. 光辐射（激光）

对相干光源（激光）有必要作为特殊情况处理，因为常规光源很少能达到激光的辐射强度和辐射剂量，而且，因为许多早期的生物效应数据是用具有宽带波长辐射的普通光源得到的，故这些数据不能直接应用于单色性极高的激光辐射。

眼和皮肤是易受到激光辐射的主要器官，效应类型、损伤阈和损伤机制随波长有明显不同，此外，眼过度暴露的结果常常比皮肤暴露更严重，因此，安全标准强调眼的防护。人受到的主要有害影响是红斑（皮肤变红）及光致角膜炎、结膜炎和视网膜损伤（见图6-14）

为了控制激光相干光辐射，不同标准组织规定了不同暴露限值，虽然这些暴露限值是为地球应用而制定的，但与空间飞行航天员激光防护制定的限值非常相似。

关于眼对激光的安全性，需要对点光源和扩展光源加以区别，扩展光源的暴露限值以面辐射强度（W/m^2sr）和集合面辐射强度（J/m^2sr）给出；对点光源来说，单位是不同的，即辐照度（W/m^2）和辐射暴露度（J/m^2）。

2. 非相干紫外光

紫外辐射（UV）是波长为100~400 nm的电磁辐射，又分为UVA（315~400 nm）、UVB（280~315 nm）、UVC（100~280 nm）三种。不同波段紫外辐射的生物效应和机理有所不同。

虽然太阳光仅有约5%的紫外辐射到达地球表面，但它具有足够的能量，可能造成伤害性生物效应。紫外辐射生物学效应主要是由于紫外线被物体吸收后引起原子价态的改变，产生光化学反应，从而导致细胞死亡。紫外辐射在人体组织中穿透能力较弱，其生物学效应主要局限于皮肤和眼睛，因为它们最容易受到影响。人体对伤害的主要反应是红斑、皮肤癌、光致角结膜炎、白内障和视网膜损伤。

1）皮肤效应

紫外辐射对皮肤的损伤效应可以分为近期皮肤效应和远期皮肤效应，近期

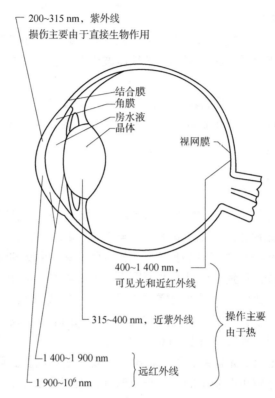

200~315 nm，紫外线
损伤主要由于直接生物作用

结合膜
角膜
房水液
晶体

视网膜

400~1 400 nm，
可见光和近红外线

315~400 nm，近紫外线

操作主要
由于热

1 400~1 900 nm
远红外线
1 900~10⁶ nm

图 6-14　光辐射对眼睛的影响

皮肤效应是指最早观察到的紫外辐射皮肤损伤效应，最常见的近期皮肤效应是红斑。皮肤在受到紫外线照射后 1~8 h 内会出现红斑，红斑的阈值与辐射皮肤的部位、辐射波长和时间长短等有关。

根据紫外照射后红斑反应的严重程度可分为以下 4 个等级。

一级红斑：刚刚能观察到的红斑，24 h 后皮肤可完全复原，对应的照射剂量称作最小红斑剂量。

二级红斑：与中等的晒斑类似，3~4 h 后减退，并伴随有色素沉积。

三级红斑：伴有水肿和触痛的严重红斑反应，持续数日，色素沉着明显，有鳞片状脱皮，且皮肤常见分层脱落。

四级红斑：水肿较三级更严重，可形成水疱。

能产生红斑效应的紫外线波长范围为 290~330 nm，长波紫外线产生的红斑更严重些，这可能是由于长波紫外线在表皮中的贯穿较深，结果在皮肤深层产生炎症，同时会产生皮肤着色、晒黑或角质层加厚等症状。

远期皮肤效应是指长期受紫外线照射加速皮肤老化，使皮肤干燥、粗糙、松弛和出现黑色素沉着等效应。长期暴露于波长小于 320 nm 的紫外辐射时，会增加发生皮肤癌的危险。扁平细胞癌是最常见的光致皮肤癌类型，大部分发生在手部和后颈部等局部受照部位。

2）眼部效应

过量的紫外照射可导致眼角膜结膜炎，但很少引起持久性的视觉损伤。角膜炎的发生通常在受照射后 6~12 h 内，潜伏期长短与照射的严重程度呈反比；结膜炎的发生较角膜炎缓慢，可在眼睑周围的面部皮肤伴随出现红斑；动物试验表明，大剂量的紫外照射亦可导致动物发生白内障，此外，红外线也有此效应，可使眼晶状体浑浊，引起白内障。

不同标准组织对紫外辐射的控制均制定了暴露限值，大多数限值是为暴露于波长小于 315 μm 的辐射用的。

3. 光辐射（红外）

大多数生物组织被认为不能透过波长较长的红外辐射（波长大于 1 500 nm），因为组织内的水分能够基本吸收掉这种辐射，因此，波长较长的红外线的主要生物反应是致热。波长在 760~1 500 nm 之间的短波长红外线能够产生有害的生物效应，如急性红斑、毛细血管扩张增加及可能持久的色素沉着增加，眼内部（虹膜、晶状体和网膜）也会受到这种较短波长红外线的影响，较长波长红外线在角膜上有致热效应。

四、非电离辐射的暴露限值

（一）射频辐射暴露限值

俄罗斯认为空间飞行任务中舱内存在磁场、可变的电磁场和宽波段的电磁辐射，其发射体是电器设备、电子技术设备、无线电技术设备，它们安装在载人航天器内并对航天员造成周期性的或 24 h 连续性的作用，因此需要制定限值标准加以防护。

俄罗斯在制定载人航天器居住舱内电磁场和恒定磁场的允许限值时，采纳了俄罗斯卫生医药部门为地面条件下在一定暴露时间内制定的卫生标准。该标准的依据是大量的流行病学调查和动物试验得出的神经行为异常、免疫功能下降数据。其限值包括电磁场强度、磁场强度、电磁场功率密度、恒磁场强度，分工作区和休息区限值，工作区既给出一定允许时间下的允许值，还给出最大允许值，这样可以对急性和慢性效应均进行防护。其未专门针对脉冲波制定专门的限值。

其射频辐射限值的功率密度和电场强度见表 6-9。

表 6-9　电磁场和恒定磁场的最大允许限值

频率/MHz	电场强度 $E/(\mathrm{V \cdot m^{-1}})$			功率密度 $S/(\mathrm{W \cdot m^{-2}})$		
	工作区		休息区	工作区		休息区
	允许值 (最大允许值)	允许时间/h	允许值	允许值 (最大允许值)	允许时间/h	允许值
0.06~0.3	50（500）	8	25	—	—	—
0.3~3	50（500）	8	15	—	—	—
3~30	20~25（300）	8	10	—	—	—
30~50	10（80）	8	3	—	—	—
50~300	5（80）	8	3	—	—	—
300~300 000	—	—	—	达 0.1*	8	—
	—	—	—	0.1~1.0*	2	—
	—	—	—	1.0~10.0* （10.0）	0.33	—
1 300	—	—	—	—	—	0.2**
900	—	—	—	—	—	0.25**
3 000	—	—	—	—	—	0.15***
10 000	—	—	—	—	—	0.6*4
37 500	—	—	—	—	—	1.4*4

*除来自旋转天线和扫描天线之外的所有其他情况，当 S 大于 10 $\mathrm{W/m^2}$ 时必须戴防护镜；

**来自旋转天线的辐射作用情况下，作用时间小于 0.05 旋转周期和 $S_{最大}/S_{最小}$ 大于 10；

***来自旋转天线辐射的作用情况下（旋转频率小于 0.25 Hz）辐射时间小于 0.05 旋转周期和 $S_{最大}/S_{最小}$ 大于 10；

*4 来自气象雷达的辐射情况下

　　NASA 认为空间飞行中受到的射频辐射（RF）主要源于连续太阳辐射、太阳耀斑和通信设备（雷达、射频、微波传输机、接收机和天线）。

　　RF 的生物效应主要是体表感觉热，或者 10 mm 以下的皮肤感觉到热，体温升高引发的效应、体表电荷累积、神经肌肉反应紊乱，NASA 主要据此制定限值。

　　NASA 在（IEEE）C95.1 制定的 3 kHz~300 GHz 电磁场的限值基础上进行修订。IEEE C95.1 的限值包括两种最大允许暴露值（MPEs），较低的限值是公众暴露限值（非受控环境），该环境下人们在 RF 附近工作和生活，不知道 RF 的存在或者对该辐射场无法控制；较高的限值是受控环境的限值（见图 6-15），这种环境中应该有 RF 安全规程。这两种限值均是在热效应的基础上考虑一定的安全因子得出的。NASA 在将（IEEE）C95.1 应用到航天时应考虑以下三方面因素：

（1）航天员是经过训练的体格健康的成人，所以去掉小孩易感性的安全因子，应该比对职业限值执行。

（2）航天员所处的环境虽然可以受控，但是他们必须长期待在飞行器中不可能脱离 RF 环境，应该比职业环境限值严格。

（3）其他国际标准和 IEEE 标准比较一致。

因此，NASA 的暴露限值选用最新版本的 IEEE C95.1 的公众暴露限值，详见表 6-10。该限值都是最大允许限值，只对急性热效应进行防护，未区分连续波和脉冲波的限值。

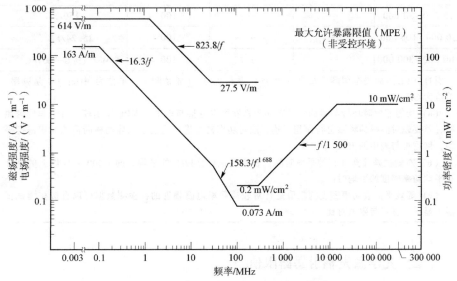

图 6-15　无线电频电磁场职业暴露允许限值

f—频率（单位为 MHz）

表 6-10　射频辐射的最大允许限值（即公众允许限值）

频率/MHz	均方根值电场强度 E_a /(V·m^{-1})	均方根值磁场强度 H_a /(A·m^{-1})	均方根值功率密度 S /(W·m^{-2})	平均时间 b E_2, H_2, S /min	
0.1~1.34	614	16.3/f M	(1,000, 100,000/f M^2)c	6	6
1.34~3	823.8/f M	16.3/f M	(1,800/f M^2, 100,000/f M^2)	f M^2/0.3	6
3~30	823.8/f M	16.3/f M	(1,800/f M^2, 100,000/f M^2)	30	6

续表

频率/MHz	均方根值电场强度 E_a /(V·m^{-1})	均方根值磁场强度 H_a /(A·m^{-1})	均方根值功率密度 S /(W·m^{-2})	平均时间 b E_2, H_2, S /min	
30~100	27.5	158.3/fM$^{1.668}$	(2,9,400,000/fM$^{3.336}$)	30	0.063 6 fM$^{1.337}$
100~300	27.5	0.072 9	2	30	30
300~5 000	—	—	f/150	30	
5 000~15 000	—	—	f/150	150/fG	
15 000~30 000	—	—	100	150/fG	
30 000~100 000	—	—	100	25.24/fG$^{0.476}$	
100 000~300 000	—	—	100	5 048/[(9fG−700)fG$^{0.476}$]	

引自 IEEE 电磁安全国际委员会（2005）表 6.9-3，fM 是频率，单位为 MHz；fG 是频率，单位为 GHz。

（a）均匀照射时环境测得的强度或功率密度可以直接与表中的 MPE 作比较，对于非均匀照射，需要先对测得的场强进行面积平均，或对功率密度进行垂直于人体的横断面的面积进行平均，然后再与表中的 MPE 作比较。

（b）左侧栏是计算|E|^{2}的平均时间，右侧栏是计算|H|^{2}的平均时间，400 MHz 以上的是计算平均功率密度的平均时间。

（c）等效平面波功率密度的限值是针对较高频率电磁辐射的，检测数据可以直接在测试仪器上显示，直接与限值对比

（二）光学激光辐射暴露限值

以下激光暴露限值（包括在美国国家标准协会（ANSI）和美国政府工业卫生协会（ACGIH）标准中）适用于连续激光［对于反复脉冲激光，可分别使用 ANSI 和 ACGIH 标准给出的附加规定（ZI36.1-1986，激光安全使用 ANSI 标准 1986.5.23 及 ACGIH 阈限值和生物暴露指数，1987—1988）］。

（1）点光源激光眼暴露限值：在表 6-11 给出的眼暴露限值适用于全部点源激光。

（2）扩展源激光眼暴露限值：在表 6-12 给出的眼暴露限值适用于全部扩展源。

（3）扩展谱激光皮肤暴露限值：应采用表 6-13 中特定类型的激光的眼和皮肤激光暴露限值。

（4）一般现有型激光的暴露限值：应采用表 6-14 中给出的特定类型的激光的眼和皮肤激光暴露限值。

表 6-11　点光源激光眼暴露限值

波长 $L/\mu m$	暴露时间 t/s	最大允许暴露量（MPE）	计算和测量的说明
紫外线			
$0.200 \sim 0.302$	$10^{-9} \sim 3 \times 10^4$	3×10^{-3} J/cm^2	
0.303	$10^{-9} \sim 3 \times 10^4$	4×10^{-3} J/cm^2	
0.304	$10^{-9} \sim 3 \times 10^4$	6×10^{-2} J/cm^2	
0.305	$10^{-9} \sim 3 \times 10^4$	1.0×10^{-2} J/cm^2	对于紫外线而言，无论
0.306	$10^{-9} \sim 3 \times 10^4$	1.6×10^{-2} J/cm^2	其量怎么小，都可以使用
0.307	$10^{-9} \sim 3 \times 10^4$	2.5×10^{-2} J/cm^2	这些值或 $0.56t^{3/4}$ J/cm^2。
0.308	$10^{-9} \sim 3 \times 10^4$	4.0×10^{-2} J/cm^2	注：1 mm 的限制孔
0.309	$10^{-9} \sim 3 \times 10^4$	6.3×10^{-2} J/cm^2	
0.310	$10^{-9} \sim 3 \times 10^4$	1.0×10^{-1} J/cm^2	
$0.031\ 1$	$10^{-9} \sim 3 \times 10^4$	1.6×10^{-1} J/cm^2	
$0.031\ 2$	$10^{-9} \sim 3 \times 10^4$	2.5×10^{-1} J/cm^2	
$0.031\ 3$	$10^{-9} \sim 3 \times 10^4$	4.0×10^{-1} J/cm^2	
$0.031\ 4$	$10^{-9} \sim 3 \times 10^4$	6.3×10^{-1} J/cm^2	
$0.031\ 5 \sim 0.400$	$10^{-9} \sim 3 \times 10^4$	$0.56t^{3/4}$ J/cm^2	
$0.031\ 5 \sim 0.400$	$10 \sim 3 \times 10^4$	1 J/cm^2	
可见光与近红外			
$0.400 \sim 0.700$	$10^{-9} \sim 1.8 \times 10^{-5}$	5×10^{-7} J/cm^2	
$0.400 \sim 0.700$	$1.8 \times 10^{-5} \sim 10$	$1.8t^{3/4} \times 10^{-3}$ J/cm^2	
$0.400 \sim 0.550$	$10 \sim 10^4$	10×10^{-3} J/cm^2	
$0.550 \sim 0.700$	$10 \sim T_1$	$1.8t^{3/4} \times 10^{-3}$ J/cm^2	
$0.550 \sim 0.700$	$T_1 \sim 10^4$	$10C_B \times 10^{-3}$ J/cm^2	注：1 mm 的 限 制 孔 或
$0.400 \sim 0.700$	$10^4 \sim 3 \times 10^4$	$C_B \times 10^{-6}$ J/cm^2	更大
$0.400 \sim 0.700$	$10^{-9} \sim 1.8 \times 10^{-5}$	$5C_A \times 10^{-7}$ J/cm^2	
$0.700 \sim 0.105\ 0$	$1.8 \times 10^{-5} \sim 10$	$1.8C_A t^{3/4} \times 10^{-3}$ J/cm^2	
$0.700 \sim 0.105\ 0$	$10^{-9} \sim 5 \times 10^{-5}$	5×10^{-6} J/cm^2	
$1.051 \sim 1.400$	$5 \times 10^{-5} \sim 10^3$	$9t^{3/4} \times 10^{-3}$ J/cm^2	
$1.051 \sim 1.400$	$10^3 \sim 3 \times 10^4$	$320C_A \times 10^{-6}$ J/cm^2	
远红外			
$1.4 \sim 10^3$	$10^9 \sim 10^4$	10^{-2} J/cm^2	
	$10^7 \sim 10$	$0.56\ t^{1/4}$ J/cm^2	
	>10	0.1 W/cm^2	
仅 1.54	$10^{-9} \sim 10^{-6}$	1.0 J/cm^2	

注：如果波长 $L = 0.400 \sim 0.700$ mm，则 $C_A = 1$；

　　如果波长 $L = 0.700 \sim 1.050$ mm，则 $C_A = 10^{2.0 \times (1.0 - 0.700)}$；

　　如果波长 $L = 1.050 \sim 1.400$ mm，则 $C_A = 5$；

　　如果波长 $L = 0.400 \sim 0.550$ mm，则 $C_B = 1$；

　　如果波长 $L = 0.550 \sim 0.700$ mm，则 $C_B = 10^{15 \times (1.0 - 0.550)}$；

　　如果波长 $L = 0.550 \sim 0.700$ mm，则 $T_1 = 10 \times 10^{20 \times (1.0 - 0.550)}$

表 6-12　扩展光源激光眼暴露限值

波长 $L/\mu m$	暴露时间 t/s	最大允许暴露量（MPE）	计算和测量的说明
紫外线			
$0.200\sim0.302$	$10^{-9}\sim3\times10^4$	$3\times10^{-3}\ J/cm^2$	对于紫外线而言，无论其量怎么小，都可以使用这些值或 $0.56t^{1/4}\ J/cm^2$。注：1 mm 的限制孔
0.303	$10^{-9}\sim3\times10^4$	$4\times10^{-3}\ J/cm^2$	
0.304	$10^{-9}\sim3\times10^4$	$6\times10^{-3}\ J/cm^2$	
0.305	$10^{-9}\sim3\times10^4$	$1.0\times10^{-2}\ J/cm^2$	
0.306	$10^{-9}\sim3\times10^4$	$1.6\times10^{-2}\ J/cm^2$	
0.307	$10^{-9}\sim3\times10^4$	$2.5\times10^{-2}\ J/cm^2$	
0.308	$10^{-9}\sim3\times10^4$	$4.0\times10^{-2}\ J/cm^2$	
0.309	$10^{-9}\sim3\times10^4$	$6.3\times10^{-2}\ J/cm^2$	
0.310	$10^{-9}\sim3\times10^4$	$1.0\times10^{-1}\ J/cm^2$	
0.031 1	$10^{-9}\sim3\times10^4$	$1.6\times10^{-1}\ J/cm^2$	
0.031 2	$10^{-9}\sim3\times10^4$	$2.5\times10^{-1}\ J/cm^2$	
0.031 3	$10^{-9}\sim3\times10^4$	$4.0\times10^{-1}\ J/cm^2$	
0.031 4	$10^{-9}\sim3\times10^4$	$6.3\times10^{-1}\ J/cm^2$	
$0.031\ 5\sim0.400$	$10^{-9}\sim10$	$0.56t^{1/4}\ J/cm^2$	
$0.031\ 5\sim0.400$	$10\sim3\times10^4$	$1\ J/cm^2$	
可见光			
$0.400\sim0.700$	$10^{-9}\sim10$	$10t^{1/3}\ J/(cm^2\cdot sr)$	注：7 mm 的限制孔
$0.400\sim0.550$	$10\sim10^4$	$21\ J/(cm^2\cdot sr)$	
$0.550\sim0.700$	$10\sim T_1$	$3.83t^{3/4}\times10^{-3}\ J/(cm^2\cdot sr)$	
$0.550\sim0.700$	$T_1\sim10^4$	$21C_B\ J/(cm^2\cdot sr)$	
$0.400\sim0.700$	$10^4\sim3\times10^4$	$21C_B\times10^{-3}\ W/(cm^2\cdot sr)$	
近红外			
$0.700\sim1.400$	$10^{-9}\sim10$	$10C_At^{1/3}\ J/(cm^2\cdot sr)$	
$0.700\sim1.400$	$10\sim10^{-3}$	$3.83C_At^{3/4}\times10^{-3}\ J/(cm^2\cdot sr)$	
$0.700\sim1.400$	$10^3\sim3\times10^4$	$0.64C_A\ W/(cm^2\cdot sr)$	
远红外			
$1.4\sim10^3$	$10^{-9}\sim10^{-7}$	$10^{-2}\ J/cm^2$	
	$10^{-7}\sim10$	$0.56t^{1/4}\ J/cm^2$	
	>10	$0.1\ W\cdot cm^2$	
仅 1.54	$10^{-9}\sim10^{-6}$	$1.0\ J/cm^2$	

注：如果波长 $L=0.400\sim0.700$ mm，则 $C_A=1$；

如果波长 $L=0.700\sim1.050$ mm，则 $C_A=10^{2.0\times(1.0-0.700)}$；

如果波长 $L=1.050\sim1.400$ mm，则 $C_A=5$；

如果波长 $L=0.400\sim0.550$ mm，则 $C_B=11$；

如果波长 $L=0.550\sim0.700$ mm，则 $C_B=10^{15\times(1.0-0.550)}$；

如果波长 $L=0.550\sim0.700$ mm，则 $T_1=10\times10^{20\times(1.0-0.550)}$

表6-13　激光束下皮肤最大允许暴露限值（MPE）

波长 $L/\mu m$	暴露时间 t/s	最大允许暴露量（MPE）	计算和测量的说明
紫外线			
$0.200\sim0.302$	$10^{-9}\sim3\times10^{4}$	3×10^{-3} J/cm²	
0.303	$10^{-9}\sim3\times10^{4}$	4×10^{-3} J/cm²	
0.304	$10^{-9}\sim3\times10^{4}$	6×10^{-3} J/cm²	
0.305	$10^{-9}\sim3\times10^{4}$	1.0×10^{-2} J/cm²	
0.306	$10^{-9}\sim3\times10^{4}$	1.6×10^{-2} J/cm²	
0.307	$10^{-9}\sim3\times10^{4}$	2.5×10^{-2} J/cm²	
0.308	$10^{-9}\sim3\times10^{4}$	4.0×10^{-2} J/cm²	对于紫外线而言，无论
0.309	$10^{-9}\sim3\times10^{4}$	6.3×10^{-2} J/cm²	其量怎么小，都可以使用
0.310	$10^{-9}\sim3\times10^{4}$	1.0×10^{-1} J/cm²	这些值或 $0.56t^{1/4}$ J/cm²。
0.0311	$10^{-9}\sim3\times10^{4}$	1.6×10^{-1} J/cm²	注：1 mm 的限制孔
0.0312	$10^{-9}\sim3\times10^{4}$	2.5×10^{-1} J/cm²	
0.0313	$10^{-9}\sim3\times10^{4}$	4.0×10^{-1} J/cm²	
0.0314	$10^{-9}\sim3\times10^{4}$	6.3×10^{-1} J/cm²	
$0.0315\sim0.400$	$10^{-9}\sim10$	$0.56t^{1/4}$ J/cm²	
$0.0315\sim0.400$	$10\sim10^{3}$	1 J/cm²	
$0.0315\sim0.400$	$10^{3}\sim3\times10^{4}$	1×10^{-3} W/cm²	
可见光与近红外			
$0.400\sim1.400$	$10^{-9}\sim10^{-7}$	$2C_{A}\times10^{-2}$ J/cm²	注：1 mm 的限制孔
	$10^{-7}\sim10$	$1.1\,C_{A}t^{1/4}$ J/cm²	
	$10\sim3\times10^{4}$	$0.2\,C_{A}$ W/cm²	
远红外			
$1.4\sim10^{3}$	$10^{9}\sim10^{-7}$	10^{-2} J/cm²	注：波长为 $1.4\sim100$ μm
	$10^{-7}\sim10$	$0.56t^{1/4}$ J/cm²	时，限制孔为 1 mm；波长
	>10	0.1 W/cm²	为 $0.11\sim1$ mm 时，限制孔
仅 1.54	$10^{-9}\sim10^{-6}$	1.0 J/cm²	为 11 mm

注：如果波长 $L=0.400\sim0.700$ mm，则 $C_{A}=1$；

　　如果波长 $L=0.700\sim1.050$ mm，则 $C_{A}=10^{2.0\times(1.0-0.700)}$；

　　如果波长 $L=1.050\sim1.400$ mm，则 $C_{A}=5$。

表 6-14　选择 CW 激光束对眼睛和皮肤的最大允许暴露限值

激光类型	主要波长 /nm	暴露限值	
		眼睛	皮肤
氦(Helium)-镉(Cadmium)	441.6	a) 2.5 mW/cm^2, 0.25 s	0.2 W/cm^2, $t>10$ s
氩(Argon)	488/514.5	b) 10 mJ/cm^2, 10~10^4 s	
		c) 1 μW/cm^2, $t>10^4$ s	
氦(Helium)-氖(Neon)	632.8	a) 2.5 mW/cm^2, 0.25 s	0.2 W/cm^2, $t>10$ s
		b) 10 mJ/cm^2, 10 s	
		c) 170 mJ/cm^2, $t>453$ s	
		d) 17 μW/cm^2, $t>10^4$ s	
氪(Krypton)	647	a) 2.5 mW/cm^2, 0.25 s	0.2 W/cm^2, $t>10$ s
		b) 10 mJ×cm^2, 10 s	
		c) 280 mJ/cm^2, $t>871$ s	
		d) 28 μW/cm^2, $t>10^4$ s	
钕(Neodymium):YAG	1 064	1.6 mW/cm^2, $t>1$ 000 s	1.0 W/cm^2, $t>10$ s
在室温下镓(Gallium)-砷化物(Arsenide)	905	0.8 mW/cm^2, $t>1$ 000 s	0.5 W/cm^2, $t>10$ s
氦(Helium)-镉(Cadmium)	325	1 J/cm^2, 10~3×10^4 s	1 J/cm^2, 10~1 000 s
氮(Nitrogen)	337.1		1 mW/cm^2, $t>1$ 000 s
二氧化碳(Carbon-dioxide)及其他激光(1.4 μm~1 000 mm)	10 600	0.1 W/cm^2, $t>10$ s	0.1 W/cm^2, $t>10$ s

(三) 非相干紫外 (UV) 光辐射暴露限值

俄罗斯载人航天器舱内紫外辐射允许水平要求航天员工作区允许辐射水平符合俄罗斯地面条件的卫生标准。具体情况下的允许水平见表 6-15。

表 6-15　俄罗斯载人航天器舱内紫外辐射限值

波长	允许水平/(mW·cm^{-2})	备注
UVC (200~280 nm)	0.000 1	作用时间 $t \leqslant 4$ h，且眼睛和皮肤采用防护装具
UVB (280~315 nm)	0.001	—
UVA (315~400 nm)	1.0	—

NASA-STD-3000 中规定，紫外辐射入射对皮肤或眼的职业暴露阈限值，在已知照射值和限定暴露时间情况下：

（1）近紫外光谱区（320~400 nm）入射到没有保护的皮肤或眼的总照射应不超过 1 mW/cm^2［时间大于 10^3 s（约 16 min）时］，暴露时间小于 1 000 s 时应不超过 1 J/cm^2。

（2）光化紫外光谱区（200~315 nm）入射到没有保护的皮肤或眼的辐射暴露在 8 h 内，不应超过表 6-16 给出的数值。

（3）为了确定光谱效率曲线有峰值（270 nm）的宽带源加权的有效照射，应使用以下加权公式：

$$E_{eff} = \sum E_\lambda \cdot S_\lambda \cdot \Delta\lambda$$

式中：E_{eff}——相对 270 nm 单色光源有效辐射度（W/m^2）；

　　　E_λ——光谱辐照度（W/nm/m^2）；

　　　S_λ——相对光谱权重因子（无单位）；

　　　$\Delta\lambda$——带宽间隔（nm）。

（4）光化紫外辐射照射无保护的皮肤或眼的允许暴露时间（s）是由 0.003 J/cm^2 除以 E_{eff}（W/cm^2）计算的，见表 6-17。

表 6-16　无防护的皮肤或眼在受到光化紫外线辐射的阈限值

波长/nm	限值 TLV/(mJ·cm^{-2})	相对光谱效率 S_λ
200	100	0.03
210	40	0.075
220	25	0.12
230	16	0.19
240	10	0.30
250	7	0.43
254	6	0.5
260	4.6	0.65
270	3	1.0
280	3.4	0.88
290	4.7	0.64
300	10	0.30
305	50	0.06
310	200	0.015
315	1 000	0.003

表 6-17　允许紫外线暴露有效辐照度限值

每天暴露持续时间	有效辐射度 $E_{eff}/(\mu W \cdot cm^{-2})$
8 h	0.1
4 h	0.2
2 h	0.4
1 h	0.8
30 min	0.7
15 min	3.3
10 min	5
5 min	10
1 min	50
30 s	100
10 s	300
1 s	3 000
0.5 s	6 000
0.1 s	30 000

NASA-STD-3001 规定，在 180~400 nm 紫外辐射光谱的范围内，任意 24 h，乘员受到的紫外辐照量必须符合波长加权辐照量积分值（即有效辐照量，H_{eff}）的规定，与 ICNIRP 的限值要求基本一致，即

$$H_{eff} = \sum_{\lambda=180}^{400} \{E_\lambda \cdot S_\lambda \cdot t \cdot \Delta\lambda\} \leq 3.0 \ (mJ/cm^2)$$

式中：H_{eff}——紫外有效辐照量，mJ/cm^2；

E_λ——波长为 λ 的光谱辐照度；

t——暴露时间，以 s 为单位；

$\Delta\lambda$——带宽间隔（nm）；

S_λ——相对光谱权重因子。

2001 年，我国发布了国家标准 GB/T 18528—2001《作业场所紫外辐射职业接触限值》，该标准规定了在防护用品内的测定值，包括时间加权平均接触限值以及最高接触限值。其中，最高接触限值为：

UVB：任何时间不得超过 1.0 $\mu W/cm^2$（14.4 mJ/cm^2）；

UVC：任何时间不得超过 0.5 $\mu W/cm^2$（7.2 mJ/cm^2）。

2007 年，我国发布了最新紫外辐射限值标准 GBZ/T 2.2—2007《工作场所

有害因素职业接触限值 第 2 部分：物理因素》，取代了 GB/T 18528—2001
《作业场所紫外辐射职业接触限值》，其中紫外辐射接触限值部分没有变化。
2011 年，对 GBZ/T 2.2—2007 再次启动了复核修订工作，摒弃了以 UVA、
UVB、UVC 各波段代表性波长的阈剂量为依据制定的限值，逐步向国际靠拢，
即按照紫外波长制定基本限值，推导出接触辐照量和有效辐照度限值。

综合分析上述各标准，均基本以 ICNIRP 2004 为基准制定，且综合考虑了
光谱权重与辐射照度，标准较为细致、合理。俄罗斯标准和我国国标主要规定
了辐射照度限值，且俄罗斯标准 UVC 波段比其他标准更为严格。

从美国 NASA-STD-3000 到 STD-3001 紫外辐射标准的变化看，STD-3000
主要规定了单波段的紫外线辐射阈限值和辐射照度阈限值；STD-3001 中则重
点提出有效辐照量限值，对单波段的紫外线辐射阈限值未进行细化，分析其原
因，可能主要考虑了以下两个方面：

（1）采用 STD3001 有效辐照量限值，可以涵盖 STD 3000 中各单波段紫外
线辐射阈限值，其实质是相同、等效的。

（2）与地面操作工况不同，航天飞行中需考虑通过舷窗进入舱内的紫外
辐射，舱内紫外辐射环境较复杂，仅有单波段紫外线辐射的情况几乎不存在，
提出复合波段紫外辐射总量控制限值比较科学。

五、非电离辐射防护的设计

为了保护乘员免遭非电离辐射，应考虑以下的设计：

（1）射频辐射源识别：对空间站上全部射频系统（雷达、微波、无线电
等）应进行识别和分类，包括内部无线电频率、静电和静磁源。

（2）电磁泄漏：对每个射频，如静电和静磁源来说，应测量在辐射源外
面的电磁泄漏水平（场强、功率密度）。

（3）光辐射源确认、识别：对全部光辐射源（激光、紫外线、可见光、
红外线灯、焊接设备等）应能进行识别、描述和分类。

（4）电磁危险分析：对于已确认的全部射频辐射和光辐射源，可以进行
系统故障模型（试验）和效应分析（FMEA）。

（5）窗户位置：对窗户设计与位置，应考虑保护乘员免受直接的和反射
的紫外辐射。

（6）射频开口位置：对电磁开口的设计与位置，应保护乘员免受直接的、
反射的及散射的电磁辐射。

（7）激光的使用：在使用激光时，控制危险的最有效方法是把激光和全
部光路封闭起来，如果做不到，则应使用以下一种或几种方法，如局部光束封

闭、使用激光孔防护器、管理控制和限制光束通路的入口等。

六、空间站非电离辐射防护设计建议

(一) 非电离辐射限值制定

空间站在轨飞行 180 天以上，航天员 24 h×30 天暴露在电磁辐射环境中，考虑到电磁辐射的积累效应，限值需要以生活区的标准制定。

(二) 空间站非电离辐射防护设计

为防止乘员免受非电离辐射，应执行第五节设计要求。

(三) 空间站非电离辐射监测和评价

任何非电离辐射源应在地面进行评价，测量其辐射水平，在辐射源全部开机的情况下对空间站整站进行地面评价；空间站在轨可配备非电离辐射测量装置，测量在轨飞行期间的辐射水平。

(四) 非电离辐射个人防护的设计要求

应提供对射频和光辐射源安全操作程序，根据飞行任务计划，对有危险的射频和光辐射仪器，应考虑提供自动切断电源的可能性；应制定个人防护装备要求（眼罩、服装），并提供必要的个人防护装备。

| 参考文献 |

[1] NASA/SP-2010-3407. Human Integration Design Handbook (HIDH) [R]. Washington：NASA，2010.

[2] NASA-STD-3001. NASA Space Flight Human-System Standard，Volume2：Human Factors，Habitability，and Environmental Health [S]. 2011.

[3] Joseph JA. Possible "Accelerated Striatal Aging" Induced by 56Fe Heavy-particle Irradiation：Implications for Manned Space Flights [J]. Radiation Research，1992，130 (1)：88-93.

[4] NCRP. Risk Estimates for Radiation Protection [R]. Bethesda：NCRP，1993.

[5] NCRP. Limitation of Exposure to Ionization Protection [R]. Bethesda：NCRP，1993.

［6］ NCRP. Implementation of the Principle of as Low as Reasonably Achievable （ALARA） for Medical and Dental Personnel ［R］. Bethesda：NCRP，1990.

［7］ ICRP. Recommendations of the ICRP. ICRP Publication No 60 Ann ICRP 21 （1-3） ［R］. Oxford：Pergamon，1990.

［8］ World Health Organization. Environmental Health Criteria No. 160，Ultraviolet Radiation ［R］. 1994.

［9］ P50804-95. 载人航天器中航天员的居住环境（医学—工程总要求）［S］. 俄罗斯联邦国家标准，1996.

［10］ 张敏. ACGIH 的紫外辐射 TLVs ［J］. 国外医学（卫生学分册），2007 （34）：55-56.

［11］ GB 8702—1988. 电磁辐射防护规定 ［S］. 1988.

［12］ GB 18528—2001. 作业场所紫外辐射职业接触限值 ［S］. 2001.

［13］ GBZ/T 2.2—2007. 工作场所紫外辐射接触限值 ［S］. 2007.

第七章

航天微生物毒理

　　微生物是长期载人飞行乘员舱的主要污染物之一，国外的空间飞行经验表明航天器内微生物同在地面上一样普遍存在。很多微生物并不损害人类的健康，且起到不可缺少的作用，如固体废弃物的处理、水和空气的净化，长期飞行中微生物还可以作为食物来源。但在空间密闭环境中，某些微生物可能对乘员产生副作用，这些作用包括感染、过敏、毒素，使空气和水供应出现问题；微生物导致的生物降解可能使系统遭到破坏，危及乘员；植物病原体通过破坏作为部分食物来源的植物或在空气、水和废物中的再循环，影响乘员健康；一些潜伏病毒可能导致免疫抑制。

　　舱内的微生物无处不在，航天器舱内压力一般为 100 kPa，温度在 19 ℃ ~ 26 ℃，湿度为 30% ~ 70%，该环境不仅适于航天员生活居住，也适于微生物的繁殖传播。"和平号"空间站在其 15 年服役期内一直遭受微生物问题的困扰，从而由微生物引起过聚合物结构材料被破坏、金属生物性腐蚀、水再生系统液压管路形成生物膜层和栓塞物等情况的出现。研究总结出"和平号"空间站舱内空气和设备表面的微生物种类达 234 种，这些微生物不仅包括会对航天员健康造成影响的条件致病菌，也有会对舱内金属材料和高分子有机材料形成腐蚀的腐蚀菌。迄今为止，国际空间站上已报道发现了 84 种微生物，其致病菌有葡萄球菌、链球菌、杆菌等，具有生物腐蚀性的有黑曲霉、杂色曲霉、桔灰青霉等。这些微生物中兼具致病和腐蚀双重危害的百分比为 16.5%，科研人员将在国际空间站上采集的微生物用于地面腐蚀试验，结果表明聚酯纤维在 1 个月内可被腐蚀穿透，铝镁合金在 3 个月内可被腐蚀殆尽。我国也对发射舱段的微生物进行了地面检测，所测得的菌种与国际空间站上检测到的优势菌种基本一致。

随着飞行时间的延长，患感染性疾病的危险也将增加，且生活在使用再生水和空气的相对拥挤的环境中、诊疗技术的缺乏及乘员返回的限制更增加了这种危险及后果。很多在普通人群中感染性疾病的风险对航天员来说可能并无风险，例如，航天员已进行筛选，没有感染人类免疫缺陷病毒、结核、乙肝、丙肝的可能。感染更可能来自航天员正常菌群，例如葡萄球菌和链球菌的皮肤感染及尿路大肠杆菌的感染。由于潜伏病毒的普遍存在及目前预防措施的缺乏，故对航天员构成威胁。同时长期失重条件下，临床免疫反应的明显下降将导致疾病危险急剧上升。

在太空中，微生物作为病原体可引起感染、过敏。感染性疾病是历次飞行任务中主要发生的疾病，包括上呼吸道感染、病毒性肠胃炎、皮肤感染、尿路感染等，俄罗斯空间站仅在 1995—1998 年这三年间就发生了多次微生物感染性疾病，包括结膜炎、呼吸道感染、牙齿感染等；微生物能释放有害气体，成为间接的致病源。此外微生物的代谢产物也可危及人体健康，如在 NASA STS-55 任务中没有被完全清理的乙二醇成为微生物生长的适宜底物，氧化生成的有机组分对皮肤的毒性远远大于乙二醇本身作为污染气体引起的感染和过敏。因此，防止乘员发生感染性疾病需要将微生物控制在一定的安全范围之内。

|第一节　载人航天器微生物污染|

航天器上微生物一般来自以下四个方面：

（1）飞船来源：空间站由多个舱体组成，尽管各组件包括往返飞船均在超净工作间组装，但仍不可避免微生物的存在（国际空间站和平号空间站舱体及往返飞船飞行前均检出葡萄球菌属、芽孢杆菌属和真菌菌属）。

（2）人体来源：人体是座舱微生物的主要来源，研究发现飞船中存在大量人体胃肠、皮肤和呼吸道细菌。

（3）生物载荷来源：实验动物、植物、土壤、生物反应发生器等均可产生微生物，并在座舱中增殖。

（4）其他来源：如生物进化来源，由于失重、辐射等因素引起的基因变异等。

尽管针对航天员和飞行器均有一系列的措施以减少携带上天的微生物，但仍无法完全避免少量微生物进入空间站中，由此导致存在微生物滋生的隐患。目前国际空间站上的乘组会定期用乙醇等清洁性有机溶剂做清扫，也有专门用于去除微生物的"POTOK"装置，但微生物容易在舱内一些通风不好、易附着冷凝水的地方大量滋生，这些地方不易清洁，且由于空间站处于空间辐射的环境中，微生物自身的发育代谢可能会被辐射改变，变异为更具腐蚀性、致病性或繁殖力的变异体。据文献报道，有些变异微生物利用舱室结构材料中的某些成分进行次级代谢，生长迅速，对于多种不同结构材料的腐蚀降解都起到了重要作用。这对空间站内微生物的清除技术提出了更高的要求。

一、美国航天器舱内微生物污染水平

从美国开始载人航天以来，就对飞行器内环境进行检测，以保证为航天员提供一个安全环境。"阿波罗"飞船在飞行前进行了检测，在飞行中则未收集样本；在天空实验室飞行中首次采集了空气样本分析细菌和真菌。在飞行中，细菌水平适度增加，而真菌水平通常较低，可能是因为湿度低（一般低于50%）及缺乏真菌来源。收集的空气中最常见的菌属有葡萄球菌、微球菌和杆菌。在培养的细菌中，除杆菌外，通常都与人相关。曲霉菌、青霉菌和分支孢子菌属是从空气中收集到的最常见的真菌菌属。

在航天飞机飞行前后，对从 12 个乘员舱室室壁表面收集的样品进行细胞和真菌培养，飞行前平均细菌水平为 300 CFU/100 cm^3。舱内壁表面最常见培养的细菌菌属为链球菌、微球菌、棒状杆菌和杆菌。真菌水平低，一般低于100 CFU/100 cm^3；曲霉菌、青霉菌和分支孢子菌属为培养中最常见的真菌。最初，在起飞前和着陆后对飞船乘员进行检查，对来自外鼻腔和喉部、尿及面部的拭子进行检测。目前短期飞行的乘员微生物采样次数已经减为发射前 10天留一个样本，微生物检测表明乘员同普通人一样，没有检测到由于空间飞行而引起微生物菌群的明显变化。

二、俄罗斯航天器舱内微生物污染水平

自 1971 年，已有 9 个俄罗斯空间站被送上轨道，"和平号"运行近 15 年，为了解长期在空间站居住的微生物污染研究提供了机会。

1995 年 3 月至 1998 年 5 月的国际空间站的第一阶段，7 名航天员居住在俄罗斯空间站"和平号"上，美国和俄罗斯科学家对飞行前、飞行中和飞行后从乘员和"和平号"及航天飞机舱内环境进行微生物采样和分析。空间飞行前后从喉部、鼻、耳、手、腋窝、腹股沟处和尿中收集微生物样品，采样始于发射前约 5 个月，持续至发射。此外，还包括三个飞行后采样阶段，从着陆开始至着陆后 14 天。分析表明，乘员身体所携带的需氧微生物与健康个体所携带的需氧微生物一致，未发现医学显著性变化。在飞行前收集的粪便样品中分析出需氧菌、选择性厌氧菌、真菌和寄生虫。总的来说，"和平号"乘员微

生物结果与航天飞机乘员相似。

"和平号"空气平均细菌水平为200~425 CFU/100 cm³，平均真菌水平为175~325 CFU/100 cm³。从"和平号"空间站舱内空气中培养最常见的细菌菌属是葡萄球菌、杆菌和棒状杆菌，从空气样中培养最常见的真菌种属是青霉菌、曲霉菌和分支孢子菌属。从大约50%的样品中回收到黄曲霉菌。图7-1所示为"和平"号空间站舱内不同位置空气中细菌和真菌的含量。

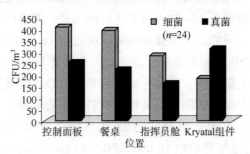

图7-1 "和平"号空间站舱内不同位置空气中细菌和真菌的含量

在飞行中分析"和平号"上的饮用水，收集并保存样本返回地球分析，发现再生水中细菌水平很低；从地球运送并储藏在"和平号"上作为饮用水的水通常含较多的细菌。但分析表明，"和平号"上饮用水的细菌水平在俄罗斯可接受的标准内。

三、国际空间站微生物污染

微生物防控工作在国际空间站设计阶段就开始了，例如在空气再生系统中加HEPA滤膜去除颗粒和空气中的微生物；对站内相对湿度的控制和抗菌性材料的选择是在设计阶段采取的几项减轻微生物副作用的措施；对国际空间站内环境与在国际空间站用的食物和水进行飞行前检验；对货物进行清洁并进行生物安全性风险检查；减少危险的措施还包括对飞行中环境（空气、舱内壁表面和水）的检测和常规维护，定期详细、严格地检查是保证微生物对乘员有最小副作用的根本。

飞行计划要求每90天检测国际空间站内空气与舱内壁表面活性细菌和真菌的污染，乘员用一个电池驱动的便携式空气压缩取样器进行空气质量测定。对空气源细菌和真菌的可接受限度分别为10 000 CFU/m³和100 CFU/m³。用棉签对选择的物品表面进行取样并转至固体介质中进行细菌和真菌测定。物体表面细菌可接受限度为10 000 CFU/100 cm³，真菌为100 CFU/100 cm³。在国际空间站有几种可饮用水来源，一些饮用水由湿气冷凝回收提供，卫生用水和尿也可回收再生至饮用标准。地面供应的可饮用水运至国际空间站并储藏在水池中，供需要时取用，俄罗斯供水用大约 500 ppb 的银进行微生物抑制，而美国用 2~4 ppm 的碘。

Novikova N 等人在 1998—2003 年对国际空间站在轨环境微生物污染进行了为期六年的调查研究，收集了来自不同位置的 554 个样品来研究国际空间站的表面污染。结果表明，细菌浓度波动范围为 $25 \sim 43\,000$ CFU/100 cm^2，而细菌的短时增高出现在几个位置，如在功能舱的桌表面和货物区的几个控制面板后；真菌浓度波动范围为 $25 \sim 30\,000$ CFU/100 cm^2，真菌的最大浓度是在功能舱的通风屏面板上发现的。数据显示细菌浓度超出 10 000 CFU/100 cm^2、真菌浓度超出 100 CFU/100 cm^2 是偶然现象，绝大多数都低于此浓度。研究还发现细菌中葡萄菌属占主要比例，真菌中曲霉属和卡氏枝孢霉是最主要的菌属。此外，调查还发现几个条件致病菌涉及结构材料的生物降解。

2000—2009 年，在国际空间站的 21 次飞行任务中采集的 464 个表面样本，有 15 个样本超过细菌总数 10 000 CFU/100 cm^2 的现行标准，有 25 个样本超过真菌总数 100 CFU/100 cm^2 的现行标准。2001 年发生了一起俄罗斯烟雾探测器故障，调查发现是由真菌污染导致探测器电子元件失灵导致的；2004 年 11 月报道了一起真菌污染俄罗斯飞船货仓中吊货滑车上织物包裹的仪表盘的事故，在飞行中，表面采样检测发现真菌浓度超过标准，调查原因发现受污染仪表盘附近区域是飞行人员清理个人卫生的地方，发生问题后使用了俄罗斯提供的消毒剂进行擦拭，但是在 2007 年 10 月，采样检测发现此区域真菌浓度水平又升高了，于是采取了更为严格的补救措施，安放一个干燥系统，并且每天都要使用，至此真菌水平才保持在可接受限度内；2007 年 8 月在俄罗斯 BOK-3 飞行任务中，发现在冷凝池后面的控制板上出现真菌污染，这个区域被抽真空并且使用了俄罗斯消毒剂，后来确定是由灰尘和垃圾污染导致的；2008 年 4 月，在一个漏水的储存水袋上发现真菌污染。但迄今为止，国际空间站尚未有与表面微生物有关的影响飞行任务正常进行的报道。

| 第二节　微生物危害 |

一、微生物生物学特性

在长期飞行中，由于座舱的特殊密闭环境、空间辐射、失重等特殊条件的影响，微生物的生物学特性会发生改变。

　　"和平号"空间站（表7-1和图7-2）和国际空间站（表7-2）均进行了较为细致的微生物分类研究，发现空气和仪器表面样本中以葡萄球菌属检出率最高，其中条件致病菌包括：金黄色葡萄球菌、头葡萄球菌、溶血性葡萄球菌、大肠杆菌和粘氏沙雷菌等；真菌最主要的种群为青霉菌和曲霉菌。

表7-1　"和平号"空间站检出微生物种属

细菌		真菌	
空气	表面	空气	表面
葡萄球菌属	葡萄球菌属	青霉菌属	青霉菌属
棒状杆菌属	棒状杆菌属	曲霉菌属	曲霉菌属
芽孢杆菌属	芽孢杆菌属	枝孢菌属	枝孢菌属
微球菌属	微球菌属	酵母菌属	酵母菌属
不动杆菌属	不动杆菌属	枝顶胞菌属	枝顶胞菌属
链球菌属	链球菌属	耶氏酵母菌属	耶氏酵母菌属
沙雷氏菌属	沙雷氏菌属	念珠菌属	念珠菌属
丛毛单胞菌属	产碱菌属	拟青霉菌属	拟青霉菌属
黄杆菌属	金色单胞菌属	帚霉菌属	帚霉菌属
假单胞菌属	金氏菌属	毛霉菌属	毛霉菌属
鞘氨醇杆菌属	莫拉菌属	红酵母菌属	红酵母菌属
黄单胞菌属	奈瑟氏菌属	掷孢酵母菌属	丝孢酵母菌属
大肠杆菌属	假单胞菌属	油脂酵母菌属	链格胞菌属
泛菌属属	黄单胞菌属		地霉菌属
气单胞菌属	肠杆菌属		匐柄霉菌属
巴斯德菌属	大肠杆菌属		毛壳
气球菌属	哈夫尼亚菌属		镰胞菌属
肠球菌属	克雷伯氏菌属		细基格胞属
	变形杆菌属		隐形酵母
	气单胞菌属		掷孢酵母菌属
	弧菌属		油脂酵母菌属
	巴斯德菌属		节丝孢
	放线杆菌属		短梗霉菌属
	嗜血杆菌属		被毛枝葡萄孢
	气球菌属		灰霉菌属
	八联球菌属		
	放线菌属		
	节杆菌属		
	链霉菌属		
	头状链轮丝菌属		

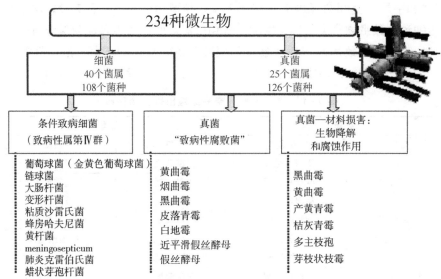

图 7-2　和平号空间站微生物种群分析

表 7-2　国际空间站检出微生物种属

细菌			真菌	
空气	表面	水	空气	表面
葡萄球菌属	葡萄球菌属	鞘氨醇单胞菌属	青霉菌属	青霉菌属
棒状杆菌属	棒状杆菌属	甲基杆菌属	曲霉菌属	曲霉菌属
芽孢杆菌属	芽孢杆菌属	慢性根瘤菌属		枝孢菌属
微球菌属	微球菌属	不动杆菌属		酵母菌属
不动杆菌属	假单胞菌属	微杆菌属		念珠菌属
黄单胞菌属	链球菌属	肠杆菌属		隐形酵母
	不动杆菌属	未分类革兰 氏阴性菌属		地霉菌属
	放线菌属			油脂酵母菌属
	气球菌属			细基格孢属
	短小杆菌属			毛癣菌属属
				弯孢霉菌属
				丝状菌属

二、微生物的危害

在空间站，微生物影响人体健康受到几方面因素的制约：

（1）乘员对微生物的易感性；

（2）乘员暴露于微生物污染的环境特征；

（3）污染源的浓度；

（4）污染源的特征。

微生物作为病原体可引起感染、过敏；感染性疾病是历次飞行任务中主要发生的疾病，包括上呼吸道感染、病毒性肠胃炎、皮肤感染、尿路感染等。此外其代谢产物也可危及人体健康，如在 NASA STS-55 任务中没有被完全清理的乙二醇成为微生物生长的适宜底物，氧化生成的有机组分对皮肤的毒性远远大于乙二醇本身。

病原微生物的毒性及对宿主的侵袭依赖于其对环境的反应，包括营养条件、氧供、pH 值、温度和毒性物质等，已有研究表明，太空中大量微生物的毒性发生了改变，如沙门氏菌。此外研究表明，太空飞行航天员体内的带状疱疹病毒、巨细胞病毒和 EB 病毒可被激活，航天员体内潜伏病毒的活化一方面与太空环境中病毒活力的增强有关，另一方面与机体免疫功能受到抑制密切相关。潜伏病毒再活化、散布是生物医学研究数据的重要组成部分，也是航天飞行中航天员医学监督及医学保障需要关注的重要问题之一。同时一些具有生物降解作用的细菌在太空环境生长速度明显增快，生物降解作用增强，可能会破坏设备。

微生物抗性改变是空间生物医学的重要方向，它会影响疾病的治疗，进而危及乘组健康，因此是必须面对的问题之一。俄罗斯空间站仅在 1995—1998 年三年间就发生了多次微生物感染性疾病，包括结膜炎、呼吸道感染、牙齿感染等，此外一些创伤，包括开放性创面均需要抗生素治疗控制微生物感染。研究表明，太空中培养的致病菌和条件致病菌如大肠杆菌、金黄色葡萄球菌等对抗生素包括粘霉素、卡那霉素、苯唑西林、红霉素、氯霉素和万古霉素的最小抑菌浓度有所增高，这可能与太空条件诱导细菌壁增厚有关。

对飞船系统而言，一些生物降解类微生物能够降解飞船材料、腐蚀仪器仪表，影响飞船硬件设备稳定性致使仪器及系统失灵等。1980 年"礼炮 6 号"空间站运行期间，在航天员活动舱内的一些装饰处、健身器上和其他一些区域都发现了青霉、曲霉和链孢霉；在"礼炮 7 号"空间站工作舱的一些部件接合处和电缆上也发现了肉眼可见的霉菌，样品的表面有 25%~50% 的面积为霉菌菌丝体所覆盖，某些材料（如绝缘带）上甚至发现了穿透性缺陷。俄罗斯"和平号"空间站曾出现过由于聚合物结构材料遭微生物破坏、金属发生生物性腐蚀、水再生系统液压管路形成生物膜层和栓塞物等现象；更为严重的是还出现过通信交换设备控制器报废的事故，地面分析显示，该控制器的绝缘管、插头和高强度的聚氨脂油漆上均生长有大量霉菌，绝缘材料遭破坏处的铜导线遭到严重的氧化腐蚀;"联盟号"运载飞船运行中,在中央导航窗和周边大部分的舷窗以及钛合金窗框的珐琅面上,都有霉菌菌丝体存在,并有肉眼可见的霉菌菌落。这些现象均表明,航天器中的微生物会导致严重的生物安全性问题。

|第三节 微生物检测|

流行病学调查以及空间飞行研究表明,在飞行乘员之间及乘员与空间站之间,长期的密闭环境使交叉感染有较高的概率。对航天器内的微生物菌群的检测、鉴定和对其特征的描述能力是很重要的,以下三个设计考虑对航天器内空气微生物的检测特别重要:

(1)环境控制和生命保障系统由于设计限制,对清除空气中生物因子的能力有限。

(2)微重力的独特性质影响航天器环境内微生物因子的分布。在地球上,重力是降低空气中悬浮微粒存在的一个重要因素,带有微生物的粒子在$1g$地球表面重力环境下几分钟便可以从空气中清除,而这些悬浮粒子在微重力下可以无限期保持悬浮。

(3)由于情绪紧张和长期居住在微重力环境下产生的生物影响,故可能损害飞行乘员的免疫能力。

对航天器乘员舱微生物的检测需要考虑以下方面:

(1)检测要具有全面性和周期性:与短期飞行任务不同,空间站微生物检测更强调全面性和周期性保障。包括:

①空间站三个舱体及载人飞船的微生物检测;

②按照微生物检测模式,进行飞行前、飞行中和返回前的微生物检测;

③根据飞行时间的长短定期进行飞行中的微生物检测;

④对乘组自身微生态进行检测及实施健康隔离计划等。

(2)控制要具有常规性和特殊性:微生物控制应包括环境和乘员自身微生物控制两部分。其目的是通过维护座舱环境及乘员自身清洁,保障乘员身体健康和飞行安全。

①定期环境和乘员自身清洁制度的建立。

②特殊环境(如卫生间、易形成冷凝物的区域)的特殊控制方法。

(3)集成性和高效性需求:空间站微生物监控必须立足于空间站自身有限的资源,实现医学保障条件成本效益最大化。通过研制和配备空间站医学资源，实施计划、程序、预案条件下的微生物在轨检测和控制，高效率保障航天员的安全与健康。

（4）安全性和可靠性需求。

①检测方法符合工程和医学要求，不污染样本，也不造成新的环境污染；

②检测结果能够提示乘组是否需要采取微生物控制措施；

③检测结果能够为医监医保提供必要信息，以便采取预防措施；

④控制方法应满足航天员的生理和心理需求；

⑤控制方法不应改变气体环境参数。

微生物作为重要的生物医学问题，对其的检测是基于乘组健康的考虑开始的，如图7-3所示。

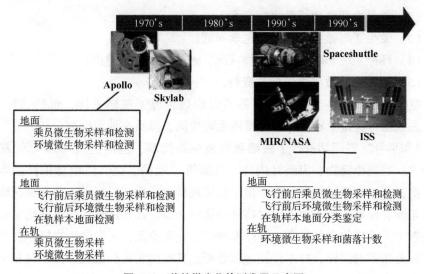

图7-3　美俄微生物检测发展示意图

从美"阿波罗"计划开始，微生物的检测纳入了飞行任务（表7-3）。在"阿波罗"计划的历次飞行任务中，进行的微生物检测包括飞行前、后乘组自身微生物和座舱环境微生物检测，其目的是：

（1）月球污染评估。

（2）通过检测潜在病原微生物，在早期确认相关医学问题，采取预防措施。

（3）从患病乘员身上分离鉴定微生物，用来辅助诊断和治疗。

（4）收集微生物数据，阐明微生物种群对太空环境的反应性及评估其对乘组的影响。

表 7-3 "阿波罗"计划微生物检测项目

乘组	环境
体表（颈部、外耳道、脐周、腋下、腹股沟、足、手）	饮水枪嘴
双侧鼻腔	乘员操作杆手柄
口腔及咽部（漱口）	支柱头
晨尿（中段）	睡椅下地板
粪便	

"阿波罗"任务微生物检测主要解决了以下问题：

（1）飞行后座舱及乘员自身微生物增加；

（2）乘员之间发生了微生物交换；

（3）发生了与微生物相关的医学问题；

（4）环控系统影响座舱微生物状况，进而影响乘组健康；

（5）积累乘员微生物学相关资料。

空间实验室任务与阿波罗任务不同的是实现了在轨采样，包括飞行前、中、后乘组自身微生物和座舱环境微生物检测，样品在地面检测。

"和平号"空间站进行了较细致的微生物检测，包括空气（12 个位置）、再生水、空气冷凝物、表面（内饰、仪器等）检测。空气微生物采样基本每月一次，至少不超过两月一次；采样所需耗材由货运飞船运送；由乘员在轨采集、培养、计数，在天地通话时将结果通报地面。此外还包括往返飞船离开空间站前 1 天采集的空气样本，该样本将带回地面检测；表面微生物样本在每次飞行任务结束前采样，样本带回地面分析。其微生物采样装置如图 7-4 所示。

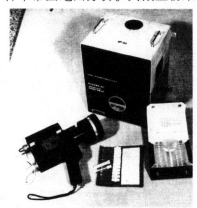

图 7-4 "和平号"空间站微生物采样装置

国际空间站是迄今为止最大的国际试验平台，它在微生物监控方面也达到了空前的完备状态，其微生物监控是乘员健康保障系统的重要组成部分。

微生物检测与控制在飞行任务上主要包括空间站（长期驻留）、载人运输飞船、货运飞船的微生物监控；在范围上主要包括环境（空气、仪器表面和水）和人体；在项目上包括细菌、真菌、主要致病菌和寄生虫；在时间上包括飞行前、中、后。

国际空间站微生物监控，飞行前、中在轨实时检测主要进行菌落计数和主要致病菌检测；飞行前、中留样还将进行地面深度检测，包括细菌及真菌分类鉴定。其微生物采样模式如下：

（1）空气：国际空间站空气样本采集模式为新加入舱体前6周为1次/周；其他已组合舱体1次/3月；每个舱体采两个样本，一个用于细菌计数，另一个用于霉菌计数。此外根据乘组医生的要求也可以进行额外的采样。

（2）表面：仪器、仪表、操作界面等表面样本的采集模式为新加入舱体前3月为1次/月，其他已组合舱体1次/3月；每个舱每次采样为2个位置，每个位置采两个样本，一个用于细菌计数，另一个用于霉菌计数。

（3）水：空间站中与人体健康关系密切的水资源主要为航天员消耗及接触用水，包括饮用水、复水食品、医疗用水、清洁用水等。在飞行前及飞行中需进行水质检测，其中微生物监控是重要的指标之一，以确保航天员用水安全。国际空间站俄罗斯水箱主要是碘除菌，但长期储存也有微生物滋生，其中包括对碘有抗性的微生物，其检测项目包括细菌和真菌总数及肠菌检测。

长期以来，主要致病菌的在轨检测一直是载人航天关注的重要医学问题之一。近年的研究显示，空间站中的微生物分布以革兰氏阳性菌（尤其是芽孢形成类细菌）与真菌为主，但是这在很大程度上受限于现有的检测方法。受空间站操作环境以及检测技术水平的限制，空间站中的微生物检测方法都是基于培养法，见表7-4。

表7-4　以培养法确定的微生物优势种属

位置	细菌	真菌
	优势种属	优势种属
水	醇单胞菌属 甲基杆菌属	未确定
空气	葡萄球菌属	曲霉菌属 青霉菌属
表面	葡萄球菌属	曲霉属 真菌麦类黑变病菌属

针对培养法存在的问题，近年来新的检测技术不断涌现以满足空间站检测的实际需求，其中包括基于 ATP 的微生物检测方法、基于 LPS（lipopolysaccharide，脂多糖）的微生物检测方法（也称为鲎试验"limulus amebocyte assay，LAL"）、定量 PCR 检测方法（laboratory-on-a-compact disc（lab-CD）和 SAMPLE 试验）等，其中最为引人注目的是 2006—2009 年在国际空间站（ISS）上评价试用的基于鲎试剂的芯片实验室（Lab-On-a-Chip Application Development Portable Test System，LOCAD-PTS），可分别针对革兰氏阳性菌、革兰氏阴性菌、真菌中的脂多糖（内毒素）、脂磷壁酸（lipoteichoic acid）、β-1，3-葡聚糖进行定量检测，但也没有突破特定致病菌鉴定这个瓶颈，且无论是基于 ATP 检测方法还是基于 LPS 检测方法，都由于这些生物活性分子在不同类型微生物中浓度的差异极大而无法实现精确定量。

| 第四节　微生物控制 |

一、微生物控制标准

国际上，起初俄、美两国形成各自两套微生物控制标准，在俄联邦标准及 NASA 的 SSP 30000、STD-3000 中，对长期飞行的飞船、空间站的微生物限值作了部分规定，但并未得到广泛认可，而且标准时间相对陈旧。随着苏联解体、多国合作以及国际空间站的建立，逐步形成了广泛认可的标准，目前国际空间站微生物控制标准为 SSP50260（MORD）。标准从建立到完善经历了一个比较漫长的过程，起初的标准是将细菌和真菌包含在一起的，1989 年，在约翰逊航天中心召开专家组会议，提出降低飞行前限值，对细菌和真菌分开作出规定。由于俄美微生物标准存在差异，故在此后的几年中，多次召开联合会议，双方彼此交换技术信息。最终在 2003 年，约翰逊航天中心的微生物学家综合 NASA 飞行经历、俄罗斯飞行经历、地面研究、临床和环境微生物学家的建议以及包括工程、飞行乘员操作系统、微生物学、毒理学方面的专家组讨论并发布了 SSP 50260（International Space Station Medical Operations Requirements Document（MORD）B Vision），形成了广泛认可的微生物控制标准。

（一）俄罗斯关于载人航天任务环境中空气微生物标准

（1）航天任务俄联邦标准（1989 年），见表 7-5。

表 7-5　俄联邦标准飞行中空气微生物限值

项目	细菌/（CFU·m^{-3}）	真菌/（CFU·m^{-3}）
飞行中	500	100

（2）俄罗斯空间站环境空气微生物标准，见表 7-6。

表 7-6　俄罗斯空间站飞行中空气微生物限值

项目	细菌/（CFU·m^{-3}）	真菌/（CFU·m^{-3}）
安全范围	1 000	100
条件安全范围	10 000	1 000
相对危险范围	100 000	10 000

此规定引自俄罗斯国家科学中心研究所关于俄罗斯空间站微生物污染问题的报道：Review of the knowledge of microbial contamination of the russian manned spacecraft，Natalja Novikova，依此开展俄罗斯空间站微生物的危险性评估。

（二）NASA 载人航天任务环境中空气微生物标准

随着载人航天任务的发展，NASA 关于微生物控制标准的制定经历了一个不断发展逐步完善的过程。

1. SSP 30000（1990 年）

SSP 30000 规定：空间站飞行中的空气微生物（包括细菌和真菌）限值为 1 000 CFU/m^3。

2. NASA-STD-3000（1995 年，见表 7-7）

表 7-7　NASA-STD-3000 空气微生物限值

条件	微生物/（CFU·m^{-3}）
飞行中	500

在 STD-3000 中，对长期飞行的飞船、空间站飞行中的座舱内空气微生物的限值作了规定，但并非是广泛认可的标准（在 NASA-STD-3000 的 5.1.3 长期飞行任务大气的设计要求一节中对此限值作出注释：此数值反映了一个限值底线，尚无广泛认可的标准）。

3. JSC 13956（Medical Operations Requirements Document for Space Shuttle）

Shuttle MORD 空气微生物限值见表 7-8。

表 7-8　Shuttle MORD 空气微生物限值

条件	细菌/(CFU·m⁻³)	真菌/(CFU·m⁻³)
飞行前	300	50

在 JSC 13956 中，对飞行前的空气微生物限值作出规定，与后来的 SSP 50260 规定一致。

4. SSP 50260（2003 年）

SSP 50260 空气微生物限值见表 7-9。

表 7-9　SSP 50260 空气微生物限值

条件	细菌/(CFU·m⁻³)	真菌/(CFU·m⁻³)
飞行前	300	50
飞行中	1 000	100

在 SSP 50260 中，对飞行前、飞行中的空气微生物限值作出规定，并形成广泛认可的标准。迄今为止，国际空间站美俄双方均按此标准对微生物进行监控。

5. NASA-STD-3001（2011 年）

在 STD3001 中，对空气微生物限值的规定与 SSP 50260 一致。

（三）国际空间站现行空气微生物标准

国际空间站空气微生物标准见表 7-10。

表 7-10　国际空间站空气微生物标准

条件	细菌/(CFU·m⁻³)	真菌/(CFU·m⁻³)
飞行前	<300	<50
飞行中	<1 000	<100

标准引用 SSP 50260，International Space Station Medical Operations Requirements Document（MORD）

（四）国内相关标准

国内与空气微生物控制相关的标准如下：

（1）GB/T 18883—2002《国家室内空气质量标准》，规定大于 2 500 CFU/m³ 为污染。标准旨在预防和控制室内污染，适用于住宅、办公建筑物，其他室内环境可参照执行。

（2）GB/T 15982—2012《医院消毒卫生标准》中有关各类环境空气的菌落总数应符合表7-11的要求，适用于各级各类医疗机构、各级疾病预防控制机构。

表7-11 各类环境空气菌落总数卫生标准

环境类别		空气平均菌落数/（CFU·m^{-3}）
I类环境	洁净手术部	≤150
	其他洁净场所	
II类环境		—
III类环境		—
IV类环境		—
注：I类环境为采用空气洁净技术的诊疗场所，分洁净手术部和其他洁净场所； 　　II类环境为非洁净手术部。产房等保护性隔离病区； 　　III类环境为母婴同室；消毒供应中心的无菌物品存放区；其他普通住院病区等； 　　IV类环境为普通门诊及其检查治疗室等。		

（3）GB/T 50457—2008《医药工业洁净厂房设计规范》对医药工业洁净厂房的空气洁净度等级作出规定，见表7-12。

表7-12 医药工业洁净厂房空气洁净度等级

空气洁净度等级	含菌浓度/（CFU·m^{-3}）
100级	≤5
10 000级	≤100
100 000级	≤500
大于100 000	

从俄罗斯和NASA的早期标准发展至SSP 50260，飞行前的细菌限值从1 000 CFU/m^{3}到500 CFU/m^3，最后降至300 CFU/m^3；真菌限值从100 CFU/m^{3}降至50 CFU/m^3。作此修订一方面是基于多年的调查研究结果，另一方面是旨在控制在轨污染程度、确保能够符合在轨微生物限值。也就是说按飞行前原有限值（细菌500 CFU/m^3、真菌100 CFU/m^3）执行，不能保证满足在轨的微生物限值（细菌1 000 CFU/m^3、真菌100 CFU/m^3），不能很好地控制在轨污染程度、保障航天员健康。在飞行前应尽可能将微生物降至最低程

度，然而，微生物仍然会随着航天飞机或宇宙飞船携带的乘员和不同物资进入国际空间站，而且国外多年的航天实践经验表明，随着飞行时间的延长，在轨微生物也不断增加，因此相比无人飞行器对飞行前的空气微生物数量必须严格控制。

二、微生物控制方法

当超过允许限值或检测装置表明微生物污染产生时，需要进行微生物净化，应给出净化程序、抗菌剂以及相关设备，以用于控制微生物污染事件。采取去污措施后，对以前曾被污染过的地方应进行重新测试和证明其在容许限值内。

（一）空气微生物控制方法

国际空间站空气微生物的控制主要依赖于环控系统。

（1）在工程上，空间设计应尽量减少污染物、生物载荷、乘员间的交叉污染。

（2）使用 POTOK 150MK 系统可有效去除空气中的粒子和微生物，同时应定期更换空气滤膜保证空气质量。

（3）定期清洁制度包括吸尘等，去除浮游在空气中的干、湿颗粒物，尤其是湿性颗粒物是微生物滋生的适宜条件。

吸尘器需要满足以下要求：

（1）具备抽吸干、湿颗粒的能力。

（2）噪声满足医学要求。

（3）有适用于多种表面吸尘要求的附件，如平面、缝隙、角落、过滤器等。

（4）收集袋可更换、可压缩，适于储存干、湿废物。

（5）便于使用和维护。

（二）表面微生物控制方法

国际空间站表面微生物控制包括发射前仪器仪表、内饰等表面的预清洁和在轨的定期清洁两部分。

（1）对工程的要求：暴露于舱内的表面材料应选择微生物污染可能性小、不利于微生物生长、易于清理（光滑、坚固、无孔）的材料。

（2）提供各种类型的纸巾或擦布，如干、湿及带有杀菌剂、去污剂等。

①干布（纸）：可用于个人卫生用纸和所有常规表面清洁。

②湿布（纸）：可用于常规表面清洁和个人清洁。

③杀菌布（纸）：为杀菌剂润湿布（纸），可用于需要进行生物学控制的污染表面；国际空间站提供有抑菌擦布包和抑霉菌擦布包。

④可重复使用的擦布：可用水或杀菌剂等润湿，用于不同目的的表面清洁。

⑤容器清洁擦布：用清洁剂或食品容器杀菌剂润湿，用于常规表面清洁和食品容器清洁。

⑥手套：使用杀菌剂时佩戴。

（3）杀菌试剂应具有广谱性，可对抗和控制所有污染物。

①低泡沫。

②在密闭环境中使用安全。

③对清洁的表面没有污染和褪色作用。

④便于操作，承载容器可控。

⑤不产生令人不愉快的、持久的气味。

（4）定期清理制度，定期擦拭。

表面清洁是国际空间站常规也是重要的工作。清洁的过程首先是进行检测，通常是肉眼观察舱内和硬件设备表面，包括灰尘、凝集物聚集的位置以及任何有褪色的部位都提示有微生物生长。

清洁程序首先是用干的卫生用纸或布擦拭，然后用清洁湿布（抑菌擦布或抑霉菌擦布）处理。定期的湿布清洁为每7天一次，使用1块抑菌擦布。全面的湿布清洁为每14天一次，使用4块抑菌擦布：第1块依次清洁桌、椅、冰箱、废品袋口；第2块依次清洁舱门、舱道扶手；第3块依次清洁循环测力计、踏车扶手和表面、墙壁仪表板、盥洗室表面；第4块依次清洁盥洗室墙壁、小便池表面。以上均需严格按顺序擦拭。

水中微生物控制方式采用美俄各有不同，俄罗斯使用银离子除菌，NASA使用碘除菌。

（三）航天服装备的微生物控制

空间站长期飞行任务的需要，航天服需要长期在站内保存，而且需要长期重复使用，出舱活动期间航天员较长时间在航天服中工作，航天服内湿度较大，同时人体散发的部分微生物可能对航天服内产生微生物污染。由于这些原因，需要单独规定航天服微生物的控制程序，且须制定清洁各种航天服部件的控制程序及方案。航天服通常使用抗微生物涂层内衣，且使用消毒剂可以有效杀死航天服气密层上的细菌。此外，在航天服存放区域进行集中强制通风，可显著地降低微生物的生存能力。

（四）生物载荷的微生物控制

生物载荷可分为无生物学风险的载荷和有生物学风险的载荷。有生物学风险的载荷包括细菌、真菌、寄生虫、病毒、培养细胞、重组 DNA，等等。植物、动物和某些无生命体均是有生物学风险载荷的携带者，生物载荷必须满足空间飞行所规定的特殊无菌标准要求。基本的环境设计要求应尽可能减少感染源、微生物生长条件以及航天员和生物载荷（动物、植物等）间交叉污染的可能性。

防止交叉污染设计考虑如下：

（1）生物隔离设备：包括生物样品维护和试验活动的全过程应在生物隔离设备内进行，防止在飞行乘员与生物样品间的（细菌、霉菌和寄生虫）交叉污染。

（2）不带病原体的动物：在飞行器内使用的全部试验动物应满足不带病原体的特定标准。

对有生物学风险的载荷需要进行生物安全等级（biosafety levels，BSL）分级，确定能够在航天中开展试验的生物载荷。

生物安全等级分为 4 级：

BSL1：很明确地对健康人体无致病性或对实验室环境及操作者的潜在风险最小的生物载荷，如枯草芽孢杆菌等。

BSL2：对人及无悬浮微粒的环境有中等程度潜在风险的生物载荷，如流感病毒、军团菌等。

BSL3：自身具有或外源性地能够通过吸入途径导致严重的或潜在的致死性疾病风险的生物载荷，如西尼罗病毒、结核分枝杆菌等。

BSL4：能形成特异的、高风险的悬浮微粒的生物载荷，而其形成的悬浮微粒能传播实验室感染和危及生命的疾病，如埃博拉病毒。

确定飞行任务中使用的试验动物微生物控制要求，对飞行任务中使用的试验动物（如大鼠、松树猴、恒河猴等），必须在飞行前确认不携带以下特定病原体，见表 7-13。

表 7-13　飞行中使用试验动物特定病原体排除标准 *

试验动物名称	病原体种类	需排除的病原体名称
大鼠	细菌	念珠状链杆菌
		小螺旋菌
		肺炎链球菌
		酿脓链球菌
		毛状梭菌
		鼠棒杆菌
		沙门菌属
		侵肺巴氏菌
		钩端螺旋菌属
		弯曲杆菌属
	病毒	淋巴细胞性脉络丛脑膜炎病毒
		大鼠细小病毒
		大鼠冠状病毒
		唾液腺泪腺病毒
		仙台病毒
	真菌	所有皮肤癣菌
松鼠猴	细菌	志贺菌属
		沙门菌属
		肺炎链球菌
		结核分枝杆菌
		多杀巴氏杆菌
		弯曲杆菌
		钩端螺旋菌属
		酿脓链球菌
	病毒	淋巴细胞性脉络丛脑膜炎病毒
		狨猴疱疹病毒
		松鼠猴疱疹病毒
	体内寄生虫	毛滴虫
		棘头虫
		类圆线虫
		痢疾变形虫
		血内原生动物
	真菌	所有皮肤癣菌

续表

试验动物名称	病原体种类	需排除的病原体名称
恒河猴	细菌	结核分枝杆菌
		志贺菌属
		沙门菌属
		多杀巴氏杆菌
		假结核耶尔森菌
		结肠炎耶尔森菌
		酿脓链球菌
		弯曲杆菌属
		钩端螺旋菌属
	病毒	松鼠猴疱疹病毒
		耶巴病毒
		耶巴样病毒（如口蹄疫病毒等）
		猴痘
		麻疹（风疹）
		淋巴细胞性脉络丛脑膜炎病毒
		狂犬病毒
		人免疫缺陷病毒
		猴Ⅲ型T细胞白血病病毒
		猴艾滋病毒
	体内寄生虫	短小绦虫
		肠贾兰第虫
		贾兰第鞭毛虫
		结肠小袋绦虫
		人毛滴虫
		蛔虫
		棘头虫
		类圆线虫
	真菌	所有皮肤癣菌

*：数据来源为 Space Biology and Medicine Volume II：Life Support and habitability. Washington, DC：American Institute of Aeronautics and Astronautics；1994.

|参考文献|

［1］ NASA/SP-2010-3407. Human Integration Design Handbook（HIDH）［R］. Washington：NASA，2010.

［2］ NASA-STD-3001. NASA Space Flight Human-System Standard，Volume2： Human Factors，Habitability，and Environmental Health［S］. 2011.

［3］ P50804-95. 载人航天器中航天员的居住环境（医学一工程总要求） ［S］. 俄罗斯联邦国家标准，1996.

［4］ GB 15982—2012. 医院消毒卫生标准［S］. 2012.

［5］ GB/T 18883—2002. 国家室内空气质量标准［S］. 2002.

［6］ GB 50457—2008. 医药工业洁净厂房设计规范［S］. 2008.

索　引

0～9（数字）

1，2-丙二醇　166
　　毒性　166
1年飞行任务中辐射 REID 为 3％时有效剂量
　　限值（表）　229
2-丁酮　167
2-巯基苯并噻唑（MBT）　166
100μm≥AD>10μm 颗粒物上附着微生物检
　　测结果（表）　80

0～9（英文）

AD≤2μm 颗粒物上附着微生物检测结果
　　（表）　81
ADI　6
AN/UDR-13 辐射测量装置　238
C_2CL_4　98
C_2HCL_3　98
C2～C9 烷烃　120
C_3H_6O　96
C_6H_6　96
C_7H_8　97
C_8H_{10}　97、98
C95.1 应用考虑因素　248
CCL_4毒性易感性差别　126
CH_3CHO　97
CO58、91～93
　　暴露浓度与毒性效应关系（表）　92
　　对人体健康危害　92

对神经系统影响　93
对胎儿影响　93
对心血管系统影响　93
慢性作用　92
浓度降低　58
CO 中毒　92
　　剂量—效应关系　92
　　症状　92
CO_2　41～47、51、52、62
　　对睾丸影响　43
　　低浓度暴露　52
　　毒性效应　46
　　发育毒性　62
　　航天器最大允许浓度评价　41
　　急性暴露　51
　　急性健康影响（表）　47
　　监测手段　46
　　生理耐限时间（表）　47
　　遗传毒性　62
　　与其他化学物质相互作用　62
　　运行浓度水平　45
　　在太空中对于钙质影响检测　59
　　致癌性　62
　　主要来源　44
CO_2暴露　61
　　对其他组织影响　61
　　试验　61
CO_2在血液中　46
　　存在形式　46

运输方式　46

CO₂中毒　46、47

　　影响　46

　　症状　47

CPDS　235

CW 激光束对眼睛和皮肤最大允许暴露限值（表）　254

DBP　170

DCS　33、34

　　基本原理　34

　　预防方式　33

DEHP　170

DNA　226

　　簇性损伤　226

　　损伤基本形式　226

GB/T 15982—2012《医院消毒卫生标准》　277

GB/T 18883—2002《国家室内空气质量标准》　276

GB/T 50457—2008《医药工业洁净厂房设计规范》　277

GC-MS 总离子流（图）　69

GCR　210

HbCO 水平与毒性效应关系（表）　92

HCHO　95

IV-CPDS　237

JSC 13956　275

KO₂　139

LADTAG 研讨会　145

LiOH　139

MAC　6

MBT　166

MESA 系统　87

Methanol　94

MORD　274

MPS　218

NASA　228、275

电离辐射剂量限值　228

载人航天任务环境中空气微生物标准　275

NASA-STD-3000　275

　　空气微生物限值（表）　275

NASA-STD-3001　276

NH3　93

PBNA　167

pH 值　158

RAM　237

RF　248

Shuttle MORD 空气微生物限值（表）　276

SPE　213

SPEs　230

SSP 30000　275

SSP 50260（MORD）　274、276

　　空气微生物限值（表）　276

TOC　171

VOC　198

VOCs84、85、99、185

　　暴露与健康效应剂量反应关系（表）　99

　　健康效应　99

　　组成（图）　84、85

Vozdukh 系统　45

A～B

阿波罗-17 出舱活动（图）　142

阿波罗计划　140、238

　　航天员提供月尘暴露问题　140

　　任务中监测设备　238

阿波罗计划微生物检测　271、272

　　目的　271

　　项目（表）　272

　　解决问题　272

癌症和生殖效应　105

氨（NH3）　93、94、115、165

暴露浓度与毒性效应关系（表） 94

胺基 89、192

白内障 220

百万人辐射流行病研究 218

半数致死量 6

邦纳鲍尔中子探测器 238

胞饮 9

北京大气 VOCs 组成（图） 84

钡 161

苯（C_6H_6） 96、115、168

苯酚 168

苯基-β-萘胺（PBNA） 167

苯乙烯 168

鼻损伤 118

变应性疾病 100

表观遗传学在空间辐射损伤及修复中作用 226

表面清洁 279

表面微生物控制 278

    方法 278

    工程要求 278

表面型材料 194

表面沾满月尘登月服（图） 143

丙酮（C_3H_6O） 96、168

丙烯醛 118、119

    SMAC 119

病原微生物 269

波长加权辐照量积分值 256

不明原因污染事故 87

不同材料脱气和热解产物定性及定量分析 186

不同粒径粒子在人体呼吸道中沉积分布（表） 76

不同浓度 CO_2 生理耐限时间（表） 47

不同氧浓度和总压的大气环境缺氧和氧中毒危险区域（图） 36

不同再生水源中检测出污染物（表） 155

C

材料 74、184、186

    毒性预测 186

    高温热解产物毒性鉴定和材料毒性评价 186

    脱气动力学 74

    脱气和热解产物毒性作用 186

材料毒理学 184~186

    概念 186

    基本概念 185

    研究内容 186

    研究意义 186

材料脱出物 184、185、192

    毒性分析 184

    结构与毒性 192

    物理性质与毒性 192

    性质 192

材料脱出物毒性作用 191~193

    环境因素 193

    影响因素 191

材料脱气和热解机理 73、74

    辐射降解 74

    扩散与蒸发 73

    氧化降解 73

采样水质评价 175

参考文献 13、26、148、181、204、258、283

参数指标数据统计（表） 157、159

舱内大气 29

    成分 29

    压力 29

舱内带电粒子定向频谱仪 237、237（图）

舱内辐射监测设备 236

舱内空气 21、105

    污染物最高容许浓度 105

    质量 21

舱内微生物安全 23

舱内污染物 84、112
　　组成 84
舱内污染物监测 127、128
　　要求 127、128
　　要点 128
舱室大气自然泄漏 140
舱外带电粒子定向频谱仪（图） 236
舱外辐射监测设备 235
舱外活动辐射防护 240
舱用非金属材料 202、203
　　参照标准 202
　　气味要求 203
　　筛选试验方法 203
　　脱气要求 203
　　易燃性要求 203
常见非金属材料及其脱气产物（表） 189
常用吸附剂 134
　　物理性质（表） 134
　　应用举例（表） 134
长期航天大气污染物监测设计方案 130
超滤 177
超滤膜 177
超氧化钾（KO_2） 139
尘螨与变应性疾病 101
乘员舱 28、79、83~86
　　毒理学特征 83
　　化学污染物健康影响 86
　　颗粒物含量控制 79
　　特征 28
　　污染物分类分布 84
乘员舱大气污染物 85、86、132、140
　　毒效应分布 86
　　分子量分布 85
　　净化措施 132、140
　　浓度分布 85
乘员舱大气污染物最高容许浓度制定 105、106
　　方法 106

概念 105
乘员舱化学污染 86、127、130
　　防护 130
　　监测 127
　　控制 130
　　事件 86
乘员舱用非金属材料 131
　　脱出污染物控制 131
　　预处理 131
乘员舱用非金属材料选择 131
　　详细要求 131
　　一般要求 131
乘员辐射剂量监测 240
乘员总压暴露生理限值（表） 33
持续性污染源 63
迟发型非癌效应 219
重复心理智能测试 54
出舱活动时机选择 230
储存液泄漏 74
传染性疾病风险要素 23
船上辐射源类型 241
催化氧化 139

D

大便 69、71
　　GC-MS 总离子流（图） 69
　　无机气体挥发率（表） 71
大便挥发性有机组分（表） 69~72
　　挥发率（表） 71
　　列表 72
大气 19、21、29、30、85、140
　　成分 29
　　过滤 140
　　化学污染毒性效应 21
　　污染物分子量分布（表） 85
　　压力 19、29、30
代谢产物 72、130
　　控制 130

影响因素　72

带电粒子　235～237、240

　　定向频谱仪　235～237、236（图）、237（图）

　　监测　240

单双三烷基胺　165

低地球轨道飞船高度333mile、倾角28.5°

　　总剂量率变化（图）　210

低氧抗辐射作用研究　232

地磁捕获辐射带　208

地面　146

　　研究结果　146

　　证据人群　146

地球表面颗粒物研究　75

地球上急性全身辐射预计早期效应（表）　224

点光源激光眼暴露限值（表）　251

电磁　232、241、257

　　波谱（图）　241

　　屏蔽　232

　　泄漏　257

电磁场最大允许限值（表）　248

电磁屏蔽设想　232

　　缺点　232

电化学方法　178

电解质水平　50、55

电净化技术缺点　178

电离度　89、192

电离辐射　19、24、206～208、215、226、227、231、239、240

　　防护措施　240

　　剂量限值　227

　　监测要求　240

　　来源　208

　　屏蔽　231

　　生物学效应　215

　　限值制定　239

　　诱导细胞DNA损伤分子机制　226

种类　207

丁醇　120

动物试验　11

　　方法分类　11

动物研究　146

毒理学　2～4

　　出版物　4

　　分支　2

　　起源　3

毒理学发展　3

　　历程　3

毒理学研究　4、184

　　机构　184

毒性　5、92、94、95

　　效应（表）　92、94、95

短期或职业生涯非癌效应剂量限值（表）　228

对无线电频辐射生物反应（表）　242

多糖药物抗辐射作用　232

E～F

俄罗斯　64、202、229、230、274、275

　　标准飞行中空气微生物限值（表）　275

　　不同航天飞行时间辐射骨髓剂量标准（表）　230

　　材料卫生学基本要求　202

　　舱用非金属材料选择要求　202

　　电离辐射剂量限值　229

　　空间站飞行中空气微生物限值（表）　275

　　人体挥发物测定试验结果（表）　64

　　微生物检测发展示意（图）　271

　　载人航天任务环境中空气微生物标准　274

俄罗斯航天器舱内　107、127、254、264

　　微生物污染水平　264

　　污染物监测要求　127

有害污染物短时间接触最高容许浓度
（表） 107
紫外辐射限值（表） 254
耳部出现症状（表） 32
耳毒性 180 天 AC 推导 116
二甲苯（C_8H_{10}） 97、116
二邻苯二甲酸盐（DEHP） 170
二氯甲烷 117、171
二氯乙烷 122
暴露影响 122
二氧化碳 39~41
暴露取消综合征 41
毒性反应 40
对机体影响（图） 40
浓度增加效应 39
限值 41
二氧化碳分压 39、41、45
监测 45
限值 41
发射窗口 239、230
和出舱活动窗口选择 239
时机选择 230
发射前水质检测评价 173
反渗透 178
反应 7
范·艾伦 209、238
带剂量仪 238
辐射带 209
防护性舱内活动服装 240
防止交叉污染设计 280
放射性污染控制 240
非癌效应剂量限值（表） 228
非电离辐射 25、26、240、247、258
暴露限值 247
个人防护设计要求 258
类型 240
敏感器官 26
限值制定 258

非电离辐射防护设计 257
窗户位置 257
电磁危险分析 257
光辐射源确认识别 257
激光使用 257
射频辐射源识别 257
射频开口位置 257
非电离辐射来源 241
磁场来源 241
连续太阳辐射 241
太阳爆发活动 241
天体辐射 241
非金属材料 86、189、201
毒性评价 201
过热 86
脱气产物（表） 189
非金属材料气味评价试验方法 199、200
操作程序 200
实验原理 199
试验方法 200
试验内容 200
试验器材 200
试验试剂 200
嗅辨员选择 199
非金属材料脱气与热解产物 73、88、
187、191
毒效应分布（表） 88、191
毒性作用 191
非热效应 243
非损害作用 7
非特定环境过敏症 104
非特异性效应 18
非相干紫外光 245
辐射暴露限值 254
非致癌效应限值 228
非肿瘤症状 117
飞行舱内有害气体 107
清除方法（表） 107

最高容许浓度（表） 107

飞行过程水质监测 173

飞行结束后采样水质评价 175

飞行前材料和水容器评估测试 173

飞行中使用试验动物特定病原体排除标准
（表） 281

沸石分子筛 135

分布 10

分子 89、192

　　表面积 89、192

　　不饱和度 89、192

分子筛 135、178

　　过滤机理 178

　　优点 135

呋喃 123

氟化物 165

辐射 216～221、225～230、237～240

　　REID 为 3% 时有效剂量限值
　　（表） 229

　　安全标准制定 227

　　长期效应 218

　　超额风险分析 221

　　短期效应 221

　　对人体生物效应认识来源 216

　　范围检测器 237、237（图）

　　防护设计 230

　　剂量率表 238

　　计量监测仪 EVARM 238

　　假人 237

　　监测器安装位置 240

　　流行病研究 218

　　旁效应研究 226

　　事件报警 240

　　遗传危险估算方法 219

　　引发人体健康危害效应（图） 225

辐射带南大西洋异常区 209

辐射剂量 235、240

　　管理系统 240

监测系统要求 235

辐射监测 234

　　部位 234

　　目标 234

G

钙丧失 17

感官效应 104

感觉强度分级与评分（表） 200

高海拔和低海拔环境下不同氧浓度的缺氧和
高氧危险区域（图） 36

高浓度 CO_2 39、47

　　急性健康影响（表） 47

　　对人体影响 39

高温高湿环境对呼出气丙酮浓度影响
（表） 72

高氧 36～38

　　危险区域（图） 36

　　症状与环境氧分压出现时间关系
　　（图） 38

镉 162

个人被动剂量计包 238

个人辐射 238

　　剂量仪 238

　　监测仪 238

个体易感性因素影响 31

铬 163

工业规模活性炭纤维 136

汞 125、163

骨骼 57

光辐射 245～247

　　对眼睛影响（图） 246

光学激光辐射暴露限值 250

光照 90、193

硅胶 135

国际空间站 45、153、154、235、266、
268、276

　　不同用途水温要求（表） 154

　　二氧化碳监测能力　45

　　辐射监测设备　235

　　检出微生物种属（表）　268

　　现行空气微生物标准　276

　　用水需求统计（表）　153

　　在轨环境微生物污染调查研究　266

国际空间站空气微生物　265、273、276

　　~278

　　标准（表）　276

　　监控采样模式　273

　　控制　278

　　污染　265

国家室内空气质量标准　276

国内相关标准　276

过度换气　42、59

　　反应　59

　　运动能力　42

过敏性肺泡炎　103

过敏性接触皮炎　104

H

海平面标准大气（表）　30

航天材料毒理　183

航天材料脱出物检测方法　194~196

　　材料准备　194

　　分析仪器　195

　　检测方法　196

　　气源　195

　　取样装置　195

　　试验步骤　196

　　试验操作　196

　　试验容器　195

　　试验容器预处理　195

　　试验设备　195

　　试验条件　196

　　准备条件　194

航天毒理学　29

航天非金属材料标准　201、202

禁用材料　201

可使用材料　202

限用材料　201

航天非金属材料毒性评价　201、202

　　禁止使用　201

　　限制使用　201

　　准许使用　202

航天飞行　17

航天飞行时间辐射骨髓剂量标准

　　（表）　230

航天服装备微生物控制　279

航天环境毒理学　15、17

　　特点　15

航天环境医学研究环境对象类型　16

航天环境因素人体效应　17

航天空气毒理　27

航天器　19~22、30、44、45、63、82、

　　130、234、270

　　舱内辐射环境监测　234

　　舱压选择　19、30

　　乘员舱污染物　63

　　大气监测系统技术方案研究　130

　　二氧化碳水平　44

　　环境空气污染　20

　　净化能力　45

　　空气微生物检测　270

　　密闭环境中污染物来源　82

　　水质标准制定　22

　　外辐射环境变化监测　234

　　用水安全　22

航天器舱内大气　19、85

　　成分　19

　　污染物分子量分布（表）　85

　　压力　19

航天器乘员舱微生物检测　270、271

　　安全性和可靠性需求　271

　　集成性和高效性需求　270

　　控制常规性和特殊性　270

全面性 270

周期性 270

航天器上微生物来源 263

飞船来源 263

其他来源 263

人体来源 263

生物载荷来源 263

航天微生物毒理 261

航天因素影响 44

航天应急容许浓度 105

航天有害物理因素毒理 205

航天员 22、234

个人剂量监测 234

用水污染源 22

航天再生水毒理 151

航天最高容许浓度 105、106

和平号空间站舱内不同位置空气中细菌和真菌含量（图） 265

和平号空间站微生物 262、267、268、272

采样装置（图） 272

检测 272

问题 262

种群分析（图） 268

种属（表） 267

核粒子探测系统 238

恒定磁场最大允许限值（表） 248

红斑反应等级 246

红外辐射 247

呼吸道阻力增加 42

呼吸困难 42、48、53

呼吸系统 50、59、222

效应 222

化学吸附 133

主要特征 133

化学吸收 139

化学指标参数 159、161

数据统计（表） 159

思路 161

化学指标限值 158

环境暴露 105

环境毒理学 1、4、5、11~13

多学科交叉融合 13

发展方向 13

发展趋势 12

分支学科形成 13

基本概念 5

基础 1

实验方法 11

研究 12

主要任务 4、5

环境过敏症 104

环境空气菌落总数卫生标准（表） 277

环境温度对气态产物影响（表） 73

环境污染物对机体作用特点 4

环境氧分压与高氧症状出现时间关系（图） 38

环境因素 90

换气过度反应 50

挥发度 89、193

挥发性有机物 99、114、185

最大容许浓度采用原因 114

挥发性有机物测试方法 198、199

材料脱气条件 199

操作步骤 199

定量分析 199

计算 199

仪器分析条件 198

仪器设备 198

混合污染物 91

活化 136

活性炭 135、178

吸附原理 178

活性炭纤维 135、136

预处理 136

活性氧化铝 135

火山灰 146

对胸腔灌注鼠毒性作用　146

火灾　86

J

激光　245

激光束下皮肤最大允许暴露限值（表）253

激光眼暴露限值（表）251、252

肌肉质量丧失　17

急性氨中毒　94

急性苯中毒　96

急性丙酮中毒　97

急性毒性试验　11

急性二氧化碳中毒 40、46

　　症状　40

急性放射综合征阶段　221

急性辐射综合征　217

急性甲醇中毒　94

急性全身辐射预计早期效应（表）224

急性中毒　21

己内酰胺　170

脊髓变性　124

剂量效应或反应曲线类型　7

　　S形曲线型　7

　　抛物线型　7

　　突变型　7

　　直线型　7

剂量　5

家居用品产生有机污染物（表）188

甲苯（C_7H_8）97、116

甲醇（Methanol）94、95、169

　　暴露浓度与毒性效应关系（表）95

甲基肼　117

甲醛（HCHO）95、96、113、169

　　暴露与健康效应剂量反应关系（表）96

甲酸盐　169

监测技术　129

减压病　20、30、32

　　处理　32

　　治疗压力　32

检测技术　274

简单扩散　8

健康成年男性呼出气中微量气体排出量（表）64

健康效应剂量反应96（表）、99

较长天数 CO_2 中度升高效应评估　44

经肺随同呼出气排出　11

经肝脏随同胆汁排泄　11

经呼吸道吸收　9

经皮肤吸收　9

经胃肠道吸收　9

胼　124

　　商业用途　124

净化技术性能比较（表）139

聚合材料　74、132、189

　　热脱气产物检测　189

　　提纯方法（表）132

　　脱气　74

绝对致死量　6

军团菌　100

军团菌病　100

K

抗辐射新药研发　233

颗粒物　77、82、99

　　对人体健康危害　99

　　粒径与其附着微生物数量关系（图）82

　　浓度推荐限值　82

　　吸附有机组分　77

颗粒物上附着微生物　80、81

　　分类计数　80

　　分离鉴定　80

　　检测结果（表）80、81

可吸入颗粒物　114、142

空间电磁来源和特性（表）207

空间电离辐射 24、207

来源 207

类型 24

空间飞行任务中辐射剂量监测设备 235

空间辐射 24、25、206、208、216

安全 24

环境 25、206、208（图）

危害 216

空间辐射电磁成分来源 25

船上辐射源 25

磁场来源 25

连续太阳发射 25

太阳爆发活动 25

天体辐射 25

空间辐射生物效应分类 216、217、217
（图）

后效应 217

确定效应 216

随机性效应 217

早期效应 217

空间环境 16

空间探索挑战 25

空间天然辐射源能量分布（图）24

空间运动病 18

空间站 152、240

辐射监测 240

水需求 152

空间站电离辐射防护设计 239

建议 239

空间站非电离辐射防护设计 258

监测评价 258

建议 258

空间站再生水 179

水质要求 179

污染防治措施 179

空气洁净度等级（表）277

空气微生物 275~278

控制方法 278

限值（表）275、276

空气中细菌和真菌含量（图）265

孔结构表征 137

快速减压原因 33

扩展光源激光眼暴露限值（表）252

L~N

肋间疼痛 42、50、53

冷凝 140

离体器官 12

离线监测技术 129

采样方法 129

粒状活性炭 137

粒子 76、144、145、207

沉积 144

电离辐射来源和特性（表）207

对心血管系统影响 145

在人体呼吸道中沉积分布（表）76

邻苯二甲酸二丁基酯（DBP）170

流行病学 12、62

调查 12

数据 62

卤素 89、192

取代 89

氯仿 121

氯乙烯 126

滤过 8

慢性毒性试验 12

每日容许摄入量 6

美国 64、144、203、271

舱用非金属材料选择要求 203

人体挥发物测定试验结果（表）64

微生物检测发展示意（图）271

月尘采样装置（图）144

美国航天器舱内 128、264

微生物污染水平 264

污染物监测要求 128

美国载人航天器舱内 21 种主要污染物暴露
　时限 109
靶器官与毒效应（表） 109
最高容许浓度（表） 109
锰 162
密闭舱无人状态 90 天舱内 VOCs 组成
　（图） 85
密闭环境空气中污染物 187
密闭环境中 PM10 76、81
　颗粒物上附着微生物检测结果
　（表） 81
　质量浓度 76
密闭环境中 TSP 76、81
　颗粒物上附着微生物检测结果
　（表） 81
　质量浓度 76
密闭环境中颗粒物 80~83
　附着微生物分类计数和分离鉴定 80
　粒径与其附着微生物数量关系
　（图） 82
免疫和骨髓系统 223
摩尔体积 89、192
末梢气道粒子沉积 145
男性 53、64
　呼出气中微量气体排出量（表） 64
　生殖系统 53
内毒素 233
黏膜刺激 121
尿液中挥发性有机组分 67、67（表）、69
　挥发率（表） 69
镍 163

O~Q

欧洲航天局 203、112
　舱用非金属材料选择要求 203
　航天器舱内微量污染物最高容许浓度
　（表） 112
排泄 10、11

途径 11
培养法确定微生物优势种属（表） 273
皮肤 66、220、222
　迟发效应 220
　挥发性组分 66、66（表）
　效应 222
皮炎 104
偏二甲基肼 118
其他挥发性有机物 114
其他污染物来源 83
其他相关研究数据 43
环境温度对气态产物的影响（表） 73
气体污染物类别 88
气体吸附影响因素 138、139
　操作条件 138
　接触时间 139
　吸附剂活性 138
　吸附剂性质 138
　吸附质浓度 138
　吸附质性质 138
气味面板测试 117
气压 32、90、193
　变化时耳部出现症状（表） 32
气压性损伤 32
前庭改变 18
羟基 89、192
氢氧化锂 139
全身辐射效应 223
缺氧 36、37
　对机体影响（表） 37
　危险区域（图） 36

R

热解产物 88、185、191
　毒效应分布（表） 88、191
热效应 243
人工辐射源 215
人工环境 16

人体　19、37、64~67、224、225、242
　　对非电离辐射反应　242
　　肺泡氧分压　37
　　呼出气中主要挥发性组分　64
　　挥发物测定试验结果（表）　64
　　健康危害效应（图）　225
　　尿液中主要挥发性组分　67
　　皮肤挥发性组分　66、66（表）
　　平均幸存时间与关键剂量关系
　　（图）　224
　　效应及其作用因素（表）　19
人体大便　69~72
　　GC-MS 总离子流（图）　69
　　无机气体挥发率（表）　71
人体大便中总挥发性有机组分　67~72
　　挥发率（表）　71
人体代谢产物　63、130
　　控制　130
人体代谢产物影响因素　72、73
　　X 线作用　73
　　高温高湿条件　72
　　禁食　72
　　缺氧状态　73
　　体力负荷状态　73
容许危险剂量　229

S

三氯甲烷　167
三氯乙烯（C_2HCL_3）　98、116
杀菌试剂　279
上呼吸道疾病　102
　　鉴别诊断　102
　　感染症状及诊断（表）　102
射频辐射　242~249
　　暴露限值　247
　　对感觉器官辐射损伤　244
　　对人体损害　244
　　对生殖系统影响　244

对心血管功能损伤　244
　　对中枢神经系统损伤　244
　　其他损伤　245
　　影响　243
　　最大允许限值（表）　249
设备故障　87
神经病学　41
神经系统　52、54、104、220
　　迟发型效应　220
　　效应　104
肾结石形成　58
　　机理　58
肾小管主动转运　10
肾小球过滤　10
肾脏　52、57
生活饮用水卫生标准　171
生态毒理技术　5
生态毒理学　5
生物　100、269、280
　　安全等级　280
　　降解类微生物　269
　　污染物　100
　　载荷微生物控制　280
生物转运　8
　　机理　8
生殖系统效应　223
失重　22、90
　　因素　22
湿度　90、193
石英暴露研究　147
事故性污染源　63
室内环境主要感知　104
室内空气质量标准　276
室内生物性污染　100
试验动物特定病原体排除标准（表）　281
适宜人类生存大气环境因素　30
水　22、152、161、176、177、179
　　微生物检测套装　176、176（图）

污染物最大容许浓度　161、179

再生系统工作原理　177

总量需求　152

水温控制　154

水质监测　173、174、180

评价　173、180

项目（表）　174

私人空间飞行　219

四氯化碳　126、171

污染来源　126

四氯乙烯（C_2CL_4）　98

苏联　107、202

15~360d 飞行航天器舱内有微量污染物

最高容许浓度（表）　107

舱用非金属材料选择要求　202

苏联 10~15 天飞行舱内有害气体　107

清除方法（表）　107

最高容许浓度（表）　107

酸碱平衡　50、55

酸中毒缓冲体系　46

随机性效应　218

随同尿液经肾脏排泄　10

损害作用　7、8

特点　8

羧基　89、192

所需水质监测项目（表）　174

T~W

太阳风侵蚀后月球表面（图）　144

太阳粒子事件　213、214

剂量　214

粒子能量　213

强度　214

太阳宇宙辐射　213、214

太阳质子事件　230

特异性人体效应　18

锑　163

体积型材料　194

同系物碳原子数　88、192

头痛　41、48、53

推进剂及其他化学品泄漏　86

吞噬　9

脱气产物（表）　189

外来化合物　9~11

分布影响因素　10

经皮肤吸收阶段　9

随同胆汁进入小肠后去路　11

完整病史及身体检查要素　101

烷基胺　165

微生物 23、171、172、176、262~272

采样装置（图）　272

防控工作　265

感染性疾病　263

监测评价　176

抗性改变　269

生物学特性　266

危害　266、268

污染控制监测　23

限值　171

优势种属（表）　273

指标参数数据统计（表）　172

种群分析（图）　268

种属（表）　267、268

微生物检测　270~273

控制　273

项目（表）　272

微生物控制　274、278

标准　274

方法　278

微重力环境生理效应　17

微重力中性身体姿势　18

胃肠反应　222

温度　90、193

污染物 63、83~89、107~109、112

暴露时限最高容许浓度（表）　109

毒性作用影响因素　88

短时间接触最高容许浓度（表）107

结构 88

来源 63、83

物理性质与毒性 89

组成（图）85

最大容许浓度制定主要依据 112

最高容许浓度 107（表）、108

污染物 SMACs 制定 106、113

依据 113

污染物毒性效应 88、91

分类 88

污染相关疾病 101

无防护皮肤或眼在受到光化紫外线辐射阈限值（表）255

无人试验污染物组成（图）85

无线电频电磁场职业暴露允许限值（图）249

无线电频辐射 242

生物反应（表）242

戊二醛 127

物理吸附 133

特征 133

X

吸尘器要求 278

吸附 132、133

吸附剂 133、134、138

动活性 138

静活性 138

物理性质（表）134

要求 133

应用举例（表）134

吸入高二氧化碳对机体影响（图）40

吸收 9、178

途径 9

吸氧排氮方案 31

稀释气体 34

功能 34

稀释气体副作用影响因素 35

代谢因素 35

毒性因素 35

减压病因素 35

热因素 35

声音因素 35

细胞分子生物学研究进展 225

细胞实验 12

细颗粒物 74、76

现代毒理学研究方法 13

现行航天最高容许浓度 106

小型辐射源 215

哮喘 103

诊断 103

效应 7

心血管 51、60、220、221

系统 51、60

效应 220、221

锌 164

星座飞行计划剂量限值 228

幸存时间与关键剂量关系（图）224

性别预测氮含量（表）34

悬浮颗粒物 74~79、130

毒性效应 75

监测 130

提取液中检出有机组分（表）77

血液指标变化 62

Y

亚急性毒性试验 12

亚慢性毒性 53

研究数据 43

研制辐射防护药物 240

眼效应 222

氧毒性 37

氧分压 35、38、39

水平（表）38

维持 38

限值　38、39

氧中毒危险区域（图）　36

耀斑产生太阳宇宙射线（表）　215

药物防护　232

液体汞　125

一般性状参数指标数据统计（表）　157

一氧化碳（CO）　91、113、197、198

一氧化碳测试方法　197、198

　　材料脱气条件　198

　　操作步骤　198

　　定量分析　198

　　计算　198

　　仪器设备　197

　　原理　197

医药工业洁净厂房　277

　　空气洁净度等级（表）　277

　　设计规范　277

医院消毒卫生标准　277

遗传效应　219

乙苯（C_8H_{10}）　98、122

乙醇　113

乙二醇　166

乙醛（CH_3CHO）　97

异丙醇　125

异戊二烯　124

银　164

银河宇宙辐射　210~215

　　和耀斑产生太阳宇宙射线比较

　　（表）　215

　　剂量当量率与轨道高度及倾角关系

　　（图）　212

　　剂量率与轨道高度及倾角关系

　　（图）　212

　　粒子相对 He 丰度（表）　211

　　偏转　213

　　主要成分强度与地磁纬度关系

　　（图）　211

吲哚　67

饮用水微生物污染　155

有机污染物（表）　188

有人试验污染物组成（图）　85

有效辐照量限值　257

有效剂量限值（表）　229

诱导放射性　215

与污染相关疾病诊断　101

远期皮肤效应　246

月尘　140~144、148

　　暴露　140

　　采样装置（图）　144

　　登月服（图）　143

　　颗粒扫描电子显微镜（图）　148

　　铁元素（图）　143

　　性质　142

　　样品分析　143

月尘毒性　144、145

　　研究计划　145

月尘特性　142

　　研究　143

月球　144、148

　　表面（图）　144

　　黏块（图）　148

　　碎片（图）　148

Z

载人航天器　20、127、129、202、234、263

　　舱内污染控制系统设计　129

　　舱内污染物监测要求　127

　　舱用材料筛选标准　202

　　乘员舱特征　20

　　辐射监测系统分类　234

　　微生物污染　263

再生式分子筛系统　45

再生水　152~158、161、176、177、180

　　感官指标　156

　　规划　154

化学污染源（表） 155

浑浊度 158

检测出污染物（表） 155

净化措施 177、180

口感 156

气味 156

溶解气体 158

水质污染问题 152

水质要求 156

污染源控制 180

物理参数 158

颜色 156

游离气体 158

有机物含量限值 161

装置 176

再生水污染 154、180、181

　防治措施 181

　来源 180

在线监测技术 130

真菌与变应性疾病 100

蒸馏 179

蒸气压 89、193

脂/水分配系数 89、192

酯基 89、192

致病菌在轨检测 273

致死量 6

质量屏蔽 231

中枢神经系统效应 223

中药抗辐射作用研究 233

肿瘤 218

中毒反应 104

重量型材料 194

主动转运 8

　特点 8

紫外辐射 245、247、254、256

　皮肤效应 245

　入射职业暴露阈限值 255

　限值（表） 254

　眼部效应 247

　有效辐照度限值（表） 256

　阈限值（表） 255

　职业接触限值 256

总悬浮颗粒物浓度 79

总压 30、33

　限值 33

总有机碳（TOC） 171、174

　分析仪 174、174（图）

总有机物测试方法 196、197

　材料脱气条件 197

　操作步骤 197

　定量分析 197

　计算 197

　仪器设备 196

　原理 196

组蛋白甲基化酶 SET8 226

组织等效正比计数器 236、236（图）

最大容许浓度 6、29

最大无效用剂量 6

最高容许浓度 105

最小有效用剂量 6

（王彦祥、张若舒、刘子涵　编制）